教育部高等学校电子信息类专业教学指导委员会规划教材

普通高等教育电子信息类专业系列教材

CMOS模拟集成电路设计
理论、方法与工程实现

蔺智挺 魏广芬 张国强 刘名果 张侠 郭唯◎编著

清华大学出版社

北京

内 容 简 介

本书是一部系统阐述模拟集成电路设计原理与方法的专业教材,旨在引导读者在掌握基础知识的同时,能够将这些知识应用于具体的工程实践。教材选取放大器设计作为主线,通过对各子模块的深入分析和系统优化,使读者不仅能够掌握理论,而且能够综合运用所学进行实际设计。通过对放大器的设计,引出低压线性稳压器、带隙基准、振荡器等模拟集成电路中的经典电路设计,使读者全面学习工程设计中常见的模拟电路。

全书共分为10章。第1章为绪论,第2章为MOS器件基础,第3章为放大器的电流偏置,第4章和第5章为放大器输入级,第6章为放大器的输出级设计,第7章为放大器的工程分析与设计,第8章为低压差线性稳压器简介与设计,第9章为基于放大器的带隙基准电路,第10章为张弛振荡器。

本书在介绍电路原理时,旨在用简化的理论讲述集成电路设计中最为关键的知识点,使读者不致因烦琐的公式推导而迷失设计方向。对于有兴趣深入了解理论推导的读者,本书提供了丰富的参考文献,便于进一步学习和研究。本书适合作为高等学校集成电路设计与集成系统专业、微电子科学与工程专业的教材,也适合作为相关培训机构的教材,还可作为集成电路设计工程师的自学参考书。

版权所有,侵权必究。举报:010-62782989,beiqinquan@tup.tsinghua.edu.cn。

图书在版编目(CIP)数据

CMOS模拟集成电路设计:理论、方法与工程实现 / 蔺智挺等编著. -- 北京:清华大学出版社,2025.5. -- (普通高等教育电子信息类专业系列教材). -- ISBN 978-7-302-69155-6

I. TN432.02

中国国家版本馆CIP数据核字第2025FL3217号

策划编辑:盛东亮
责任编辑:范德一
封面设计:李召霞
责任校对:时翠兰
责任印制:刘海龙

出版发行:清华大学出版社
网　　址:https://www.tup.com.cn,https://www.wqxuetang.com
地　　址:北京清华大学学研大厦A座　　邮　编:100084
社 总 机:010-83470000　　邮　购:010-62786544
投稿与读者服务:010-62776969,c-service@tup.tsinghua.edu.cn
质量反馈:010-62772015,zhiliang@tup.tsinghua.edu.cn
课件下载:https://www.tup.com.cn,010-83470236

印 装 者:三河市龙大印装有限公司
经　　销:全国新华书店
开　　本:185mm×260mm　　印　张:16.75　　字　数:408千字
版　　次:2025年5月第1版　　印　次:2025年5月第1次印刷
印　　数:1~1500
定　　价:59.00元

产品编号:108771-01

序
FOREWORD

模拟集成电路是电子工程领域的基础，《CMOS模拟集成电路设计——理论、方法与工程实现》基本涵盖了模拟集成电路设计的基本原理和方法，通过放大器设计将理论知识与工程实践紧密结合，帮助读者逐步掌握CMOS模拟集成电路的相关技术。

我认为本书不仅适合作为高等学校集成电路设计与集成系统、电子工程类、微电子等专业的教材，也适合作为相关企业或培训机构的教材，还可作为集成电路设计工程师的自学参考书，帮助大家在CMOS模拟集成电路学术研究和工程实践中取得更大的成效。

对于从事模拟集成电路设计的工程师和研究人员来说，本书不仅提供了相关的电路知识和分析方法，还包含了不少实际的模拟设计和仿真验证案例，可以帮助读者丰富知识，提升解决CMOS模拟集成电路设计的能力，更好地应对实际设计中的挑战。

模拟集成电路架构多、范围广、性能多变，在此领域有很多的成功实例和产品，但我国科技工作者自主提出的电路架构还不够多。究其原因，模拟集成电路设计是一门既充满挑战又极具乐趣的技术，电路结构变化多、灵活性强、创新空间大，同时与集成电路工艺技术关系密切。希望大家在学习过程中，能够保持对知识的渴求和对技术的热爱，始终保持求知的心态和探索的激情，尤其是能够对电路结构和特性的关系知其然，同时知其所以然。只有这样，我们才能不断创造属于自己的新知识、新原理、新技术和新产品。

愿本书能激励更多学者和科技人员投身于模拟集成电路设计领域，为我国科技创新和产业发展贡献力量，并通过大家的不懈努力，使CMOS模拟集成电路不断发展。

2025年3月
于西安

前言
PREFACE

在信息技术与电子工程的广阔天地中,模拟集成电路设计如同一颗璀璨的明珠,闪耀着独特的光芒。它不仅在现代电子设备中发挥着关键作用,更是推动科技进步的重要一环。为此,我们迫切需要一本系统传授模拟集成电路设计知识的教材,以满足高等学校学生和工程师的学习需求。

《CMOS模拟集成电路设计——理论、方法与工程实现》正是为此而编写的。本书的编写团队由多位在模拟集成电路设计领域拥有丰富经验的学者和工程师组成,他们将自身多年的教学经验和研究成果凝聚于此,力求为读者提供一部内容翔实、结构严谨的教材。

全书共分为10章,涵盖了从基础理论到高级应用的模拟集成电路设计知识。本书的第1章从身边常见的模拟集成电路入手,讲解模拟集成电路的分类、设计流程及工具,并引出本书的贯穿项目——放大器。第2章详细介绍了MOS器件的 $I\text{-}V$ 特性和小信号等效模型,为后续章节的设计提供了坚实的理论基础,并讲解了使能控制部分的设计方法。第3章阐述了电流镜的工作原理,给出了电流镜的设计方法、影响电流复制精度的关键因素及其优化解决方案,并讨论如何实现高精度、高稳定性的电流输出。第4章介绍了放大器输入级的常用拓扑结构,如共源放大器和基本差分放大器。第5章探讨了增益提升的结构,介绍了共源共栅放大器、差分式共源共栅放大器和折叠共源共栅放大器。第6章介绍了多种输出级结构,包括共源极放大器、源极跟随器以及AB类输出缓冲器,并讨论了防止放大器振荡的多种方法。第7章介绍了放大器的整体设计方法和工程优化思路。第8章介绍了低压差线性稳压器的原理和结构,利用贯穿项目的放大器构成了一个能输出稳定电压并具有一定驱动能力的电路模块。第9章介绍了一种独特的电路设计——带隙基准源,这种设计利用放大器构建一个高度稳定的电路模块,能够在环境温度变化的情况下产生稳定的参考电压,这对于确保电子设备在不同温度条件下正常工作至关重要。最后,第10章利用放大器设计了一个振荡器,满足许多电子设备需要稳定频率源的需求。

本书的一大亮点在于通过放大器设计这一贯穿项目,使读者能够在实际工程中应用所学知识,真正做到理论与实践相结合。在介绍电路原理时,本书简化了部分MOS器件的二级效应,以便读者能够更直观地理解关键知识点。同时,本书提供了丰富的参考文献,便于读者深入研究。

在本书的编写过程中,编者们各司其职、通力合作。蔺智挺老师参与了第1章、第4章、第5章和第8章的编写工作,魏广芬老师参与了第2章、第3章和第9章的编写工作,张国强老师承担了第3章、第6章和第10章的内容,刘名果老师编写了第1章、第4章、第5章和第9章的内容。张侠高级工程师负责版式模板的设计、企业笔试面试题以及企业级案例资源的整理,郭唯工程师专注于第7章的编写和企业级案例资源的提供。每一位编者都在各自的领域内倾注了大量心血,确保内容准确翔实、结构严谨。

特别感谢所有为本书付出辛勤劳动的同人们。感谢谷硕、龙淼绘制了书中部分电路图,感谢参与校对和审核工作的各位老师和同事们。没有大家的共同努力,本书不可能如此顺利地呈现在读者面前。同时,我们也要感谢高等学校和企业在本书编写过程中提供的宝贵资源和支持。

科技之进步,如同奔腾的江河,汇聚万千智慧与汗水;时代之发展,犹如壮丽的交响乐,离不开每个音符的和谐共鸣。愿本书成为各位读者探索模拟集成电路设计领域的启明星,激励更多有志之士投身于这一充满挑战与机遇的事业。仰望星空,感恩造物的奇妙;脚踏实地,铭记每一份付出。相信通过大家的不懈努力,科技之未来必将更加辉煌,民族之智慧定会更加耀眼。

蔺智挺

2025 年 3 月

目 录
CONTENTS

第 1 章 绪论 …………………………………………………………………………… 1
    微课视频 15 分钟
  1.1 模拟集成电路的常见类别及应用场景 …………………………………………… 1
      1.1.1 什么是模拟集成电路 ……………………………………………………… 1
      1.1.2 模拟集成电路的主要分类以及应用 …………………………………… 3
  1.2 模拟集成电路的灵魂——放大器 ………………………………………………… 5
      1.2.1 放大器的技术指标 ………………………………………………………… 6
      1.2.2 放大器设计中的折中 ……………………………………………………… 8
  1.3 模拟集成电路设计流程及工具 …………………………………………………… 8
      1.3.1 模拟集成电路设计流程 …………………………………………………… 8
      1.3.2 模拟集成电路的常用设计工具 ………………………………………… 10
  1.4 本书贯穿项目与对应章节介绍 …………………………………………………… 10
  1.5 展望 ……………………………………………………………………………… 11
  1.6 附录：符号标记法 ………………………………………………………………… 12

第 2 章 MOS 器件基础 ………………………………………………………………… 14
    微课视频 29 分钟
  2.1 预备知识 ………………………………………………………………………… 15
  2.2 认识 MOS 器件 ………………………………………………………………… 16
      2.2.1 MOS 器件的结构 ……………………………………………………… 16
      2.2.2 MOS 器件的符号 ……………………………………………………… 18
  2.3 MOS 器件的 $I\text{-}V$ 特性与仿真 ………………………………………………… 18
      2.3.1 导通与截止——阈值电压 …………………………………………… 18
      2.3.2 MOS 的 $I\text{-}V$ 特性 …………………………………………………… 21
      2.3.3 MOS 器件的跨导及意义 ……………………………………………… 24
      2.3.4 MOS 器件的 $I\text{-}V$ 特性仿真 ………………………………………… 25
      2.3.5 NMOS 与 PMOS 器件的比较 ………………………………………… 30
  2.4 MOS 器件的沟道长度调制效应 ………………………………………………… 30
      2.4.1 什么是沟道长度调制效应 …………………………………………… 30
      2.4.2 沟道长度调制效应带来的影响 ……………………………………… 31
  2.5 MOS 器件的低频小信号等效模型 ……………………………………………… 33

2.5.1	关于大信号和小信号	33
2.5.2	MOS 器件的基本小信号模型	34
2.5.3	考虑沟道长度调制效应的 MOS 器件小信号模型	35

2.6 MOS 器件的版图与寄生电容 ……………………………………… 35
    2.6.1 MOS 器件版图 ……………………………………………… 35
    2.6.2 MOS 器件的寄生电容 ……………………………………… 36
    2.6.3 长沟道器件与短沟道器件 ………………………………… 38
2.7 认识一些新型 MOS 器件 ……………………………………………… 38
    2.7.1 FinFET 器件 ………………………………………………… 38
    2.7.2 GAAFET 器件 ……………………………………………… 39
2.8 MOS 器件的 SPICE 模型 …………………………………………… 40
    2.8.1 PVT 变化对电路设计的影响 ……………………………… 40
    2.8.2 SPICE 模型 ………………………………………………… 41
    2.8.3 MOS 器件的 SPICE 参数提取 …………………………… 41
2.9 使能电路设计 ………………………………………………………… 46
    2.9.1 使能原理 …………………………………………………… 46
    2.9.2 使能电路仿真 ……………………………………………… 48
2.10 本章总结 …………………………………………………………… 50
2.11 本章习题 …………………………………………………………… 51

第 3 章 放大器的电流偏置 …………………………………………… 54

▶ 微课视频 14 分钟

3.1 预备知识 ……………………………………………………………… 55
3.2 从电流偏置开始设计放大器 ………………………………………… 55
3.3 用电流镜复制基准电流 ……………………………………………… 56
    3.3.1 基本电流镜是如何工作的 ………………………………… 56
    3.3.2 PMOS 基本电流镜和组合电流镜 ………………………… 58
    3.3.3 基本电流镜的设计顺序 …………………………………… 59
3.4 电流复制的误差因素与改善方法 …………………………………… 61
    3.4.1 沟道长度调制效应导致的电流复制误差及其改善方法 … 61
    3.4.2 MOS 管的不匹配导致的电流复制误差及其改善方法 …… 63
3.5 基准电流的生成 ……………………………………………………… 64
    3.5.1 简单电流基准的设计顺序 ………………………………… 64
    3.5.2 与电源电压无关的电流基准 ……………………………… 65
    3.5.3 与温度无关的基准 ………………………………………… 66
3.6 电流镜仿真 …………………………………………………………… 67
3.7 本章总结 ……………………………………………………………… 69
3.8 本章习题 ……………………………………………………………… 70

第 4 章 放大器输入级(一)——共源放大器及基本差分对放大器 ... 73
▶ 微课视频 31 分钟

- 4.1 预备知识 ... 74
- 4.2 共源放大器 ... 77
  - 4.2.1 电阻负载型共源放大器 ... 77
  - 4.2.2 带 MOS 负载的共源放大器 ... 84
  - 4.2.3 放大器的带宽与增益带宽积 ... 89
- 4.3 基本差分放大器 ... 91
  - 4.3.1 单端输入与差分输入模式的比较 ... 91
  - 4.3.2 带电阻负载的差分放大器 ... 93
  - 4.3.3 带 MOS 负载的差分放大器 ... 99
  - 4.3.4 带电流镜负载的差分放大器 ... 100
- 4.4 电阻负载差分放大器的仿真 ... 101
- 4.5 本章总结 ... 103
- 4.6 本章习题 ... 104

第 5 章 放大器输入级(二)——共源共栅放大器及其差分结构 ... 108
▶ 微课视频 10 分钟

- 5.1 共源共栅放大器 ... 109
  - 5.1.1 MOS 管的共栅接法 ... 109
  - 5.1.2 MOS 管的共源共栅接法 ... 111
- 5.2 共源共栅差分放大器 ... 118
  - 5.2.1 套筒共源共栅差分放大器 ... 119
  - 5.2.2 折叠共源共栅差分放大器 ... 121
- 5.3 折叠共源共栅电路的仿真 ... 125
- 5.4 本章总结 ... 127
- 5.5 本章习题 ... 127

第 6 章 放大器的输出级设计 ... 131
▶ 微课视频 11 分钟

- 6.1 预备知识 ... 132
- 6.2 选择合适的输出级 ... 132
  - 6.2.1 共源放大器作为输出级 ... 132
  - 6.2.2 源跟随器作为输出级 ... 136
  - 6.2.3 AB 类放大器作为输出级 ... 137
- 6.3 两级放大器的振荡 ... 139
  - 6.3.1 闭环工作的放大器 ... 139
  - 6.3.2 闭环放大器的振荡 ... 140
  - 6.3.3 通过波特图判定闭环放大器振荡的方法 ... 143

- 6.4 米勒电容 ··· 144
  - 6.4.1 用米勒电容防止闭环放大器的振荡 ·· 144
  - 6.4.2 共源共栅频率补偿 ··· 146
- 6.5 放大器输出级 DC 仿真 ·· 147
- 6.6 本章总结 ··· 149
- 6.7 本章习题 ··· 149

第 7 章 放大器的工程分析与设计 ··· 152

▶ 微课视频 29 分钟

- 7.1 预备知识 ··· 153
  - 7.1.1 理想放大器特征 ··· 153
  - 7.1.2 用理想放大器实现数学运算 ··· 153
- 7.2 贯穿项目放大器特征分析 ··· 155
  - 7.2.1 输入输出电阻与信号范围 ··· 155
  - 7.2.2 增益与速度 ·· 156
- 7.3 贯穿项目放大器的设计 ··· 161
- 7.4 贯穿项目放大器的仿真 ··· 164
  - 7.4.1 放大器的 DC 仿真 ·· 164
  - 7.4.2 放大器的 STB 仿真 ··· 166
  - 7.4.3 放大器的瞬态仿真 ·· 167
- 7.5 放大器的参数调整 ·· 168
  - 7.5.1 满足增益带宽积的前提下提升增益 ·· 168
  - 7.5.2 调整米勒补偿电容 ·· 170
  - 7.5.3 调整过驱动电压 ··· 171
- 7.6 工程优化 ··· 172
  - 7.6.1 使能控制 ·· 172
  - 7.6.2 匹配优化 ·· 173
  - 7.6.3 面积优化 ·· 175
- 7.7 本章总结 ··· 175
- 7.8 本章习题 ··· 176

第 8 章 低压差线性稳压器简介与设计 ·· 178

▶ 微课视频 15 分钟

- 8.1 预备知识 ··· 179
  - 8.1.1 LDO 基本结构与工作原理 ·· 179
  - 8.1.2 LDO 基本模块简介 ··· 180
- 8.2 LDO 性能指标 ··· 182
  - 8.2.1 最低压差 ·· 182
  - 8.2.2 静态电流与转换效率 ··· 183
  - 8.2.3 线性调整率 ·· 184

		8.2.4	负载调整率	185
		8.2.5	瞬态响应	185
	8.3	LDO 的工程设计		186
		8.3.1	g_m/I_D 设计法	186
		8.3.2	简单 LDO 设计	190
	8.4	LDO 的仿真与优化		193
		8.4.1	DC 仿真及参数调整	193
		8.4.2	STB 仿真及优化	195
		8.4.3	TRAN 仿真及结果分析	197
	8.5	本章总结		200
	8.6	本章习题		201

第 9 章 基于放大器的带隙基准电路 … 203

	9.1	预备知识		204
	9.2	带隙基准基本原理及产生方法		206
		9.2.1	负温度系数电压	206
		9.2.2	正温度系数电压	207
		9.2.3	零温度系数电压	208
		9.2.4	带隙基准的一种电路实现方法	208
	9.3	带隙基准电压电路的性能指标		209
	9.4	基于放大器的带隙基准电压电路		210
		9.4.1	PTAT 电流的产生	211
		9.4.2	由 PTAT 电流产生与温度无关的基准电压	211
		9.4.3	基于放大器的带隙基准电压电路结构	212
	9.5	带隙基准电压电路的工程设计、仿真与优化		213
		9.5.1	带隙基准电压电路的参数设计与仿真	214
		9.5.2	核心电路参数设计	214
		9.5.3	放大器及其偏置电路的参数设计	217
		9.5.4	输出参考电压温度系数仿真与优化	218
		9.5.5	反馈环路相位裕度仿真与优化	220
		9.5.6	供电电压范围仿真与优化	223
		9.5.7	电路简并点分析与启动电路设计	224
	9.6	本章总结		227
	9.7	本章习题		228

第 10 章 张弛振荡器 … 229

	10.1	预备知识		230
		10.1.1	比较器	230
		10.1.2	SR 触发器	230

10.2 张弛振荡器的分析和设计 ·· 231
　　10.2.1 张弛振荡器的工作原理 ·· 231
　　10.2.2 张弛振荡器的设计 ·· 233
10.3 制约张弛振荡器频率稳定性的因素及解决方案 ················ 244
　　10.3.1 电阻和电容的制造误差 ·· 244
　　10.3.2 比较器的延迟变化 ·· 245
　　10.3.3 比较器的直流失调电压 ·· 245
10.4 张弛振荡器的仿真 ··· 246
　　10.4.1 比较器的仿真 ·· 246
　　10.4.2 张弛振荡器的整体仿真 ·· 250
10.5 本章总结 ·· 251
10.6 本章习题 ·· 251

参考文献 ·· 253

视频目录
VIDEO CONTENTS

视 频 名 称	时长/min	位　　置
第1集 模拟集成电路 EDA 设计工具简介	15	1.3.2 节
第2集 NMOS 器件 I-V 特性仿真	11	2.3.4 节
第3集 MOS 器件的 SPICE 参数提取	9	2.8.3 节
第4集 使能电路仿真	9	2.9.2 节
第5集 电流镜 DC 仿真	14	3.6 节
第6集 电阻负载共源放大器电路仿真	12	4.2 节工程问题 4.2.1
第7集 电流源负载共源放大器电路仿真	8	4.2 节工程问题 4.2.3
第8集 电阻负载差分放大器电路仿真	11	4.4 节
第9集 折叠共源共栅电路仿真	10	5.2 节工程问题 5.2.2
第10集 共源放大器输出级 DC 仿真	11	6.5 节
第11集 贯穿项目放大器 DC 仿真	15	7.4.1 节
第12集 闭环两级放大器 STB 仿真	8	7.4.2 节
第13集 闭环放大器瞬态仿真	6	7.4.3 节
第14集 LDO 的 STB 仿真	7	8.4.2 节
第15集 LDO 的 TRAN 仿真	8	8.4.3 节

第 1 章　绪　论

CHAPTER 1

学习目标

通过本章的学习，能够对模拟集成电路的基本概念、常见类别、应用场景、核心指标等形成初步认识，对贯穿本书的工程项目及相应的后续章节有一个初步了解。

- 了解模拟集成电路的基本概念，常见类别及应用场景。
- 理解为何放大器是模拟集成电路的"灵魂"，了解放大器的主要指标。
- 初步认识贯穿本书的工程项目，包括功能、组成部分及对应章节。
- 认识模拟集成电路对我国的重要意义，了解成为模拟设计工程师所需要具备的素养。

1.1　模拟集成电路的常见类别及应用场景

1.1.1　什么是模拟集成电路

模拟集成电路可以认为是一种"模拟"+"集成"的电路。"模拟"一词也许会使人联想到"笨重""功能简单"等标签，比如图 1.1.1 所展示的老式军用无线电台、早期的移动电话等。在大部分电子设备都数字化的今天，为何还要继续研究模拟集成电路呢？

(a) 老式军用无线电台　　　　　　　(b) 贝尔实验室开发的第一台移动电话

图 1.1.1　"笨重"的模拟电路

事实上，模拟电路对于现代电子系统来说是必要的组成部分。集成电路技术的进步使模拟电路得以集成化和微型化并取得了长足的发展，也使数字和模拟系统的"边界"变得模糊。现代集成电路技术可以将模拟与数字电路集成到同一块芯片上,形成模数混合电路。

电子系统一般包括三个功能:采样信号,处理信息,将信息转化为人们所能接受的文字、声音或图像等信息。以手机接收信息这一功能为例,首先,天线是负责捕捉周围空间中的无线电波信号的关键组件。随后,天线开关根据信号类型切换至相应的接收模式。接着,射频滤波器介入,筛选目标信号。之后,低噪声放大器对净化后的信号进行增强,并通过另一次滤波过程。接着,混频器将滤波后干净的无线信号转移到一个更适宜的频率,为下一步的转换做好准备。经中频滤波和放大之后,无线信号到达模数转换器(Analog-to-Digital Converter,ADC),在这里它被采样并转化为数字信号。最后,这些数字信号被传送至数字信号处理器(Digital Signal Processor,DSP),以便进行进一步的处理和解析,整个过程如图1.1.2所示。

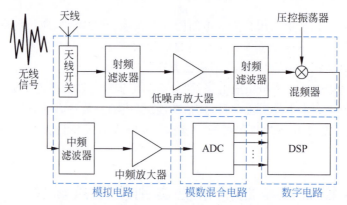

图 1.1.2 射频接收电路的工作原理框图

其他一些应用,例如脑电信号采集、图像拍摄与显示、信号的传输也需要用到模拟电路。总的来说,对自然界中的各种信号进行采集转换并最终服务于人,其过程都离不开模拟电路。另外,对芯片中的各个功能模块进行供电,需要用到电源管理电路,其中一部分电路也是模拟电路。

为何模拟电路要"集成"?集成电路是指将所有器件及其互连导线集成到一小块半导体晶片上。与分立器件相比,集成电路的优势在于:复杂度极大提高的同时,体积与功耗显著减小,可靠性显著提高。如图1.1.3所示,由分立器件构成的模拟电路体积较大,功耗也较

(a) 分立器件构成的模拟电路

(b) 模拟集成电路实物

图 1.1.3 分立器件构成的模拟电路和模拟集成电路对比

高。而模拟集成电路只需一块小小的芯片,或者在一块芯片上占据一定的面积即可。可以说,集成化极大促进了模拟电路的发展,使工程师能够设计结构更复杂、功耗更低、器件更多、可靠性更高的模拟电路。

随着技术的飞速进步,现代模拟集成电路在性能和复杂度方面已经大幅领先于由传统分立器件搭建的模拟电路。如图 1.1.4 所示,对比两者的性能可以发现模拟集成电路的显著优越性。它在当今的电子系统中占据着极其重要的位置,并且随着集成电路工艺技术的不断进步,模拟集成电路仍将迎来新的成长机遇与挑战。

图 1.1.4　分立器件构成的模拟电路和模拟集成电路性能比较

1.1.2　模拟集成电路的主要分类以及应用

根据模拟集成电路在电子系统中的主要作用,可将其分为信号处理和电源管理两大类,每个类别又可分为若干子类,如图 1.1.5 所示。常见的模数转换器、数模转换器等数据转换电路,放大器及接口电路,光电耦合器等隔离器件,以及射频收发器电路等,均属于信号处理类电路;而交流/直流转换电路等开关稳压电路、低压差线性稳压器(Low Dropout Regulator,LDO)、电池管理电路,以及各类驱动电路等,均属于电源管理类电路。模拟集成电路的应用范围基本覆盖了已知应用场景中的各类电子设备,如汽车电子、通信设备、航天与国防、家用电器、工业生产、医疗、电力输送等。以下介绍几个常见的应用场景及相关模拟集成电路在其中所起的作用。

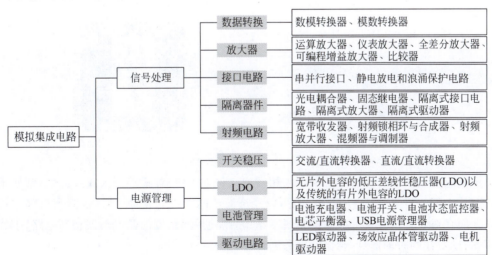

图 1.1.5　常见模拟集成电路分类

注:①低压差线性稳压器(Low Dropout Regulator,LDO);②通用串行总线(Universal Serial Bus,USB);③发光二极管(Light Emitting Diode,LED)

1. 手机的无线通信

手机可以说是现代工作和生活最常用的工具之一,其无线通信功能是很多其他上层应用(例如语音通话、手机支付、导航等)的基础。射频电路是手机无线通信的基本电路模块,它的作用是将基带发送过来的信号"搬移"到射频频带,以便天线发送,或者将天线端接收的射频信号"搬移"至基带频率,以便基带模块进行后续处理。如图 1.1.6 所示,在射频电路中,无线信号接收链路需要用到低噪声放大器(Low-Noise Amplifier,LNA),该放大器好比是一个听筒,可以"听见"空中微弱的信号。无线信号发送链路需要用到功率放大器,而这种放大器就好比是一个喇叭,使发射信号能够传播得更远。

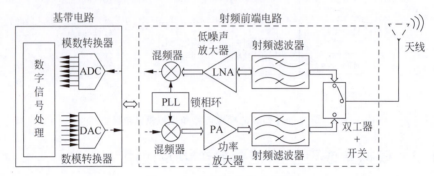

图 1.1.6 射频电路基本架构

2. 时钟生成电路

时钟生成电路被称为现代数字系统的心脏。从个人电脑、智能手机到高性能服务器,这些现代的数字设备都依赖精确的时钟信号来协调内部各数字电路模块的同步操作。这些关键的时钟信号是由如晶体振荡器(晶振)和锁相环(Phase-Locked Loop,PLL)等时钟生成电路产生的。尽管时钟生成电路输出的信号本质上属于数字信号,但其核心元件——振荡器,是典型的模拟电路,如图 1.1.7 所示。振荡器通过放大器增强电子元件中的微小噪声或谐振元件的初始振荡信号,从而生成稳定的时钟信号。

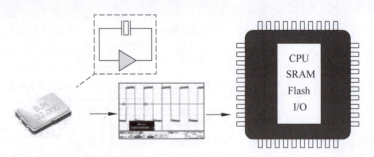

图 1.1.7 振荡器电路

不同应用场景对时钟信号的需求大相径庭。例如,在单片机等嵌入式系统中,常使用集成在芯片内部的电阻-电容(RC)振荡器,以经济简洁的方式生成时钟信号,驱动内部的数字电路。而在对时钟精度要求极高的无线基站中,则使用高精度的晶振与锁相环电路,生成低噪声、高稳定性的时钟信号,确保通信数据传输的准确性。

3. 低压差线性稳压电路

常用的电子产品,无论是手机还是计算机,当要求将较高的输入电压转换成较低输出电压时,都需要用到LDO。如图1.1.8所示,这是一种将高电压调节成稳定低电压直流输出的器件,具有成本低、噪声低、静态电流小的优点。

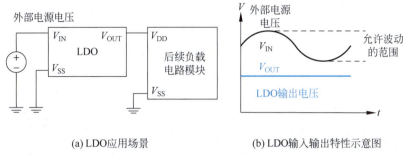

(a) LDO应用场景　　　　　　　　(b) LDO输入输出特性示意图

图 1.1.8　LDO 的应用场景及输入输出特性

在低压差线性稳压器的工作中,核心概念之一是压差,也就是压降。这个术语定义了在维持特定负载条件下稳定输出所需的输入电压(V_{IN})与输出电压(V_{OUT})之间的最小差值。在实际应用中,通常需要确保输入和输出电压之间有一个适当的压差来保障电路正常运行,但这会影响整体效率,因为压差越大,效率往往越低。相对地,更小的压差意味着在不改变输出电压的前提下,可以降低输入电压,从而提升整体的能量利用效率。特别是在依赖电池供电的场合,减少压差不仅能提高效率,还有助于延长电池的使用寿命。

图1.1.9(a)所示的是一种固定输出电压的LDO,其输出电压值不可调整。图1.1.9(b)所示的是一种带使能端的可变输出电压LDO,通过使能端设置芯片是否工作,可以改变电阻比值,配置得到想要的输出电压。

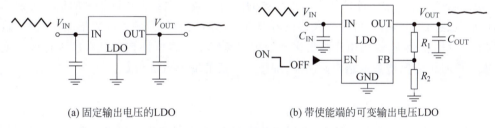

(a) 固定输出电压的LDO　　　　　　　(b) 带使能端的可变输出电压LDO

图 1.1.9　两种典型的 LDO

1.2　模拟集成电路的灵魂——放大器

顾名思义,放大器是具有放大功能的电路模块,它可以将输入信号的幅度或功率放大。一般可将放大器看作具有信号输出端口和输入端口的高增益放大单元。放大器是模拟集成电路中的灵魂模块。在上文的应用场景介绍中多次提到放大器,这是因为绝大多数的模拟电路都离不开放大器。如果将放大器与电阻或电容等元件构成的反馈网络配合使用,就能实现许多常用的功能,比如缓冲、驱动、分压、滤波、信号修整等。

如果放大器具有理想的性能,那么整个电路的性能也将十分优异。但是,世上没有"完美"的放大器。模拟集成电路工程师绝大部分的工作是在做权衡。工程师根据项目具体需求进行性能折中,"取长补短",将溢出设计要求的指标所占有的资源分配给还未满足的指标。

1.2.1 放大器的技术指标

放大器有8个重要的指标：输入输出阻抗、增益、功率、速度、输入输出信号范围、电源电压、线性度和噪声。这些参数常常互相制约，下面利用图1.2.1逐一分析这些指标。

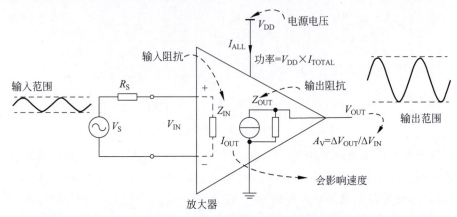

图 1.2.1 放大器的技术指标示意图

1. 输入输出阻抗

输入阻抗 Z_{IN} 是用来衡量放大器对前一级放大器或信号源 V_S 影响的一个性能指标。放大器的输入阻抗越大，输入电流越小，前一级放大器或信号源内阻 R_S 产生的压差越小，其电压损耗就越小。因此，理想放大器的输入阻抗为无穷大。

输出阻抗 Z_{OUT} 用于评估放大器带负载的能力。当放大器将经过放大的信号传递给负载时，从负载的角度来说，可将放大器视为带有内部阻抗的信号源。如果输出阻抗小，输出阻抗上的分压就会小，输出电压将更多地加载到负载上。这样即使负载在较大范围内变化时，输出信号仍能保持基本稳定。因此，理想放大器的输出阻抗为0。

2. 增益

增益，即放大倍数，是描述放大器对信号放大能力的一个重要参数。理想放大器的增益为无穷大，但实际中增益是有限的，并随工作条件的变化而变化。如果是电压放大器，其增益为输出电压变化量和输入电压变化量的比值 $A_V = \Delta V_{OUT}/\Delta V_{IN}$。这个比值常转化为 dB 表示，即 $A_V = 20\lg(\Delta V_{OUT}/\Delta V_{IN})$。有些放大器可以进行重构，以改变其自身的增益和带宽。

3. 功率

放大器的功率可以用电压 V_{DD} 乘以其消耗的总电流 I_{TOTAL} 计算得到。若考虑放大器的输出电流，可以进一步将功率细分为放大器本身的功率和放大器的输出功率。低功耗放大器工作时的电流非常小，电源电压通常也较低。这类放大器多用于便携式电子产品中。

4. 速度

放大器的频率特性和摆率会对其速度产生影响。信号的频率高到一定程度时，放大器对这些高频信号已经不能有效放大。图1.2.2中黑色波形是低频时的输出信号，可见幅度较高，而蓝色波形是高频时的输出信号，输出波形的幅度明显变小了，也就是放大器的增益受到了频率的影响。

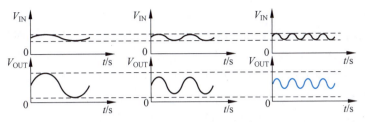

图 1.2.2　频率过高时放大器不能正常放大

摆率是指放大器输出电压所能达到的最大变化率,即输出信号的最大斜率。如图 1.2.3 所示,当输入信号突然变化时,若放大器输出电压在某段时间内出现线性增长,说明放大器倾其所有电流,但也无法及时改变某些节点的电压,信号因此发生畸变。

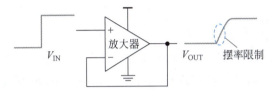

图 1.2.3　输入信号突然变化时,受摆率限制的放大器不能正常放大

5. 输入输出信号范围

输入信号范围是保证放大器正常工作的最大输入范围。放大器的输入电压通常要求高于供电网络负端某一数值,而低于供电网络正端某一数值。经过特殊设计的放大器允许输入电压在供电网络整个电压区间,或接近整个区间内变化,这种放大器称为输入轨到轨(Rail-to-Rail Input)放大器。

输出信号范围是在给定电源电压和负载情况下,保证放大器正常工作的最大输出范围。同样,经过特殊设计的放大器可以允许输出电压在供电网络整个电压区间,或接近整个区间内变化,这种放大器称为输出轨到轨(Rail-to-Rail Output)放大器。

6. 电源电压

放大器的供电方式有两种:双电源供电和单电源供电。双电源供电放大器的输出信号可以在两个电源电压之间变化,而采用单电源供电的放大器,其输出信号则在电源与地之间变化。电源电压越高,输出信号的范围越大,留给设计者的可选拓扑结构越多。但电源电压越高,放大器的功耗也越高。

7. 线性度

假设放大器输入的是标准正弦信号,如图 1.2.4 中黑色波形所示。而其时域输出信号一般并不是一个标准的正弦信号,会发生畸变,如图 1.2.4 中蓝色输出波形,其负半周信号幅度大于正半周信号的幅度。从频率的角度看,输出不再是单一频率的正弦信号,输出信号中产生了新的频率成分,称为非线性失真。一般认为,非线性失真的程度越小,放大器的线性度越好。

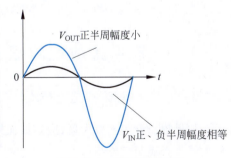

图 1.2.4　输出信号畸变

8. 噪声

当放大器没有接收到输入信号时，它的输出并非理想中的平静直线，而是呈现出随机波动的噪声。在示波器上，这些波动表现为不规则且有一定厚度的迹线。噪声的大小可以通过观察这条线的粗细来判断——线越粗，噪声水平越高。噪声分为两类：外部噪声和内部噪声，外部噪声源于周围环境或其他电路的干扰；而内部噪声则产生自放大器内部的组件，如电阻和半导体器件本身就可能是内部噪声的根源。这些噪声最终决定了放大器能够处理的最低信号强度。低噪声放大器设计用来放大极微弱的信号。在通信系统中引入低噪声放大器，可以显著提升信号的清晰度和系统的灵敏度，降低由噪声引起的失真，从而增强整个系统对微弱信号的处理能力。这在高速数据传输领域，如 4G/5G 网络、移动电视、Wi-Fi 等应用中尤为重要。

1.2.2 放大器设计中的折中

放大器的 8 个指标是相互关联的，如图 1.2.5 所示。一个放大器的设计，很难做到所有指标都是最优，往往要根据具体情况进行设计。实际应用中，根据放大器所侧重的设计指标，可将之分类为：高阻型放大器、高速型放大器、宽输出摆幅放大器、高压型放大器、高增益放大器、高线性度放大器、低噪声放大器、功率型放大器等。有些放大器也可能会侧重于几个设计指标，例如：高增益大功率放大器，高速高增益放大器，低噪声前置高增益放大器。也有采取"中庸之道"的通用型集成放大器。设计电路无须追求完美，但要符合项目指标。设计者需要顺势而为，折中选择，优化资源配置。

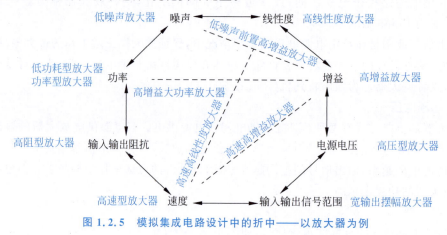

图 1.2.5 模拟集成电路设计中的折中——以放大器为例

1.3 模拟集成电路设计流程及工具

1.3.1 模拟集成电路设计流程

如果想设计一款放大器，应该如何入手？该使用哪些工具进行设计？如何验证设计的放大器是否满足性能指标？

一颗成熟芯片的诞生，是一个从构思到实物环环相扣的过程。如图 1.3.1 所示，模拟集成电路设计生产的一般流程通常包括三个关键阶段：首先是芯片设计，这是将创意和技术需求转化为具体电路图纸的步骤；其次是芯片制造，这一环节涉及将设计好的电路在硅片上实际制作出来；最后是封装测试，这一步确保每颗芯片都能在实际应用中稳定工作。简而言之，模拟集成电路设计生产流程中的每一步都对芯片最终性能至关重要，缺一不可。

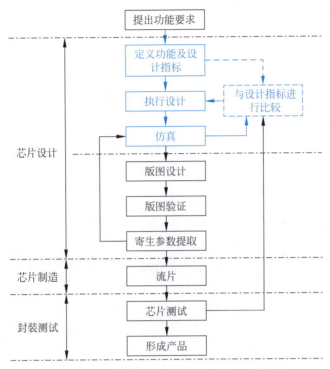

图 1.3.1　模拟集成电路设计生产的一般流程

其中，芯片设计始于规格的界定，这是为模拟集成电路设定具体功能和性能参数的起点。设计师们需要厘清电路将要完成的任务，以及它所需满足的诸如电源电压、功耗、输入输出信号要求和芯片占用面积等关键指标。

接着，设计团队会深入分析这些设计目标，并选择最佳电路架构来实现这些目标。他们会通过理论计算来设定初步的器件参数，并运用仿真工具来评估电路性能。与传统的分立器件模拟电路设计不同，模拟集成电路必须将所有部件集成到一块微小的芯片上，使得实体验证变得不可能，因此设计师必须依赖于计算机仿真来测试和验证电路的表现。这通常是一个迭代过程，设计师根据仿真结果对电路进行优化，然后再次仿真，反复循环，直到达到预期的设计标准。

版图设计是芯片物理设计的核心阶段。在此环节中，版图工程师负责布局和布线电路，并确保设计符合严格的制造规则。这包括执行设计规则检查（Design Rules Check，DRC）和电路版图与原理图的一致性检查（Layout vs. Schematic，LVS），以及提取由布局布线产生的寄生参数。将这些寄生效应纳入考虑并重新仿真之后，如果结果仍旧符合所有设计标准，则芯片设计可视为完成。

只有在经过了这些详尽的设计和验证步骤后，芯片才可以进入生产、封装和测试阶段，最终形成可以投入使用的成品芯片。

1.3.2 模拟集成电路的常用设计工具

本书所涵盖的内容主要涉及模拟集成电路的设计和仿真。模拟集成电路的设计一般通过专用的计算机软件来完成,这些专用设计软件称为集成电路电子设计自动化(Electronic Design Automation,EDA)工具。目前,世界范围内的集成电路 EDA 设计软件主要由三大公司所提供:Synopsys(新思科技)、Cadence(楷登电子)、Siemens EDA(原 Mentor Graphics)。这三家公司目前占据了世界集成电路 EDA 市场约 95% 的份额,其中,Synopsys 和 Cadence 为美国公司,Siemens EDA 为德国公司。我国目前在集成电路 EDA 领域软件工具最齐全的公司是华大九天(Empyrean),近几年的发展十分迅速,其主要 EDA 软件包括模拟电路设计全流程 EDA 工具系统、数字电路设计 EDA 工具、平板显示电路设计全流程 EDA 工具系统、晶圆制造 EDA 工具等。表 1.3.1 列出了模拟集成电路设计过程中常用的几种工具,在后续设计中可酌情使用。

表 1.3.1 模拟集成电路设计过程中常用的设计工具

实现功能	工具名称	公司
模拟集成电路与版图设计	Virtuoso	Cadence
	Empyrean Aether	华大九天
模拟集成电路仿真	Spectre	Cadence
	Hspice	Synopsys
	Empyrean ALPS	华大九天
版图验证	Calibre	Siemens EDA
	Diva	Cadence
	Dracula	Cadence
	Empyrean Argus	华大九天
寄生参数提取	Calibre xRC	Siemens EDA
	Empyrean RCExplorer	华大九天

第 1 集
微课视频

1.4 本书贯穿项目与对应章节介绍

由于放大器是模拟集成电路的灵魂,本书以放大器设计作为贯穿项目,阐述模拟集成电路设计的基本原理和方法。该贯穿项目的整体电路与章节分解内容如图 1.4.1 所示。在后续章节中,通过对放大器各子模块的设计实验和整体优化,使读者循序渐进地将模拟集成电路中的基础知识运用到工程实践中,并融会贯通。整个电路可以分为使能控制部分、放大器的电流偏置部分、放大器的输入级和放大器的输出级等电路模块。各部分的电路原理、设计方法和仿真验证方式,将在第 2~6 章进行介绍。

第 2 章详细介绍 MOS 器件的 I-V 特性和小信号等效模型,为后续设计提供理论基础,并讲解使能控制部分的设计方法。第 3 章讲述电流镜的工作原理,包括如何设计电流镜,分析电流复制误差因素以及解决方法,并探讨如何生成高质量、高稳定性的电流。第 4 章介绍放大器输入级的常用拓扑结构,包括共源放大器和基本差分放大器。第 5 章探讨增益提升的结构,介绍共源共栅放大器、差分式共源共栅放大器和折叠共源共栅放大器。第 6 章介绍多种输出级结构,包括将共源极放大器作为输出级、源极跟随器作为输出级以及 AB 类输出

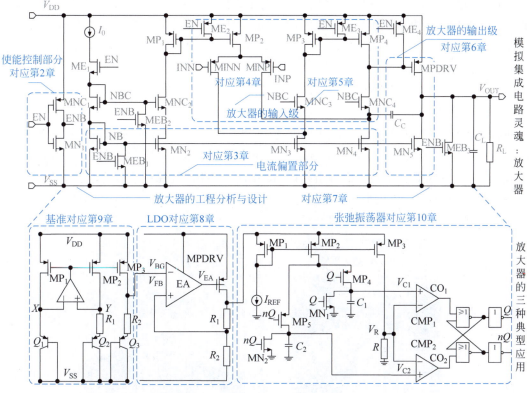

图 1.4.1 全书贯穿项目与章节分解

缓冲器,还讨论了防止放大器振荡的多种方法。第 7 章介绍放大器的整体设计方法和工程优化思路。第 8 章介绍了低压差线性稳压器的原理和结构,利用贯穿项目的放大器构成能输出一个稳定电压并具有一定驱动能力的电路模块。第 9 章介绍了一种独特的电路设计——带隙基准源。这种设计利用放大器来构建一个高度稳定的电路模块,其核心特点是能够在环境温度发生变化的情况下仍然产生一个稳定的参考电压,这对于确保电子设备在不同温度条件下正常工作至关重要。最后,在第 10 章中,将利用放大器设计一个振荡器,使其满足众多电子设备需要稳定频率源的需求。

本书在介绍电路原理时,忽略了 MOS 器件的一些二级效应,目的是用简化的理论,讲述集成电路设计中最为关键的知识点,使读者不致陷入烦琐的公式推导而迷失了设计的方向。如果读者想了解更多的理论推导,可以翻阅本书参考目录中的文献资料。

1.5 展望

自 1958 年杰克·基尔比发明了世界上第一块能够工作的集成电路以来,半导体产业开始了长达半个多世纪的高速发展,成为后信息时代乃至智能时代的基石。庞大的市场需求促进了集成电路技术的持续进步及成本的不断降低,进而使集成电路的应用领域更加广泛,形成了新的市场需求。这将是一个很有价值且充满挑战的事业。了解集成电路的发展历程,认识这一过程中涌现出的重要人物以及他们富有创造性的思想和发明,对未来事业的发展会很有帮助。

放眼我国,集成电路产业历经了 70 多年的艰难发展,如今已成为关系国家安全的战略性产业。我国集成电路的起步并不算晚,期间也涌现出许多为我国集成电路发展做出突出贡献的人物。图 1.5.1 所示为中国航天微电子与微计算机技术奠基人黄敞和中国集成电路工业技术奠基者和开拓者之一许居衍。但由于种种因素,我国集成电路的发展未能跟上世界先进集成电路技术的发展脚步。好在目前越来越多的人开始意识到掌握先进集成电路相关技术的重要性,国家也在加大投入发展国产集成电路技术。在模拟芯片设计领域出现了一批优秀的企业,例如圣邦微电子、上海艾为、思瑞浦微电子、芯海科技、江苏帝奥微电子等。不可否认,与德州仪器(TI)、亚德诺(ADI)这些世界知名模拟 IC 设计公司相比,我们国家的企业还有不小的差距。但我们有理由相信,我国的模拟集成电路技术终将赶上并走在世界前列,这需要我们每一个模拟集成电路行业的人,乃至相关行业的人共同努力实现,而这种努力,在我们打开这本书时,就已经开始了。

(a) 中国航天微电子与微计算机技术奠基人,黄敞　　(b) 中国集成电路工业技术奠基者和开拓者之一,许居衍

图 1.5.1　为我国集成电路发展做出突出贡献的两位科学家

Willy Sansen 在他的书中提到:"模拟设计是艺术和科学的结合。"说它是一门艺术,是因为设计者很多时候需要有创造力和直觉,像雕琢一件艺术品一样,在繁杂的电路参数之间找到一个完美的平衡点。说它是科学,在于设计者需要掌握相当程度的理论知识与设计方法,才能够对电路设计有足够深刻的理解。成为一名模拟设计艺术家也许是一个漫长的过程,所以,乐在其中吧!

1.6　附录:符号标记法

本书采用带有下标的符号来表示模拟信号。信号变量的标记规则为:采用大写字母来表示大信号,采用小写字母来表示小信号。信号变量一律采用斜体字。下标的标记规则:表示端口号或者节点标号时按照行业习惯来标记,下标一律采用正体字。主要符号的标记方法及其含义如表 1.6.1 所示。

表 1.6.1　主要符号的标记方法及其含义

符　号	含　义
$V_{\text{IN}}, V_{\text{OUT}}, I_{\text{IN}}, I_{\text{OUT}}$	输入、输出大信号电压和电流
$v_{\text{IN}}, v_{\text{OUT}}, i_{\text{IN}}, i_{\text{OUT}}$	输入、输出小信号电压和电流
$V_{\text{GS}}, V_{\text{DS}}, I_{\text{D}}$	大信号栅源电压,大信号漏源电压,大信号漏极电流
$v_{\text{GS}}, v_{\text{DS}}, i_{\text{D}}$	小信号栅源电压,小信号漏源电压,小信号漏极电流
$g_{\text{m}}, r_{\text{O}}$	MOS管的小信号跨导,MOS管的小信号输出电阻
$V_{\text{DD}}, V_{\text{b}}$	电源电压,某一端口的静态偏置电压

对于各种物理量的单位,本书采用国际单位制标记法,并采用表1.6.2所示的国际单位制的词头表示方法。

表 1.6.2　部分国际单位制的词头表示法

符　号	名　称	值
G	吉(Giga)	10^{9}
M	兆(Mega)	10^{6}
k	千(kilo)	10^{3}
m	毫(milli)	10^{-3}
μ	微(micro)	10^{-6}
n	纳(nano)	10^{-9}
p	皮(pico)	10^{-12}
f	飞(femto)	10^{-15}
a	阿(atto)	10^{-18}

第 2 章　MOS 器件基础

CHAPTER 2

学习目标

本章的学习目标为掌握 MOS 器件的基础知识、基本模型和特性。
- 掌握 MOS 器件的基本结构、I-V 特性，会判断 MOS 器件工作区并分析其电流电压特性。
- 掌握 MOS 器件的沟道长度调制效应、小信号模型，会应用其分析电路。
- 了解 MOS 器件的版图和电容模型，会画基本版图，会分析 MOS 器件的电容及影响。
- 理解使能电路的原理，了解 MOS 器件的 SPICE 参数提取方法，认识新型 MOS 器件。

任务驱动

设计如图 2.0.1 所示的贯穿项目中的使能电路（图 2.0.1 中蓝色部分）。

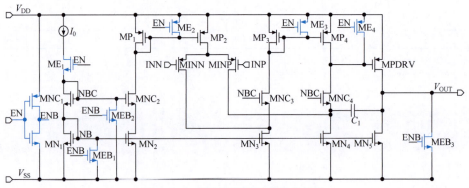

图 2.0.1　贯穿项目设计之使能设计

知识图谱

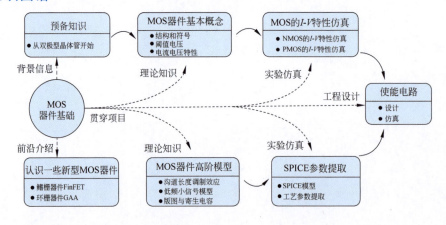

2.1 预备知识

具有放大功能的组件是实现放大器的基础。在"模拟电子技术"等相关课程中,学习过一种广泛应用的放大器组件,名为双极结型晶体管(Bipolar Junction Transistor,BJT),也称三极管。双极结型晶体管和即将学习的场效应晶体管(Field Effect Transistor,FET)都具有开关功能和放大功能,它们是模拟电路和数字电路中最基础的器件之一。

图 2.1.1 给出了 NPN 型 BJT 常用的电路符号、组成示意图、结构示意图、输入特性曲线和输出特性曲线。可以看出,BJT 器件为三端器件,其三个端子为基极(b)、集电极(c)和发射极(e),分别连接三极管的基区、集电区和发射区,其内部有集电结和发射结两个 PN 结。三极管的放大作用,主要依靠发射极的载流子通过基区传输,然后到达集电极形成电流而实现。

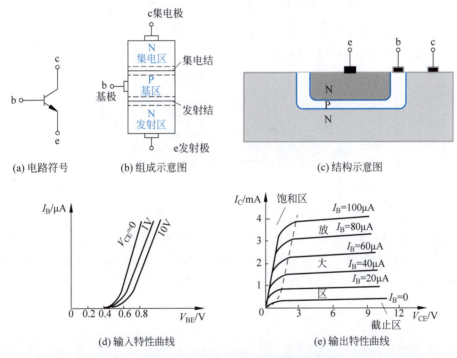

图 2.1.1 NPN 三极管的电路符号、组成、结构示意图以及输入输出特性曲线

BJT 工作时,载流子在半导体内的迁移率高,可以获得较高的跨导,再加之 BJT 器件的寄生电容小,从而使得 BJT 的高频特性好,这些优良性能使得 BJT 器件在模拟电子电路中应用广泛。但是 BJT 为电流控制器件,需要有一定的输入电流,因而其输入阻抗有限,同时也使得 BJT 电路的功耗较大,并且 BJT 器件性能调节的参数通常为发射结面积,导致其版图面积较大,集成度较低。这些缺点导致 BJT 器件在模拟集成电路设计中的使用较为受限。

金属氧化物半导体场效应晶体管(Metal Oxide Semiconductor Field Effect Transistor,MOSFET)为电压控制器件,输入电阻非常大,并且 MOS 器件易于按比例调节尺寸,可以获得很高的集成度。MOS 器件的这些特性都显著优于双极型器件。20 世纪 60 年代互补 MOS(Complemented MOS,CMOS)器件的发明以及 CMOS 器件按比例缩小和低成本制造工艺的优势,引起了半导体工业的巨大变革,CMOS 技术迅速占领了数字集成电路市场。

CMOS技术用于模拟电路设计，利于实现数字模拟混合集成电路和片上系统（System on Chip，SoC），使MOS器件在当前模拟集成电路中逐渐占据了主导地位。

本章将从MOS器件的基本结构和基本属性谈起，一起探讨MOS器件的工作原理、模型、特性和主要参数，为后续放大电路的设计建立器件级的基础。

2.2 认识MOS器件

根据导电载流子的极性，MOS器件分为N型MOS（N Metal Oxide Semiconductor，NMOS）器件和P型MOS（P Metal Oxide Semiconductor，PMOS）器件。在CMOS技术中同时使用NMOS和PMOS。本书的贯穿项目也同时使用了NMOS和PMOS器件。

2.2.1 MOS器件的结构

一个NMOS器件的简化结构如图2.2.1所示。就如盖房子需要一个地基，器件需要制作在一个衬底上，NMOS的衬底为P型。

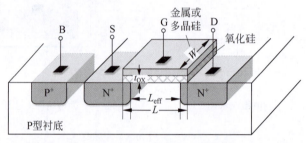

图2.2.1 NMOS器件的结构示意图

那NMOS的衬底为何是P型不是N型？对于NMOS器件来说，作为源漏的N^+型扩散区制作在P型衬底上，形成了天然的寄生二极管，如图2.2.2所示。因此，当衬底被连接到系统的最低电位时，源漏结二极管形成反偏或者零偏，电流就不会在不同管子间"串门"，管子间就不会互相干扰。

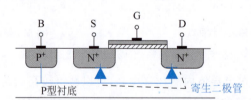

图2.2.2 NMOS四端器件的寄生二极管示意图

衬底也称为Bulk或者Body，记作B。衬底电极通过电极引线连接重掺杂P^+区以实现良好的欧姆接触。两个重掺杂N^+区形成源区和漏区，分别引出电极引线，称为源极（Source，S）和漏极（Drain，D）。金属（Metal）或重掺杂的多晶硅区（poly-Si）引出电极引线，称为栅极（Gate，G）。

栅和半导体衬底之间有一层薄薄的氧化层（SiO_2），简称栅氧，使栅区与衬底隔离。这也就是为什么MOS器件的输入电阻非常大。栅氧化层厚度记为t_{OX}。栅氧下的区域形成连接源极和漏极的一个通道，这个通道的通与断由栅极电压控制，这个区域称为沟道区。

栅区沿源漏通道的横向尺寸为栅长 L,与之垂直方向的栅区尺寸为栅宽 W(参考图 2.2.1)。沟道长度 L 和栅氧化层厚度 t_{OX} 对 MOS 器件的性能起着重要的作用。MOS 技术发展的主要推动力为减小器件的尺寸而不使器件的其他性能参数退化。

> 小 Tips：制造过程中源、漏结因为横向扩散而向沟道区延伸,从而源、漏之间实际的距离略小于 L。因此,一般定义源漏之间的实际距离为有效沟道长度或有效栅长,记作 L_{eff}。

由 MOS 器件的结构可以看出,MOS 结构实际上是对称的,那么怎样定义源和漏呢？一般将源定义为提供载流子(NMOS 器件中的载流子为电子)的端口,将漏定义为收集载流子的端口。因此,当器件的各个端口之间的电压变化时,源和漏可以互换。

由 MOS 器件的结构图还可以看出,MOS 器件是一个四端器件,衬底 B 的电位对器件特性也有很大的影响。

工程问题 2.2.1
根据 NMOS 结构,分析 PMOS 器件的结构,并说明如何设置 PMOS 器件的衬底电位。
讨论：
PMOS 器件与 NMOS 器件的结构组成相似,由金属或多晶硅组成栅,栅区下面是薄氧化层。然而,不同的是,PMOS 衬底为 N 型,源漏区为 P^+ 掺杂,相应的衬底欧姆接触区为 N^+ 掺杂。

为保证 PMOS 器件的寄生二极管反偏或者零偏,应该将 PMOS 器件的衬底接系统的最高电位。除非另外说明,本书中,假设所有 NMOS 器件的衬底与最低电平(通常是地 V_{SS})连接,而 PMOS 器件的衬底与最高电平(通常是电源 V_{DD})连接。

图 2.2.3 给出了 NMOS 和 PMOS 器件的剖面图。从简单的角度来看,PMOS 器件可通过将 NMOS 的所有掺杂类型(包括衬底、源漏扩散区和衬底的欧姆接触区)取反来实现。在实际的 CMOS 技术中需要同时用到 NMOS 和 PMOS,因而 NMOS 和 PMOS 器件必须做在同一芯片上,也就是同一衬底上。那么怎样解决衬底的电位问题呢？

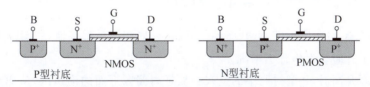

图 2.2.3　NMOS 和 PMOS 器件的剖面图

为解决衬底问题,可以将其中某一种类型的器件做在"局部衬底"上,或者两种类型的器件都做在"局部衬底"上,这种局部衬底通常称为"阱"。图 2.2.4 所示为将 PMOS 器件做在 N 阱中的 CMOS 器件。注意,N 阱必须接一定的电位。大多数情况下 N 阱与最"正"的电位(V_{DD})相连,目的也是保证源漏 PN 结(即寄生二极管)在任何情况下都反偏或零偏。

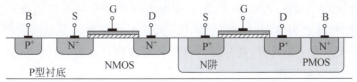

图 2.2.4　CMOS 器件(N 阱中的 PMOS)的剖面图

电路中若将 MOS 器件的源极和衬底相连,则此时衬底和源极合并为 1 个端口,成为三端器件。由图 2.2.2 可以看出,衬底和源极相连时,衬源电压为 0,衬底和源极之间的寄生二极管保持零偏而不会导通,电流也不会从衬底流向源极和导电沟道。

2.2.2 MOS 器件的符号

NMOS 和 PMOS 晶体管的电路符号如图 2.2.5 所示。图 2.2.5(a)中的符号包括晶体管的所有四个端子。一般 PMOS 器件的源极放在顶端,因为正常工作时其源极比栅极的电位高。由于在大多数电路中,NMOS 和 PMOS 器件的衬底端子分别接最低电位 V_{SS} 和最高电位 V_{DD},所以画图时通常省略这一连接,如图 2.2.5(b)所示。数字电路中更关注器件的导通与关闭,因而习惯上用图 2.2.5(c)所示的开关符号来表示两种 MOS 管。在模拟集成电路中,明确区分源和漏有益于理解模拟电路工作原理,因而图 2.2.5(b)的表示更加常用。

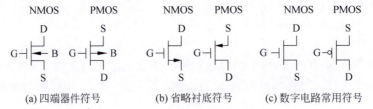

图 2.2.5 MOS 器件符号

2.3 MOS 器件的 I-V 特性与仿真

认识了 MOS 器件的结构和符号之后,本节将分析 MOS 器件中电荷的产生和传输,并建立 MOS 器件的电流与各端电压之间的函数关系。这里首先讨论 NMOS 器件的电流电压特性,再推及 PMOS 器件。

2.3.1 导通与截止——阈值电压

考虑如图 2.3.1(a)所示的 NMOS 器件连接,衬底和源极都接地,若漏极 V_D 也接地,当栅压 V_G 从 0 上升时会发生什么情况?

当 V_G 逐渐升高时,P 型衬底中的空穴会被赶离栅区下面的沟道区,从而形成与栅极电荷镜像的负电荷区,称为"耗尽层"或"耗尽区",如图 2.3.1(b)所示。但这些负电荷尚不能自由移动(因为这些负电荷是由耗尽区负离子提供的),器件仍处于截止状态,也就是关断状态。此时 NMOS 器件沟道处的两个寄生电容相当于串联,如图 2.3.1(c)所示,这两个电容分别是栅氧化层电容 C_{OX} 和耗尽区电容 C_{dep}。当 V_G 足够高时,源和漏之间的栅氧下就出现了能自由移动的导电载流子(自由电子),也就形成了可以连通源漏的"沟道",如图 2.3.1(d)所示,此时认为晶体管导通。可以看出,此时原本为 P 型半导体的界面处的载流子是电子,不再是空穴,因此也称之为界面"反型"。若 V_D 大于 0,电子便从源端流向沟道区界面,最终流到漏端。伴随 V_G 进一步升高,耗尽区的电荷仍保持相对恒定,而沟道电荷(自由电子)密度继续增加,导致源漏电流增大。

导电沟道形成时所对应的栅极电位 V_G 称为阈值电压,记作 V_{TH}。一般栅极电位的高

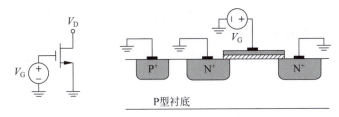

(a) 栅极接电压源V_G电路图与MOS器件剖面示意图

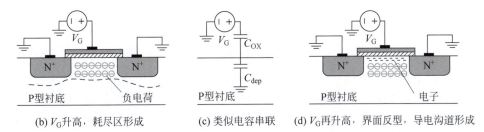

(b) V_G升高，耗尽区形成   (c) 类似电容串联   (d) V_G再升高，界面反型，导电沟道形成

图 2.3.1   **NMOS** 器件的栅压控制原理

低参考源极电位来衡量，也就是 V_{GS}。由前述分析可以看出，当 V_{GS} 升高到超过 V_{TH} 时，导电沟道形成，器件导通。在粗略分析中通常假定当 $V_{GS} \geqslant V_{TH}$ 时，器件会突然导通，而当 $V_{GS} < V_{TH}$ 时，器件立即截止，功能就像开关一样。

工程问题 2.3.1

图 2.3.2(a)为一个采用 NMOS 器件做开关的采样保持电路，若输入 $V_{IN} \leqslant V_{DD} - V_{TH}$，试分析当栅极控制电压 CK 为图 2.3.2(b)所示变化时的输出 V_{OUT}。

讨论：

根据 NMOS 器件的导通截止条件，CK 电压为 0 时，V_{GS} 不会大于 0，更不会大于 V_{TH}，M_1 截止，该支路断开。假设此时电容上的电压为 V_{CH}，则输出 $V_{OUT} = V_{CH}$。当 CK 电压为 V_{DD} 时，首先判断 V_{OUT} 与 V_{IN} 哪边电压低，低者为源端。由于 $V_{IN} \leqslant V_{DD} - V_{TH}$，则无论 V_{OUT} 与 V_{IN} 哪边电压低，必然有 $V_{GS} \geqslant V_{TH}$。M_1 导通，此时 $V_{OUT} = V_{IN}$；当 CK 电压再为 0 时，如图 2.3.3(b)所示，M_1 截止，电容 C_H 电压保持截止前时刻的电压值，从而实现了对输入信号的采样和保持功能。

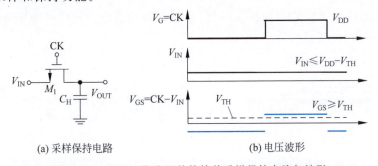

图 2.3.2   **NMOS** 作为开关的简单采样保持电路与波形

但当 $V_{IN} > V_{DD} - V_{TH}$ 时，需要考虑当前 V_{OUT} 的电压进行分析，作为课后习题给读者练习。可见仅用一个 NMOS 器件作为开关，需要考虑输入输出信号范围，和理想开关并不相同。

上述分析是基于 MOS 器件导通截止的理想情况。实际上，导通现象是栅电压的渐变函数，当 $V_{GS} < V_{TH}$ 时，若存在漏源电压，沟道中也会有微小的电流存在，称为亚阈值导电效应。这就使得明确地定义 V_{TH} 比较困难。在半导体物理学中，NMOS 器件的 V_{TH} 通常定义为界面的电子浓度等于 P 型衬底的多子浓度时的栅压。

可以看出，器件的阈值电压是决定器件导通与否的关键参数，其值与栅氧化层电容密切相关。栅氧化层电容 C_G 的值由单位面积的栅氧化层电容 C_{OX} 的值以及栅氧化层的总面积决定，即有 $C_G = C_{OX} WL$，而栅氧化层电容 C_{OX} 的值和栅氧化层的厚度 t_{OX} 相关。t_{OX} 是器件和电路计算中的常用参数。本项目用到的工艺中 $t_{OX} = 2.37 \text{nm}$。由于 $C_{OX} = \varepsilon_{OX}/t_{OX} = \varepsilon_r \varepsilon_0 / t_{OX}$，其中，$\varepsilon_{OX}$ 为二氧化硅的介电常数，一般二氧化硅的相对介电常数 ε_r 约为 3.9，真空介电常数 $\varepsilon_0 = 8.854\,187\,817 \times 10^{-12} \text{F/m}$，因此 $C_{OX} \approx 14.57 \text{fF}/\mu\text{m}^2$。

在实际器件制造过程中，通常通过向沟道区注入杂质，从而改变氧化层界面附近衬底的掺杂浓度，以此来调整阈值电压。例如，在图 2.3.3 所示的 NMOS 器件中，通过在界面处注入杂质形成一个 P^+ 薄层，需要增加栅压以使该区域达到耗尽状态，从而提高阈值电压。

如图 2.3.1 所示，在分析界面导电沟道的形成过程时，假设 $V_S = 0$，$V_B = 0$，也就是衬底和源极都接地，倘若 V_B 不为 0，阈值电压如何变化？

假设源极接地，即 $V_S = 0$，且衬底电位 V_B 为负电压，也就是 $V_B < 0$，此时将有更多空穴被吸引到衬底电极，界面处留下更多的负电荷而导致界面处耗尽层更宽，导致形成导电沟道所需的栅源电压 V_{GS} 更大了。因此，V_B 下降，导致阈值电压 V_{TH} 增加，这种效应称为 MOS 器件的体效应，也称为背栅效应或衬底偏置效应。

值得注意的是，体效应的产生并不一定要通过改变衬底电位 V_B 来实现，源电位 V_S 改变时也会产生体效应。也就是说，源和衬底之间只要出现电压差 V_{SB}，就会引发体效应，从而改变阈值电压的值。例如，V_{SB} 增大会导致阈值电压 V_{TH} 增大。

体效应导致阈值电压的变化较小，因此在电路的初期设计中，一般先忽略体效应开展设计，然后再分析体效应带来的影响进而优化设计。为了简化分析，本书后续的设计中基本不考虑体效应引起的影响。

PMOS 器件的导通机制类似于 NMOS 器件，但是所有的极性（包括端口电压和半导体材料类型）都是相反的。如图 2.3.4 所示，如果栅源电压 V_{GS} 是负电压且足够大，在氧化层-硅界面就会形成一个由空穴组成的反型层，从而为源和漏之间提供一个导电通道。因此，PMOS 器件的阈值电压是负值。

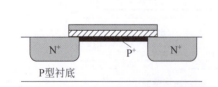

图 2.3.3　用来调整阈值电压的 P^+ 掺杂

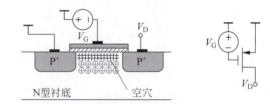

图 2.3.4　PMOS 器件阈值电压示意图

当 $V_{GS} \leqslant V_{TH}$ 时，源漏间形成导电沟道，器件导通；而当 $V_{GS} > V_{TH}$ 时，一般认为源漏间尚未形成导电沟道，器件是截止的。与 NMOS 器件相似，读者可以自行分析 PMOS 器件的体效应。

2.3.2 MOS 的 I-V 特性

前一节讨论了 MOS 器件导通和截止的条件,本节将进一步讨论 MOS 器件导通时,其漏源电流(一般用漏极电流 I_D 表示)与端口电压之间的关系。以下分析仍然以 NMOS 器件为例,且假设 $V_{GS} \geqslant V_{TH}$。

1. 电流 I_D 与 V_{DS} 的关系

图 2.3.5 描述了当 $V_{GS} \geqslant V_{TH}$ 时,栅氧化层下导电沟道随漏源电压 V_{DS} 变化的情形。

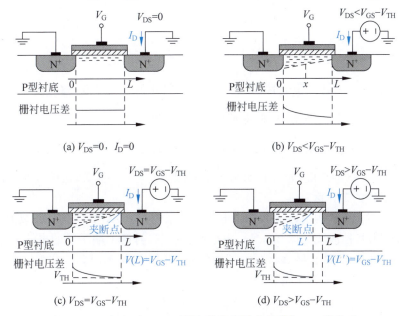

图 2.3.5 当 $V_{GS} \geqslant V_{TH}$ 时栅氧化层下导电沟道与 V_{DS} 的关系

(1) 当 $V_{DS}=0$ 时,栅氧化层下导电沟道状态如图 2.3.5(a)所示。由于源和漏的电位相同,源漏之间的电场强度为 0,所以漏源电流 $I_D=0$。注意,与双极型晶体管不同,MOS 器件即使没有传输电流也可能处于导通状态。此时反型层电荷分布均匀,其电荷密度正比于 $V_{GS}-V_{TH}$,沿漏源方向的单位长度电荷为 $Q_d=WC_{OX}(V_{GS}-V_{TH})$,式中,$W$ 为 MOS 器件的宽度,C_{OX} 为单位面积栅氧化层电容,二者相乘表示单位长度的栅氧化层电容。

(2) 当 $V_{DS}>0$,且 $V_{DS}<(V_{GS}-V_{TH})$ 时,该 NMOS 器件工作在线性区或称三极管区。如图 2.3.5(b)所示,由于沟道电势从源极的 0 变化到漏极的 V_D,所以栅衬电压差从靠近源端的 V_G-0 变化到靠近漏端的 V_G-V_D。因此沟道电荷呈楔形分布,沿沟道 x 点处的电荷密度可表示为

$$Q_d(x) = WC_{OX}[V_{GS}-V(x)-V_{TH}] \quad (2.3.1)$$

式中,$V(x)$ 为 x 点的沟道电势,且 $V(0)=0, V(L)=V_{DS}$。

由于半导体中电子的漂移速度与其迁移率 μ_n 和 x 方向的电场强度 $E(x)=-dV(x)/dx$ 成正比,而电流为单位时间内通过导体横截面的电荷数,因此可得 $I_D=WC_{OX}[V_{GS}-V(x)-V_{TH}]\mu_n \dfrac{dV(x)}{dx}$,对该式两边都乘以 dx,并根据边界条件从 $V(0)=0$ 到 $V(L)=V_{DS}$ 进行积分,可得:

$$I_D = \mu_n C_{OX} \frac{W}{L}\left[(V_{GS}-V_{TH})V_{DS}-\frac{1}{2}V_{DS}^2\right] \quad (2.3.2)$$

此处假设迁移率 μ_n 和 V_{TH} 与 x 以及栅和漏的电压无关,其中,W/L 称为宽长比,$V_{GS}-V_{TH}$ 通常称为过驱动电压,一般记作 V_{OV}。

(3) 当 $V_{DS}=(V_{GS}-V_{TH})$ 时,依据式(2.3.2)可得电流的极大值:

$$I_{D,\max} = \frac{1}{2}\mu_n C_{OX}\frac{W}{L}(V_{GS}-V_{TH})^2 \tag{2.3.3}$$

如图 2.3.5(c)所示,此时反型层在靠近漏区的沟道边缘 $x=L$ 处夹断(pinch off),该点的电压为 $V(L)=(V_{GS}-V_{TH})$,与 V_{OV} 相同。

(4) 当漏极电压 $V_{DS}>(V_{GS}-V_{TH})$ 时,I_D 相对恒定,器件工作在饱和区。如图 2.3.5(d)所示,沟道夹断点向源极靠近,在沟道长度方向的某些点处,栅和氧化层-硅界面之间的电势差不足以产生反型层,反型层将在 $x=L'<L$ 处终止。因此,对等式 $I_D = WC_{OX}[V_{GS}-V(x)-V_{TH}]\mu_n\dfrac{\mathrm{d}V(x)}{\mathrm{d}x}$ 进行积分时,等式左边从 0 积分到 L',而等式右边需要从 $V(x)=0$ 到 $V(x)=V_{GS}-V_{TH}$ 进行积分,因此电流 I_D 表达式为

$$I_D = \frac{1}{2}\mu_n C_{OX}\frac{W}{L'}(V_{GS}-V_{TH})^2 \approx \frac{1}{2}\mu_n C_{OX}\frac{W}{L}(V_{GS}-V_{TH})^2 \tag{2.3.4}$$

其中,L' 为沟道电荷区的长度,如果 L' 近似等于 L,则 I_D 与 V_{DS} 无关,器件呈现平方律特性。

2. MOS 器件的工作区

通过以上对 NMOS 沟道电流和端口电压间关系的讨论,NMOS 器件的转移特性(也称输入特性)和输出特性曲线见图 2.3.6。根据栅、源、漏、衬四个端子间的电压大小,MOS 器件的工作区一般划分为截止区、线性区(三极管区)和饱和区,见图 2.3.6(b),各工作区的漏源电流表达式汇总于表 2.3.1 中。

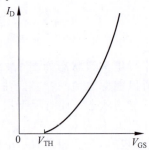

(a) NMOS器件的转移特性(I_D-V_{GS}关系,V_{DS}满足饱和区条件)

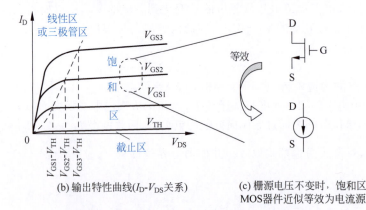

(b) 输出特性曲线(I_D-V_{DS}关系)　　(c) 栅源电压不变时,饱和区MOS器件近似等效为电流源

图 2.3.6　NMOS 器件的转移特性和输出特性曲线

表 2.3.1 NMOS 器件的工作区及电流电压特性

端口电压条件	工 作 区	电流 I_D
$V_{GS} < V_{TH}$	截止区	$I_D \approx 0$
$V_{GS} \geq V_{TH}$ 且 $V_{DS} < (V_{GS} - V_{TH})$	三极管区或线性区	$I_D = \mu_n C_{OX} \dfrac{W}{L}\left[(V_{GS}-V_{TH})V_{DS} - \dfrac{1}{2}V_{DS}^2\right]$
$V_{GS} \geq V_{TH}$ 且 $V_{DS} \geq (V_{GS} - V_{TH})$	饱和区	$I_D = \dfrac{1}{2}\mu_n C_{OX} \dfrac{W}{L}(V_{GS}-V_{TH})^2$

当器件处于饱和区时，如果栅源电压保持不变，根据式(2.3.4)，漏极电流将不会随漏源电压的变化而改变。这种特性与电流源特性相似，因此，源漏之间的通道可以被近似看成一个电流源。

当器件处于线性区(三极管区)，且 $V_{DS} \ll 2(V_{GS}-V_{TH})$，则 $\dfrac{1}{2}V_{DS}^2$ 相对较小可以忽略，称为深度线性区，电流近似为

$$I_D \approx \mu_n C_{OX} \frac{W}{L}(V_{GS}-V_{TH})V_{DS} \tag{2.3.5}$$

此时，漏极电流近似是 V_{DS} 的线性函数。如图 2.3.7(a)所示，在 V_{DS} 较小时，每条抛物线都可以用一条直线来近似。这种线性关系表明，源漏之间的通道可以被视为一个线性电阻，该电阻可表示为

$$R_{on} \approx \frac{1}{\mu_n C_{OX} \dfrac{W}{L}(V_{GS}-V_{TH})} \tag{2.3.6}$$

上述内容表明，MOS 器件工作于深线性区时，可以作为一个由过驱动电压 $V_{GS}-V_{TH}$ 控制的电阻，如图 2.3.7(b)所示。

对工作于饱和区的晶体管，漏源电压须大于或等于过驱动电压，即 $V_{OV}=V_{GS}-V_{TH}$ 为工作在饱和区的 MOS 器件所需 V_{DS} 的最小值。过驱动电压的大小和信号摆幅是密切相关的，过驱动电压越大，信号可得到的信号摆幅就越小。

小 Tips：在仿真环境中，器件工作区关键字为"region"，取值为 0、1、2、3、4，分别对应截止区、线性区、饱和区、亚阈值区和击穿区。

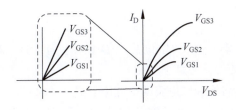
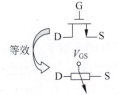

(a) MOS 器件工作在深三极管区 (b) MOS 器件等效为可控线性电阻

图 2.3.7 深三极管区 MOS 器件特性

3. PMOS 器件的 *I-V* 特性

PMOS 器件的 *I-V* 特性推导过程与 NMOS 器件类似，但 PMOS 器件工作时的端口电压极性与 NMOS 器件相反，相对于源极具有负的栅极电压和漏极电压，其漏极的实际电流方向也与 NMOS 器件漏极电流方向相反。由于通常大家都不习惯讨论负电压，因而 PMOS 器件的端口电压通常采用绝对值表示，其好处是判断条件与 NMOS 器件相同。PMOS 器件各工作区的漏源电流表达式汇总于表 2.3.2 中。

表 2.3.2　PMOS 器件的工作区及电流电压特性

端口电压条件	采用绝对值表示的端口电压条件	工作区	电流 I_D
$V_{GS} > V_{TH}$	$\|V_{GS}\| < \|V_{TH}\|$	截止区	$I_D \approx 0$
$V_{GS} \leqslant V_{TH}$ 且 $V_{DS} > (V_{GS} - V_{TH})$	$\|V_{GS}\| \geqslant \|V_{TH}\|$ 且 $\|V_{DS}\| < \|V_{GS}\| - \|V_{TH}\|$	三极管区或线性区	$I_D = -\mu_p C_{OX} \dfrac{W}{L} \left[(V_{GS} - V_{TH})V_{DS} - \dfrac{1}{2}V_{DS}^2\right]$
$V_{GS} \leqslant V_{TH}$ 且 $V_{DS} \leqslant (V_{GS} - V_{TH})$	$\|V_{GS}\| \geqslant \|V_{TH}\|$ 且 $\|V_{DS}\| \geqslant \|V_{GS}\| - \|V_{TH}\|$	饱和区	$I_D = -\dfrac{1}{2} \mu_p C_{OX} \dfrac{W}{L}(V_{GS} - V_{TH})^2$

工程问题 2.3.2

设有一 NMOS 器件宽长比为 $W/L = 10\mu m/1\mu m$，$\mu_n C_{OX} = 280 \times 10^{-6} A/V^2$，且 $V_{TH} = 0.35V$，试分析当其栅源电压 $V_{GS} = 1V$，且 $V_{DS} = 1V$ 时该器件的工作区、过驱动电压和漏极电流。

计算：

$V_{GS} = V_{DS}$ 是一种很常见的情况。这种情况下，只要满足 $V_{GS} > V_{TH}$，该器件就工作在饱和区，读者可以记下这个结论，方便分析电路。首先算出过驱动电压为

$$V_{OV} = V_{GS} - V_{TH} = 1 - 0.35 = 0.65V$$

其漏极电流由饱和区电流公式计算得到

$$I_D = \frac{1}{2} \mu_n C_{OX} \frac{W}{L}(V_{GS} - V_{TH})^2 = \frac{1}{2} \times 280 \times 10^{-6} \times \frac{10}{1} \times (1 - 0.35)^2 = 591.5 \mu A$$

2.3.3　MOS 器件的跨导及意义

由前述分析看出，MOS 器件漏极的电流受栅源电压控制。图 2.3.6(a)所示的 MOS 器件转移特性曲线进一步说明了这一点。因此，这里定义跨导来表示电压转换电流的能力，用 g_m 来表示，其值为漏极电流的变化量除以栅源电压的变化量，也就是漏极电流对栅源电压的偏导数，如式(2.3.7)所示。

$$g_m = \frac{\partial I_D}{\partial V_{GS}} \bigg|_{V_{DS} 不变} \tag{2.3.7}$$

跨导 g_m 代表了器件的灵敏度或转移效率。g_m 的单位是 $1/\Omega$ 或西门子(S)。对于较大的 g_m 值，即使 V_{GS} 发生微小变化，也会引起 I_D 的显著变化。

通常放大器的放大管工作在饱和区，将饱和区电流的平方律公式(2.3.4)代入式(2.3.7)，得到跨导 g_m 的常用表达式(2.3.8)。说明当器件的宽长比 W/L 不变时，其跨导与过驱动电压 $(V_{GS} - V_{TH})$ 呈线性比例关系，见图 2.3.8(a)。

$$g_m = \mu_n C_{OX} \frac{W}{L}(V_{GS} - V_{TH}) \tag{2.3.8}$$

这里有个方便记忆公式的技巧：饱和区的 g_m 值等于深三极管区电阻 R_{on} 的倒数。

运用平方律公式，式(2.3.8)可以转换为其他两种形式，即式(2.3.9)和式(2.3.10)所示的跨导表达式。由式(2.3.9)可以看出，当器件宽长比不变时，跨导与电流 I_D 呈平方根关系，如图 2.3.8(b)所示。由式(2.3.10)看出，当器件漏极电流不变时，跨导与过驱动电压 $(V_{GS} - V_{TH})$ 成反比关系，如图 2.3.8(c)所示。

$$g_m = \sqrt{2\mu_n C_{OX} \frac{W}{L} I_D} \quad (2.3.9)$$

$$g_m = \frac{2I_D}{V_{GS} - V_{TH}} \quad (2.3.10)$$

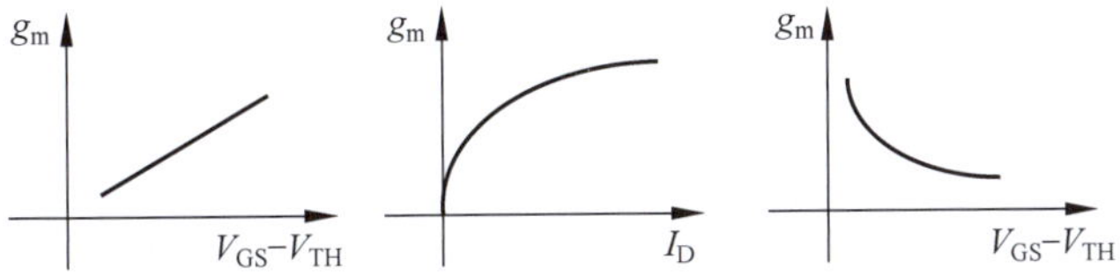

图 2.3.8 跨导的变化

工程问题 2.3.3

式(2.3.8)、式(2.3.9)和式(2.3.10)都是跨导 g_m 的表达式,在实际电路设计中,该如何选用?

讨论:

式(2.3.8)给出了跨导与器件宽长比 W/L 和过驱动电压($V_{GS} - V_{TH}$)间的关系,式(2.3.9)给出了跨导与器件宽长比 W/L 和漏极电流 I_D 间的关系,式(2.3.10)给出了跨导与器件漏极电流 I_D 和过驱动电压($V_{GS} - V_{TH}$)间的关系。因而,在实际设计中要根据具体情况选用,例如,倘若电路中的电流 I_D 给定,则一般采用式(2.3.9)和式(2.3.10)计算跨导,进一步,如果对输出摆幅有要求,可以使用式(2.3.10)。如果对尺寸有要求,可以使用式(2.3.8)和式(2.3.9)。倘若需要设计器件的宽长比,则可根据过驱动电压计算跨导,即式(2.3.8)。

第 2 集
微课视频

2.3.4 MOS 器件的 *I-V* 特性仿真

接下来对 MOS 器件的 *I-V* 特性进行仿真,得到 NMOS 器件和 PMOS 器件的转移特性曲线和输出特性曲线,加深对器件特性的理解。

1. NMOS 器件的 *I-V* 特性仿真

选择工作电压 $V_{DD} = 1.8\text{V}$ 的 NMOS 器件,设 $W/L = 10\mu\text{m}/1\mu\text{m}$。

1) 仿真电路设计

在华大九天 EDA 软件中绘制仿真电路图并搭建 DC 仿真环境,如图 2.3.9 所示,为了方便理解,将栅极电压源的 DC 电压值设置为变量 VGS,漏极电压源的 DC 电压值设置为变量 VDS。

2) 仿真 I_D-V_{GS} 转移特性曲线

(1) 配置 DC 仿真扫描参数。单击 Tools→MDE L2(或其他版本),打开空白的 MDE L2 仿真参数配置页面,导入变量参数,选择 Copy From Cellview,设置变量 VDS 和 VGS 的初值为 1V,如图 2.3.10 所示。选择 Analysis→Add/Modify Analysis,弹出如图 2.3.11 所示的分析方式选择页面。按图中所示,选择合适的分析选项后单击 OK 按钮。这里首先仿真 NMOS 的转移特性曲线,DC 扫描变量选择 VGS。

(2) 配置输出参数。在 MDE L2 中单击 Outputs→Select From Design 选项,在弹出的原理图编辑器中选择 NMOS 的漏极电流,按 Esc 键回到 MDE L2 界面,输出页面显示了需要观察的电流,如图 2.3.12 所示。

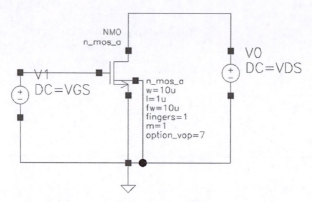

图 2.3.9　NMOS 器件 *I-V* 特性仿真电路

图 2.3.10　设置变量初始值

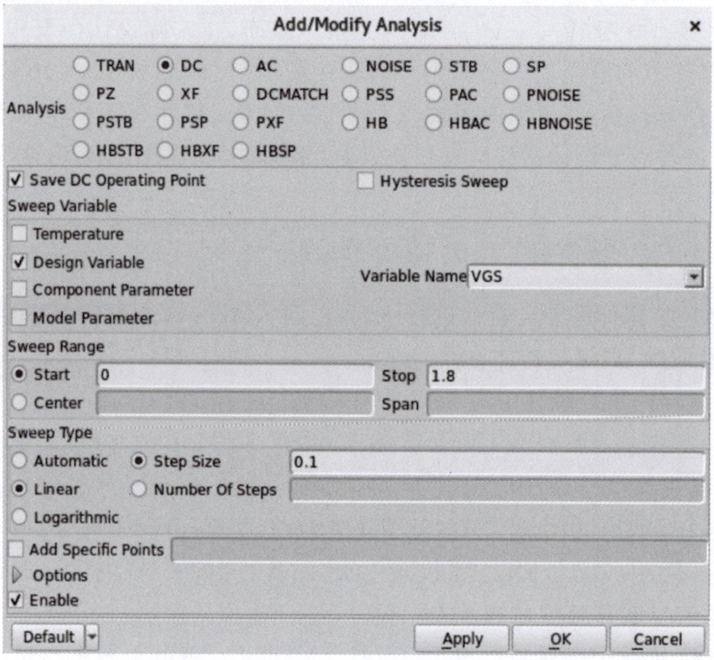

图 2.3.11　MDE L2 中的分析方式选择页面

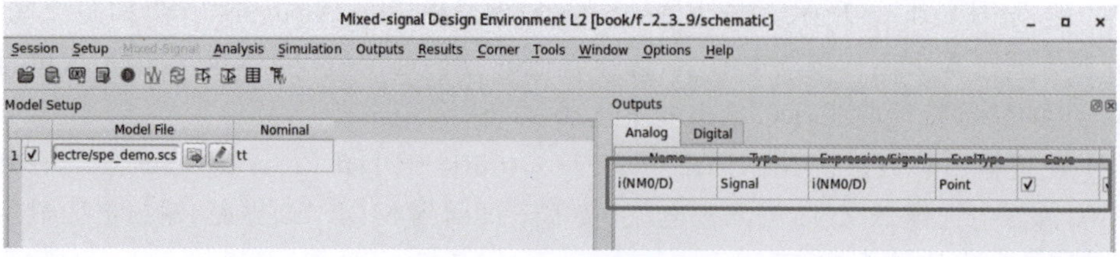

图 2.3.12　输出参数配置

(3) 配置仿真条件。在 MDE L2 中配置仿真的温度条件,默认为 27℃。如图 2.3.13 的仿真模型设置窗口中,添加仿真所需的 Spice 模型文件,并在 Nominal 中配置工艺角为 tt。一般刚开始仿真都是使用 tt 工艺角。

(4) 运行 DC 仿真。单击 Simulation→Netlist and Run 运行 DC 仿真。运行报告 log 界面如图 2.3.14 所示,仿真曲线将在波形窗中弹出,如图 2.3.15 所示。

> 小 Tips:由于工艺在制作过程中会有偏差,而 corner 是对产线正常波动的预估。通常提到的工艺角有 5 种:tt、ff、ss、fs、sf。其中 t 指 Typical,f 指 Fast,s 指 Slow,两个字母分别代表 NMOS 管和 PMOS 管驱动电流的大小,如 fs 指 NMOS 管为驱动电流为最大值,PMOS 管驱动电流为最小值,此时下拉较快。

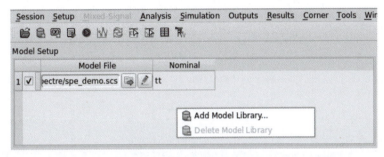

图 2.3.13 仿真模型设置窗口

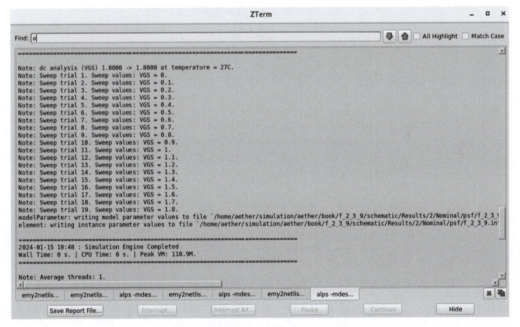

图 2.3.14 MDE L2 仿真 log 界面

(5) 多参数扫描。在 MDE L2 界面单击 Tools→Sweep Parameter,设置扫描变量 VDS 如图 2.3.16 所示。运行 DC 仿真,仿真曲线将在波形窗中弹出,此即为该 NMOS 器件的 I_D-V_{GS} 转移特性曲线仿真结果,其结果如图 2.3.17 所示,读者可自行与前述理论分析进行对比验证。

3) 仿真 I_D-V_{DS} 输出特性曲线

参考转移特性曲线的仿真过程,在 DC 分析方式选择界面中,将扫描变量修改为 VDS,

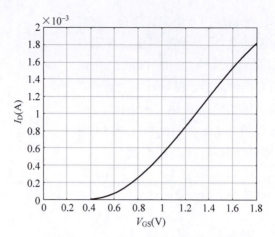

图 2.3.15　$V_{DS}=1V$ 时，$W/L=10\mu m/1\mu m$ 的 NMOS 器件的 I_D-V_{GS} 转移特性曲线

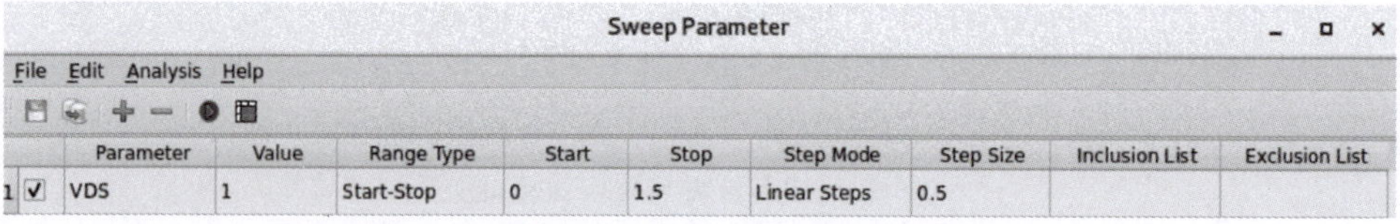

图 2.3.16　多参数扫描分析环境设置

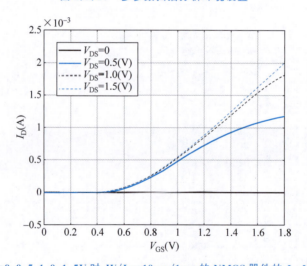

图 2.3.17　$V_{DS}=0$、0.5、1.0、1.5V 时，$W/L=10\mu m/1\mu m$ 的 NMOS 器件的 I_D-V_{GS} 转移特性曲线

在多参数分析 Sweep Parameter 界面，将扫描变量设置为 VGS，其他设置与转移特性曲线设置相同。设置完成后运行 DC 仿真，得到图 2.3.18 所示的输出特性曲线。仿真得到的特性曲线中，$V_{GS}=0$ 时，NMOS 器件截止，$I_D=0$。其余曲线请读者与理论分析结果进行对比。

2. PMOS 器件的 I-V 特性仿真

为了与 NMOS 器件进行对比，选择工作电压 1.8V 的 PMOS 器件，设 $W/L=10\mu m/1\mu m$。

1）仿真电路设计

在 EDA 软件中绘制仿真电路图并搭建 DC 仿真环境，如图 2.3.19 所示，为了方便理解，将栅极电压源的电压值设置为变量 VGS_p，漏极电压源的电压值设置为变量 VDS_p。

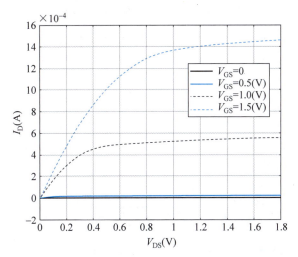

图 2.3.18　$V_{GS}=0、0.5、1.0、1.5V$ 时，$W/L=10\mu m/1\mu m$ 的 NMOS 器件 I_D-V_{DS} 输出特性曲线

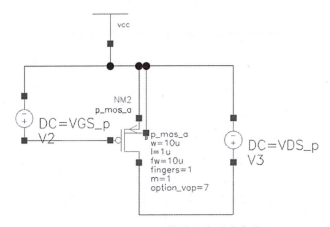

图 2.3.19　PMOS 器件仿真测试电路

2）仿真 I_D-V_{GS} 转移特性曲线

与 NMOS 器件仿真类似配置 DC 仿真参数，注意设置变量 VDS_p 和 VGS_p 的初值为 $-1V$，在 Analyses 分析方式选择页面，DC 扫描变量选择 VGS_p，Sweep Range 的起始和终止设置从 0 到 $-1.8V$，步长设置为 0.1V。输出设置和仿真条件与 NMOS 实验一致。参数扫描 Sweep Parameter 中选择变量 VDS_p，设置其范围为 0 到 $-1.5V$，扫描步长设置为 $-0.5V$。全部设置完成后，运行 DC 仿真。仿真曲线将在波形窗口中弹出，其结果如图 2.3.20 所示，此即为该 PMOS 器件的 I_D-V_{GS} 转移特性曲线仿真结果。

3）仿真 I_D-V_{DS} 输出特性曲线

参考转移特性曲线的仿真过程，在 DC 分析方式选择界面中，将扫描变量修改为 VDS_p，在多参数分析 Sweep Parameter 界面，将扫描变量设置为 VGS_p，其他设置与转移特性曲线设置相同。设置完成后运行 DC 仿真，得到图 2.3.21 所示的输出特性曲线。仿真得到的特性曲线中，$V_{GS}=0$ 时，PMOS 器件截止，$I_D=0$。

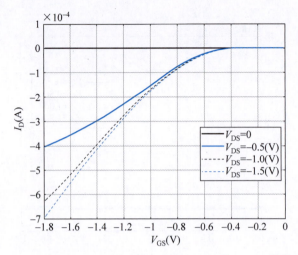

图 2.3.20 $V_{DS}=0$、-0.5、-1.0、-1.5V 时,$W/L=10\mu m/1\mu m$ 的 PMOS 器件 I_D-V_{GS} 转移特性曲线

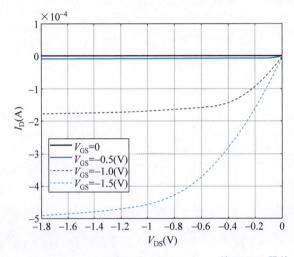

图 2.3.21 $V_{GS}=0$、-0.5、-1.0、-1.5V 时,$W/L=10\mu m/1\mu m$ 的 PMOS 器件 I_D-V_{DS} 输出特性曲线

2.3.5 NMOS 与 PMOS 器件的比较

2.3.4 节针对相同尺寸的 NMOS 器件和 PMOS 器件进行了转移特性曲线和输出特性曲线的仿真。对比可以发现,在相同设置情况下,PMOS 器件的漏极电流约为 NMOS 器件的 1/3。其主要原因是空穴的迁移率小,一般有 $\mu_p C_{OX} \approx 0.3 \mu_n C_{OX}$,导致 PMOS 器件电流驱动能力低、跨导小。因此,在不考虑噪声和输入电压范围的情况下,人们往往更倾向于采用 NMOS 器件。

2.4 MOS 器件的沟道长度调制效应

2.4.1 什么是沟道长度调制效应

在 2.3 节饱和区电流分析及平方律公式(式(2.3.4))中,电流 I_D 实际是 L' 的函数。

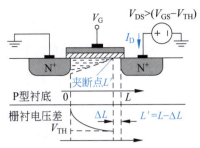

图 2.4.1 饱和区的反型层沟道夹断

L'是实际的反型沟道长度,其随V_{DS}增大而减小,这一现象称为沟道长度调制效应,如图 2.4.1 所示。

定义 $L'=L-\Delta L$,则 $\dfrac{1}{L'}=\dfrac{1}{L-\Delta L}=\dfrac{1}{L}\left(\dfrac{1}{1-\dfrac{\Delta L}{L}}\right)\approx\dfrac{1}{L}\left(1+\dfrac{\Delta L}{L}\right)$,假设 $\dfrac{\Delta L}{L}$ 和 V_{DS} 之间是线性关系,即有 $\dfrac{\Delta L}{L}=\lambda V_{DS}$,那么在饱和区,有

$$I_D \approx \frac{1}{2}\mu_n C_{OX} \frac{W}{L}(V_{GS}-V_{TH})^2(1+\lambda V_{DS}) \quad (2.4.1)$$

式中,λ 称为沟道长度调制系数,表示给定的 V_{DS} 所引起的沟道长度的相对变化量。可以看出,V_{DS} 不变时,沟道 L 越长,λ 值越小。沟道长度调制效应使得饱和状态下的 I_D 不仅受 V_{GS} 控制,还与 V_{DS} 有关。

> 小 Tips:MOS 器件在三极管区存在沟道长度调制效应吗?不存在。在三极管区,沟道从源端到漏端是连续的,没有夹断,因此漏源电压不能调制沟道的长度。

2.4.2 沟道长度调制效应带来的影响

1. 饱和区漏电流 I_D 非理想

如图 2.4.2 所示,虚线表示理想情况下的饱和区漏电流特性,但由于沟道长度调制效应使得电流 I_D 受 V_{DS} 影响(图中实线所示),也就是沟道长度调制效应使 I_D-V_{DS} 特性曲线在饱和区出现了非零斜率,因而使饱和区的电流偏离理想电流源特征。

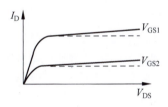
(a) 沟道长度调制效应引起的饱和区有限斜率

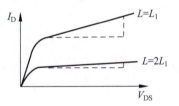
(b) 沟道长度加倍的影响

图 2.4.2 考虑沟道长度调制效应的饱和区漏电流特性

工程问题 2.4.1

设某器件 $L=L_1$,其 I_D-V_{DS} 曲线在饱和区的斜率为 k_1,保持器件所有其他参数不变,当 $L=2L_1$ 时,该器件的 I_D-V_{DS} 特性曲线在饱和区的斜率为多少?

讨论:

根据 $I_D \approx \dfrac{1}{2}\mu_n C_{OX}\dfrac{W}{L}(V_{GS}-V_{TH})^2(1+\lambda V_{DS})$,并且 $\lambda\propto\dfrac{1}{L}$,当 $V_{GS}-V_{TH}$ 和其他参数不变时,I_D-V_{DS} 曲线的斜率为 $\dfrac{\partial I_D}{\partial V_{DS}}\propto\dfrac{\lambda}{L}\propto\dfrac{1}{L^2}$。因此,如果沟道长度 L 增加一倍,则 I_D-V_{DS} 特性曲线的斜率将会变为原来的 1/4。若过驱动电压给定,此时电流 I_D 也下降,MOS 器件的 I_D-V_{DS} 特性曲线示意图见图 2.4.2(b)。

若按比例增大 W,使电流 I_D 基本不变,由于 W 和 L 同时增大,$\dfrac{\partial I_D}{\partial V_{DS}}\propto W\dfrac{\lambda}{L}\propto\dfrac{1}{L}$,在给

定的过驱动电压下,加倍沟道长度会使斜率减为原来的1/2。

由以上讨论可以看出,过驱动电压给定的情况下,L 越大,MOS 器件漏极电流受 V_{DS} 的影响越小,电流源越理想,器件的电流相应减小。需要按比例增大 W 以保持电流 I_D 基本不变。

2. 输出电阻 r_O

由于沟道长度调制效应,MOS 器件在饱和区的漏极 I_D 也随漏源电压 V_{DS} 变化,其灵敏度一般定义为漏源跨导 g_{DS},对应 I_D-V_{DS} 特性曲线呈现的有限斜率,如式(2.4.2)所示。

$$g_{DS} = \frac{\partial I_D}{\partial V_{DS}} \quad (2.4.2)$$

换个角度看待这个问题,漏源两端电压 V_{DS} 变化,导致漏极流向源极的电流 I_D 变化,这和一个电阻的表现形式是一样的,因此,将漏源跨导 g_{DS} 的倒数定义为沟道长度调制效应引起的输出电阻 r_O,见式(2.4.3)。输出电阻 r_O 影响模拟电路的许多特性。

$$r_O = \frac{\partial V_{DS}}{\partial I_D} = \frac{1}{g_{DS}} \quad (2.4.3)$$

将 $I_D \approx \frac{1}{2}\mu_n C_{OX} \frac{W}{L}(V_{GS} - V_{TH})^2(1+\lambda V_{DS})$ 代入式(2.4.2)和式(2.4.3)中,可得

$$r_O = \frac{1}{\frac{1}{2}\mu_n C_{OX} \frac{W}{L}(V_{GS} - V_{TH})^2 \lambda} \approx \frac{1}{\lambda I_D} \quad (2.4.4)$$

由式(2.4.3)和式(2.4.4),可以得到

$$\lambda \approx \frac{g_{DS}}{I_D} = \frac{1}{I_D r_O} \quad (2.4.5)$$

在设计中,该式常用来进行对不同沟道长度器件的沟道长度调制系数的提取,以用于对电路进行初步分析设计。

工程问题 2.4.2

设某 NMOS 器件的参数为 $W/L = 10\mu m/1\mu m$,$V_{GS} = 1V$,$V_{TH} = 0.35V$,$\mu_n C_{OX} = 280\mu A/V^2$,$\lambda_n = 0.173V^{-1}$,且漏源电压的大小能够保证器件工作在饱和区,求其小信号等效电阻 r_O。

计算:

根据给定参数,忽略沟道长度调制效应

$$I_D = \frac{1}{2}\mu_n C_{OX} \frac{W}{L}(V_{GS} - V_{TH})^2 = \frac{1}{2} \times 280 \times 10^{-6} \times 10 \times (1 - 0.35)^2 = 591.5\mu A$$

由式(2.4.3)可得,$r_O = \frac{1}{\lambda_n I_D} = \frac{1}{0.173 \times 591.5 \times 10^{-6}} = 9.77 k\Omega$。

3. 跨导表达式修正

考虑沟道长度调制,跨导 g_m 的一些表达式必须被修正,式(2.3.8)和式(2.3.9)分别修正为式(2.4.6)和式(2.4.7):

$$g_m = \mu_n C_{OX} \frac{W}{L}(V_{GS} - V_{TH})(1 + \lambda V_{DS}) \qquad (2.4.6)$$

$$g_m = \sqrt{2\mu_n C_{OX} \frac{W}{L} I_D (1 + \lambda V_{DS})} \qquad (2.4.7)$$

式(2.3.10)保持不变。

2.5 MOS器件的低频小信号等效模型

在分析 MOS 器件的小信号等效模型之前,需要先明确什么是大信号,什么是小信号。

2.5.1 关于大信号和小信号

如图 2.5.1(a)所示电路,MOS 器件的栅极接入直流电压源 V_{GS0} 和交流电压源 $v_{GS}(t)$,则其栅源总电压 $V_{GS}(t) = V_{GS0} + v_{GS}(t)$,由平方律公式,可得式(2.5.1)所示的器件漏极电流

$$I_D(t) = \frac{1}{2}\mu_n C_{OX} \frac{W}{L}(V_{GS}(t) - V_{TH})^2 = \frac{1}{2}\mu_n C_{OX} \frac{W}{L}[(V_{GS0} + v_{GS}(t)) - V_{TH}]^2 \qquad (2.5.1)$$

将平方项展开,可得式(2.5.2)所示三项的和

$$I_D(t) = \underbrace{\frac{1}{2}\mu_n C_{OX} \frac{W}{L}(V_{GS0} - V_{TH})^2}_{\text{第一项:直流分量}} + \underbrace{\mu_n C_{OX} \frac{W}{L}(V_{GS0} - V_{TH})v_{GS}(t)}_{\text{第二项:交流线性分量}} + \underbrace{\frac{1}{2}\mu_n C_{OX} \frac{W}{L}v_{GS}(t)^2}_{\text{第三项:交流高阶分量}}$$

$$(2.5.2)$$

其中,第一项为由直流电压源 V_{GS0} 引起的直流电流分量,记作 I_{D0},有

$$I_{D0} = \frac{1}{2}\mu_n C_{OX} \frac{W}{L}(V_{GS0} - V_{TH})^2 \qquad (2.5.3)$$

第二项为由交流电压源 $v_{GS}(t)$ 引起的电流的线性分量,记作 $i_D(t)$,有

$$i_D(t) = \mu_n C_{OX} \frac{W}{L}(V_{GS0} - V_{TH})v_{GS}(t) = g_m v_{GS}(t) \qquad (2.5.4)$$

其中,$g_m = \mu_n C_{OX} \frac{W}{L}(V_{GS0} - V_{TH})$,为电流曲线在直流电压 V_{GS0} 处的斜率。第三项为交流电压源 $v_{GS}(t)$ 引起的电流的高阶分量,当 $|v_{GS}(t)| \ll 2(V_{GS0} - V_{TH})$ 时,该分量作为高阶项可以忽略,则总电流信号近似为直流分量和线性交流分量的线性叠加,见式(2.5.5):

$$I_D(t) \approx I_{D0} + i_D(t) \qquad (2.5.5)$$

上述电流电压转换关系如图 2.5.1(b)所示。

上述分析是模拟电路分析的一个典型示例。通常将总电压信号 $V_{GS}(t)$、总电流信号 $I_D(t)$ 称为大信号(一般用大写的变量符号表示),将总信号中幅度比较小的电压信号分量 $v_{GS}(t)$ 和电流信号分量 $i_D(t)$ 称为小信号(一般用小写的变量符号表示),其中,器件的端口用大写的下标表示,将直流分量用下标中的"0"表示,如 I_{D0}、V_{GS0} 等,用于表示信号中不变的量。

> 小 Tips:在集成电路设计中,通常认为"≪"两边之比小于 1∶10 时,"≪"的条件成立,此时的信号可视为小信号。

注意,上述线性近似的条件为当小信号幅度较小($|v_{GS}(t)| \ll 2(V_{GS0}-V_{TH})$)时,其对晶体管的偏置点影响可以忽略,小信号输出和输入之间近似呈现线性关系。小信号的线性模型非常有利于简化电路分析。但是当信号幅度变得较大时,晶体管的偏置点受到很大扰动,则线性近似条件不再成立,此时不能再使用小信号模型进行分析,而应该使用总的信号,也就是大信号进行分析。

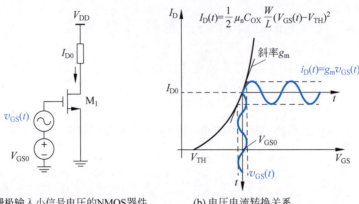

(a) 栅极输入小信号电压的NMOS器件　　(b) 电压电流转换关系

图 2.5.1　以栅极输入小信号电压的 NMOS 器件分析大信号和小信号

2.5.2　MOS 器件的基本小信号模型

为了降低分析难度,常常将电路分析过程分解为两步,即直流分量(也称为直流偏置点或静态工作点)分析和小信号分量分析,最后通过叠加获得总的信号作为大信号的近似。

小信号分量的分析一般基于小信号模型。小信号模型是器件在工作点附近变化的近似,如图 2.5.1 中的 $i_D(t) = g_m v_{GS}(t)$。图 2.5.2 所示为 NMOS 器件和 PMOS 器件的基本小信号等效模型。

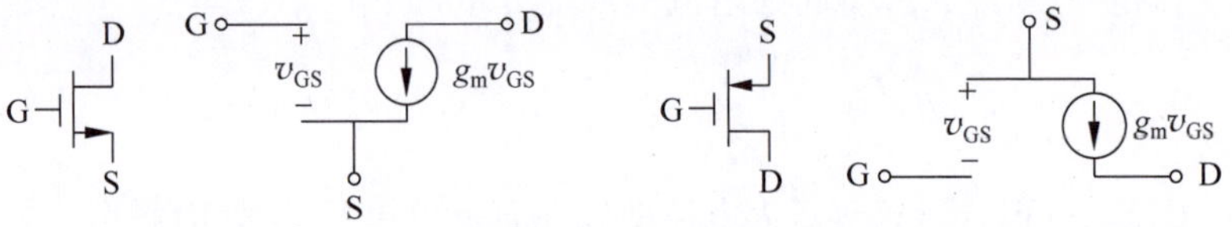

(a) NMOS器件的符号和基本小信号模型　　(b) PMOS器件的符号和基本小信号模型

图 2.5.2　MOS 器件的符号和基本小信号模型

在图 2.5.2 中,假设在偏置点上的小的电压增量表示为小信号 v_{GS},所引起的漏极电流的增量为 $g_m v_{GS}$,这一现象可以用连接在漏源之间的压控电流源 $g_m v_{GS}$ 来模拟。这是理想 MOS 器件的小信号模型,未包含其他任何二级效应,在电路设计初期,一般用此模型来模拟大多数 MOS 器件。

需要注意的是,首先,细致地审视图 2.5.2 会发现,NMOS 和 PMOS 器件的小信号模型事实上是相同的。其次,当信号在直流偏置工作点附近有较大变动时,使用小信号分析得出的结论可能会出现显著偏差,因此必须要考虑到工作点漂移对分析结果所产生的影响。

2.5.3 考虑沟道长度调制效应的 MOS 器件小信号模型

MOS 器件的沟道长度调制效应使得漏极电流也随漏源电压变化，该效应等效于在漏源间的跨导 g_{ds} 或输出电阻 r_O。因此，考虑沟道长度调制效应后，NMOS 器件的小信号模型进一步改进为图 2.5.3 所示模型。

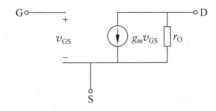

图 2.5.3 采用输出电阻表示沟道长度调制效应的 NMOS 器件小信号模型

工程问题 2.5.1

设某 NMOS 器件的参数为 $W/L = 10\mu m/1\mu m$，$V_{GS} = 1V$，$V_{TH} = 0.35V$，$\mu_n C_{OX} = 280\mu A/V^2$，$\lambda_n = 0.173V^{-1}$，求保证器件工作在饱和区的漏源电压最小值，以及此时的小信号参数 g_m 和 $g_m r_O$。

计算：

根据给定参数，器件工作在饱和区时，有 $V_{DS} \geqslant V_{GS} - V_{TH} = 1 - 0.35 = 0.65V$，此时

$$g_m = \mu_n C_{OX} \frac{W}{L}(V_{GS} - V_{TH}) = 280 \times 10^{-6} \times 10 \times (1 - 0.35) = 1820\mu A/V$$

$$I_D = \frac{1}{2}\mu_n C_{OX} \frac{W}{L}(V_{GS} - V_{TH})^2 = \frac{1}{2} \times 280 \times 10^{-6} \times 10 \times (1 - 0.35)^2 = 591.5\mu A$$

所以，

$$r_O = \frac{1}{\lambda_n I_D} = \frac{1}{0.173 \times 591.5 \times 10^{-6}} = 9.77k\Omega$$

$$g_m r_O = 1820 \times 10^{-6} \times 9.77 \times 10^3 = 17.78$$

$-g_m r_O$ 通常称为器件的本征增益。本征增益反映了该器件能够提供的最大增益。

由 g_m 和 r_O 构成的上述模型仅考虑了 MOS 器件的沟道长度调制效应，若要更精确地分析，需要进一步分析 MOS 器件其他的二级效应，例如体效应等，这些也需要纳入小信号等效模型中进行讨论。对于设计者来说，最复杂的模型并不一定是最好的选择，往往可以从最简单的模型入手，然后逐渐增加各类二级效应使结果更加精确，最后通过仿真进一步调整优化。

上述模型为器件的低频小信号模型，在进行频率特性分析时还需加上寄生电容的影响。此外，寄生电阻（如接触孔电阻、导电层电阻等）也会影响模型的精度。

2.6 MOS 器件的版图与寄生电容

2.6.1 MOS 器件版图

集成电路的版图确定了制造集成电路时所用掩模上的几何图形。MOS 器件的版图由

电路中的器件所要求的电特性和工艺要求的设计规则共同决定。例如，选择适当的 W/L 来确定跨导和其他电路参数，而 L 的最小值由工艺决定。除了栅极外，源和漏的面积也必须恰当。

图 2.6.1 给出了 NMOS 器件和 PMOS 器件的版图。PMOS 器件制作在 N 阱里，NMOS 器件制作在 P 型衬底上（省略不画）。多晶硅栅和源漏一般连接到具有低电阻和低寄生电容的金属互连线上。为了实现这一目的，在每个区域必须有一个或多个接触孔，这些接触孔内填满了金属并与上层金属线连接。此外，多晶硅栅要超出沟道区域一定的量以确保晶体管的边缘有安全的定界。

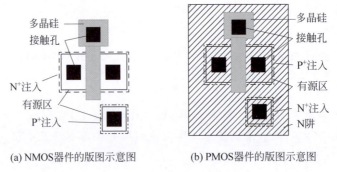

图 2.6.1 MOS 器件版图示意图

源结和漏结对 MOS 管的性能起着重要的作用。为了使它们的寄生电容最小，每个结的总面积必须最小，但其又需要保持足够的面积以放置接触孔，并满足设计规则。每个有源区，包括源/漏区以及与阱或衬底相接触的注入区都被相应的注入区掩模所包围。

2.6.2 MOS 器件的寄生电容

基本的 I-V 平方律关系可以合理地解释 CMOS 电路的直流或低频小信号特性，若要进一步分析模拟电路的高频特性，就必须考虑器件的寄生电容。器件的结构和偏置情况，会影响 MOS 器件端口之间的寄生电容大小。

图 2.6.2(a) 给出了 MOS 器件中需要考虑的寄生电容，主要包括栅和沟道之间的氧化层电容 $C_1 = WLC_{OX}$，衬底和沟道之间的耗尽层电容 C_2，栅与源和漏的重叠区域产生的交叠电容 C_3 和 C_4，源/漏区与衬底之间的结电容（包含结底部的下极板电容 C_j 和结周边的侧壁电容 C_{jsw}）。

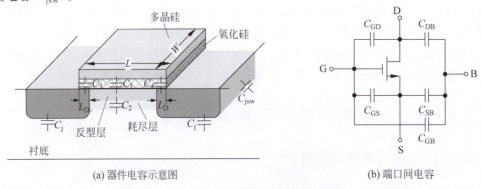

图 2.6.2 MOS 器件中主要的寄生电容

上述电容构成了 MOS 器件各端口之间的寄生电容，如图 2.6.2(b) 所示，包括 C_{GD}、C_{GS}、C_{DB}、C_{SB} 和 C_{GB} 等。这些电容值和 C_1、C_2、C_3、C_4 的关系取决于 MOS 器件的偏置情况，因为器件工作在截止区、三极管区（线性区）和饱和区时各端口电容值是不一样的。

当分析电路的高频特性时，这些寄生电容会起到重要作用。相应的，MOS 器件在高频分析时的小信号模型也需要修正为图 2.6.3 所示。

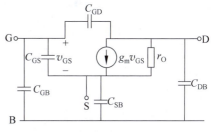

图 2.6.3　NMOS 器件的高频小信号模型

工程问题 2.6.1

MOS 器件的特征频率 f_T 定义为源极和漏极交流小信号接地时，器件的小信号电流增益下降为 1 时的频率。试分析 NMOS 器件的特征频率 f_T。

讨论：

当源极交流小信号接地时，由于衬底也被接地，因此在图 2.6.3 中的电路可以忽略电容 C_{SB}。此外，工作在三极管区和饱和区时，通常会忽略栅极到衬底间的电容 C_{GB}。这是因为沟道形成时，其间的反型层起到了"屏蔽"衬底的作用，即如果栅电压变化，沟道电荷将主要由源极和漏极提供，而非衬底。假定源极和漏极处于交流小信号接地状态，C_{DB} 和 r_O 被短路。基于上述考虑，忽略这些电容电阻后，得到了如图 2.6.4 所示的简化电路模型。

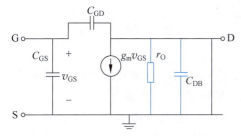

图 2.6.4　NMOS 器件的高频小信号模型

应用拉普拉斯变换并考虑电容的阻抗特性，可以导出栅极电压的表达式：

$$v_{GS}(s) = i_G(s) \frac{1}{s(C_{GS} + C_{GD})}$$

漏极电流

$$i_D(s) = g_m v_{GS}(s) = g_m i_G(s) \frac{1}{s(C_{GS} + C_{GD})}$$

器件的小信号电流增益为

$$\frac{i_D(s)}{i_G(s)} = \frac{g_m}{s(C_{GS} + C_{GD})}$$

令 $s = j\omega$，记小信号电流增益为 $\beta(j\omega)$，则有

$$\beta(j\omega) = \frac{g_m}{j\omega(C_{GS} + C_{GD})}$$

当 $|\beta(j\omega)| = 1$ 时，有

$$\omega = \omega_T = \frac{g_m}{(C_{GS} + C_{GD})} \quad (\text{单位为 rad/s})$$

或

$$f = f_T = \frac{g_m}{2\pi(C_{GS} + C_{GD})} \quad (\text{单位为 Hz}) \qquad (2.6.1)$$

2.6.3 长沟道器件与短沟道器件

以上内容对 MOS 器件作了简单分析,理解了 MOS 器件的基本工作原理。所提到的 MOS 器件模型对于沟道长度在微米级的器件模拟精度较好,属于"长沟道"模型。随着工艺特征尺寸按比例缩小,MOS 器件的尺寸不断减小,沟道长度也随之减小至 12nm、7nm 甚至 5nm。此时,一系列高级效应逐渐浮现,这就要求采用更为复杂的模型,以确保仿真的精准度。虽然用于模拟现代器件的 SPICE 模型远比原有模型复杂得多,但在执行模拟集成电路分析与设计时,"长沟道"模型中那些简洁的关系式,仍不失为一种简单有效的分析手段。

2.7 认识一些新型 MOS 器件

随着芯片集成度不断提高,MOS 器件尺寸持续减小,CMOS 器件也从平面器件发展到了鳍式场效应晶体管(Fin Field-Effect Transistor,FinFET),以及环栅(或围栅)器件等三维结构。这些新型结构的 MOS 器件的出现,使摩尔定律得到了某种程度的延续。这里简单介绍一下这两类新型的 MOS 器件,以拓宽大家的视野。

2.7.1 FinFET 器件

上文中所讨论的 MOS 器件可称为"平面 MOS 器件"。其主要依靠栅极对其与源极、漏极之间接触的平面区域的电流进行控制。随着晶体管越做越小,该接触面的长和宽越来越窄,当窄到大约 20nm 时,栅极对电流的控制力大幅减弱,导致源极和漏极直接导通,这种情况使半导体工艺进化之路一度面临停滞。1999 年,华人教授胡正明带领他的研究团队发明了 FinFET 晶体管,解决了上述问题,从而使半导体制程走到了当前的 7nm、5nm 时代,也让摩尔定律得以延续。当沟道长度小于约 20nm 时,FinFET 器件性能优越,其 I-V 特性非常接近于平方律模型,因此可以仍然使用简单的大信号模型分析。

如图 2.7.1(a)所示,FinFET 的结构包括一个垂直的硅鳍(fin)、"生长"在鳍上的电介质层(即氧化层)和淀积在电介质层上的多晶硅或金属。在栅极所加电压的控制下,载流子从鳍的一端(源)流向另一端(漏)。它的俯视图与平面 MOS 晶体管类似(图 2.7.1(b))。

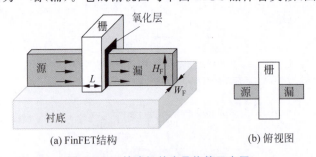

图 2.7.1 鳍式场效应晶体管示意图

在图 2.7.1(a)中,可以看出栅长 L,但栅宽 W 是多少呢?可以注意到,栅区与其下的半导体区有三个接触界面,因此电流在鳍的三个面上流动,所以栅宽,也就是沟道宽度 W 等于鳍的宽度 W_F 加上两倍的鳍高 H_F,即有 $W = W_F + 2H_F$。典型的 W_F 值约为 6nm,而 H_F 约为 50nm。

鳍高 H_F 由工艺控制，因而电路设计者无法控制该值，只能设计 W_F 以满足所需要的沟道宽度 W。为了简化设计，通常也固定硅鳍的宽度 W_F，这意味着 FinFET 的宽度 W 只能取离散数值。例如，若 $W=W_F+2H_F=100\text{nm}$，要设计更宽的晶体管，如 200nm，只能增加鳍的数目。并且由于 FinFET 的尺寸很小，鳍之间的间隔通常也固定，以降低间隔对器件性能的影响。根据所设计 FinFET 的鳍的数量，就形成了单鳍、双鳍和多鳍 FinFET，其版图示例如图 2.7.2 所示。与 MOS 器件一样，其栅接触和源/漏的接触均必须远离器件的核心部分。

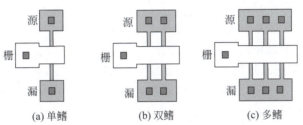

图 2.7.2 多鳍 FinFET 器件的版图

2.7.2 GAAFET 器件

芯片制程进一步微缩到了 5nm 之后，FinFET 器件结构也面临它的物理极限，鳍片距离太近、栅极无法控制沟道、漏电问题重新出现，导致 FinFET 器件失效。一种四面包裹的环栅（或称围栅）结构出现，源极和漏极不再是鳍片的样子，而是直接垂直穿过栅极，从而使栅极在四个面实现对沟道的环绕式控制，称为全环绕栅极（Gate All Around，GAA）器件。

GAAFET 和 FinFET 在实现原理和思路上相似，将栅极的控制面从三接触面扩展到了四接触面，图 2.7.3 给出了两种 GAA 器件的结构示意图。其源漏区有多种形状，以纳米片状和纳米线状（采用方形或圆柱截面等）居多。GAA 器件沟道的控制还可以继续拆分成多个四接触面，从而使栅极对沟道电流的控制力进一步提高，提高了器件的电学性能，图 2.7.4 给出了两种堆叠的 GAA 器件结构示意图。例如目前三星采用了堆叠的纳米片状方案（图 2.7.4(a)所示），其也被称为多桥通道场效应管（Multi-Bridge Channel FET，MBCFET）。

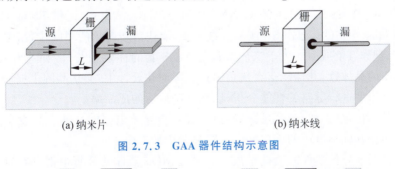

图 2.7.3 GAA 器件结构示意图

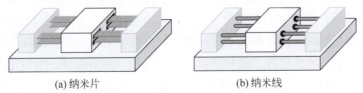

图 2.7.4 堆叠的 GAA 器件结构示意图

对电路设计者来说，GAAFET 的版图和 FinFET 的版图相似，堆叠的单元化结构是核心，其栅接触和源/漏的接触均必须远离器件的核心部分。

2.8 MOS 器件的 SPICE 模型

2.8.1 PVT 变化对电路设计的影响

许多器件和电路的参数都随着制造工艺(Process,P)、电源电压(Voltage,V)和环境温度(Temperature,T)而变化，一般用 PVT 表示这些影响。在设计电路时，需要保证在指定的 PVT 变化范围内，其性能差异是可接受的。

首先，制造工艺是指芯片代工厂所采用的技术流程和方法，包括结构、材料选择以及工艺参数等。其中，工艺参数的变异或漂移通常通过工艺角(Process Corners)来描述。在不同晶圆之间以及在不同制造批次之间，MOS 器件的参数变化可能会导致器件和电路的性能差异大，如图 2.8.1(a)所示。因此，工艺工程师们通过严格控制参数变化以保证器件的性能在某个范围内，同时给电路设计工程师提供一个设计与计算的范围，以提高成品率。

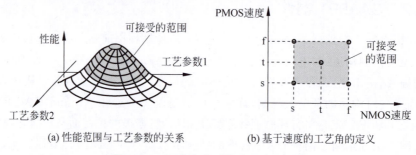

(a) 性能范围与工艺参数的关系　　(b) 基于速度的工艺角的定义

图 2.8.1　工艺变化对电路设计的影响

这一范围以工艺角的形式给出，其思想来源于数字电路的速度，也就是把 NMOS 和 PMOS 晶体管的速度波动范围限制在由四个角所确定的矩形内，如图 2.8.1(b)所示。这四个角分别是：快(fast)NMOS 和快(fast)PMOS，记作 FF 或 ff；慢(slow)NMOS 和慢(slow)PMOS，记作 SS 或 ss；快(fast)NMOS 和慢(slow)PMOS，记作 FS 或 fs；慢(slow)NMOS 和快(fast)PMOS，记作 SF 或 sf。进一步，取快角和慢角的中间位置，定义为典型工艺角 typical，记作 TT 或 tt。由于工艺参数与 MOS 管的性能相关，例如具有较薄的栅氧、较低阈值电压的晶体管，其性能落在快角附近。因而在设计中，会从晶圆中提取与每一个角相对应的器件模型进行电路的性能分析，以保证制造后的成品率。

电源电压不稳定(例如存在电源电压波纹等)，会导致电路的性能参数发生变化。通常要求电源电压在其标称电压的 ±10% 内电路都能正常工作。

温度是影响半导体器件的关键参数。前述对 MOS 器件的分析中都没有讨论温度的影响，实际上温度变化会导致材料特性发生变化，例如载流子的迁移率、MOS 器件的阈值电压、漏极电流等都是与温度相关的参数。一般温度升高时，MOS 器件的阈值电压会降低，其更容易进入导通状态，从而增加功耗和热量。因而电路设计中需进一步讨论温度的影响，根据电路的工作环境确定其温度范围。例如，一般要求芯片的温度适用范围为 −40～125℃。

因为器件参数在整个 PVT 范围内会有显著变化，如何保证电路设计的稳健性是一项具有挑战性的工作。从而也使得在电路设计中,为保证较高的成品率,需要在各种工艺角、极限电压与极限温度条件下对电路进行仿真,并保证电路各项指标在这些仿真测试下均能够满足设计指标。

2.8.2 SPICE 模型

为了实现有效的电路模拟和仿真,模拟器要求每个器件都有一个精确的模型。多年来,从基本的 SPICE LEVEL 1、LEVEL 2、LEVEL 3 模型,到伯克利短通道绝缘栅场效应管模型(Berkeley Short-channel IGFET Model,BSIM),MOS 器件的仿真模型不断被优化,仿真精度有了显著提升。

SPICE LEVEL 1 模型为计算机仿真的最基本模型,适用于微米级长沟道器件。前述讨论的理论模型为基本的 LEVEL 1 模型。当器件沟道长度小于 $5\mu m$ 时,LEVEL 1 模型与器件的实际特性之间呈现出明显偏差。为表述这些二级效应,LEVEL 2 模型应运而生。LEVEL 3 模型进一步简化并引入了一些经验常数以提高模型的精度。LEVEL 1-3 模型采用直接从器件物理特性推导出的公式来描述器件的特性。然而,当器件的特征尺寸进入亚微米以后,建立物理意义明确且运算效率又高的精确模型变得非常困难。BSIM 模型专为短沟道器件开发,其特点是通过大量的经验参数拟合来简化方程。当然,这也导致 BSIM 模型与器件的工作原理之间失去了一一对应的关系。目前第三版 BSIM3v3(对应 LEVEL 49)已经成为工艺厂家采用的标准 MOS 器件模型。

目前大部分集成电路仿真环境中的器件模型为 BSIM3v3,读者可以打开所用工艺库中的模型文件(.mdl),查看对应工艺环境下器件模型的参数值。

2.8.3 MOS 器件的 SPICE 参数提取

第 3 集
微课视频

本节讨论基于仿真环境提取 MOS 器件基本参数的方法。

仿真环境中,工艺技术库(technology library)集成了该工艺条件下各类器件的模型文件。器件参数的提取,实质是通过仿真来测试器件的电流、电压和各类阻抗,进而求出前述模型参数的过程。集成电路前期设计中一般采用基本的平方律模型进行推算,其涉及的工艺参数主要有 μC_{OX},V_{TH} 和 λ。

1. μC_{OX} 和 V_{TH} 的提取

由 NMOS 器件饱和区的电流平方律公式 $I_D=\frac{1}{2}\mu_n C_{OX}\frac{W}{L}(V_{GS}-V_{TH})^2$,可知

$$\mu_n C_{OX}=\frac{2I_D}{\frac{W}{L}(V_{GS}-V_{TH})^2} \tag{2.8.1}$$

因而对于已知宽长比的器件,可通过仿真其电流电压关系,计算该参数。

在仿真环境中,静态工作点(OP parameters)提供了参数列表,可以调取使用,例如其中"vth"为器件阈值电压。

2. 沟道长度调制系数的提取

由式(2.4.5)可知 $\lambda\approx g_{DS}/I_D=1/(I_D r_O)$,若可测得电流 I_D 和输出阻抗 r_O(或者 g_{DS}),则 λ 可求。因此,可提取静态工作点 OP parameters 中的"ids"、"gds"或"rout"进行计算得到沟道长度调制系数 λ。

工程问题 2.8.1

基于 2.3.4 节中 NMOS 器件 I-V 特性的仿真测试电路,设置 $W=1\mu m$,$L=1\mu m$,如何提取 NMOS 器件的 V_{TH}、λ 和 $\mu_n C_{OX}$。

仿真测试:

(1) 提取 V_{TH}。

① 将 V_{DS} 设置为 0.4V(可选择其他电压值,但应避免过高,最好选取在实际设计中常用的电压范围内),通过扫描 V_{GS} 参数,获得 I_D 对 V_{GS} 变化的响应曲线,仿真结果如图 2.8.2 所示。

② 由于对电流公式

$$I_D = \frac{1}{2}\mu_n C_{OX} \frac{W}{L}(V_{GS} - V_{TH})^2 (1+\lambda V_{DS}) \tag{2.8.2}$$

开根号后可得

$$\sqrt{I_D} = \sqrt{\frac{1}{2}\mu_n C_{OX} \frac{W}{L}(1+\lambda V_{DS})}(V_{GS} - V_{TH}) \tag{2.8.3}$$

令 $\sqrt{I_D}=0$,即可得到 $V_{TH}=V_{GS}$,因此对图 2.8.2 中的电流开根号,得到仿真结果如图 2.8.3 所示。

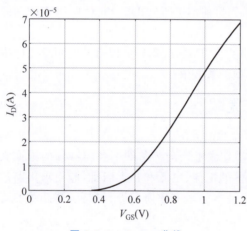 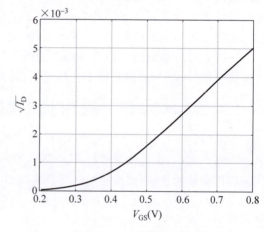

图 2.8.2　I_D-V_{GS} 曲线　　　　　　图 2.8.3　$\sqrt{I_D}$-V_{GS} 曲线

③ 观察图 2.8.3 所示的曲线,可见其并不完全呈现出式(2.8.3)中预期的线性关系。为了识别曲线中的线性区域,对图 2.8.3 的数据进行求导,仿真结果如图 2.8.4 所示。从图 2.8.4 可以清晰地看到,在 0.5~0.7V 的电压范围内,曲线斜率变化较小,接近常数值,表明在此区间内曲线近似为线性。因此,可以认定图 2.8.3 中的曲线在 0.5~0.7V 的部分大致满足线性关系,与式(2.8.3)所描述的线性模型相吻合。

④ 在图 2.8.3 中取 $V_{GS1}=0.52V$ 和 $V_{GS2}=0.6V$ 两点,由此两点所决定的直线可描述为

$$\begin{aligned}\sqrt{I_D} &= \frac{\sqrt{I_{D1}}-\sqrt{I_{D2}}}{V_{GS1}-V_{GS2}}V_{GS} + \sqrt{I_{D2}} - \frac{\sqrt{I_{D1}}-\sqrt{I_{D2}}}{V_{GS1}-V_{GS2}}V_{GS2}\\ &= \frac{1.8\times 10^{-3}-2.71\times 10^{-3}}{0.52-0.6}V_{GS} + 2.71\times 10^{-3} - \frac{1.8\times 10^{-3}-2.71\times 10^{-3}}{0.52-0.6}\times 0.6\\ &= 11.375\times 10^{-3} V_{GS} - 4.115\times 10^{-3}\end{aligned} \tag{2.8.4}$$

求其与 x 轴的交叉点,即可得到:

$$V_{\text{TH}} = \frac{4.115}{11.375} \approx 0.35\text{V} \tag{2.8.5}$$

拟合的直线如图 2.8.5 所示。

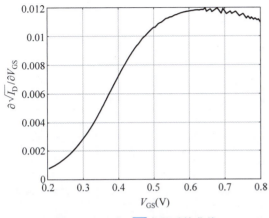

图 2.8.4 对 $\sqrt{I_D}$ 求导后的曲线

图 2.8.5 通过延长线与 X 轴的交点求 V_{TH}

(2) 提取 λ。

① 将 V_{GS} 固定为 0.7V(其他电压值同样可以选择,但不宜过高,应尽量选择在实际设计中可能采用的电压水平),随后对 V_{DS} 进行扫描,以获取 I_D 相对于 V_{DS} 变化的曲线。仿真所得的 I_D-V_{DS} 关系如图 2.8.6 所示。

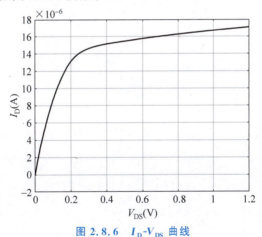

图 2.8.6 I_D-V_{DS} 曲线

② 根据式(2.8.2),I_D 对 V_{DS} 的导数可表示为

$$\frac{\partial I_D}{\partial V_{\text{DS}}} = \frac{\lambda I_D}{1+\lambda V_{\text{DS}}} = g_{\text{DS}} = \frac{1}{r_O} \tag{2.8.6}$$

出于近似方法的选择,式(2.4.5)与式(2.8.6)之间存在轻微的差异。读者在阅读不同的教材时,可能会遇到表达方式略有变化的各类公式。在设计的初期阶段,选择简化版的表达形式进行分析通常是较为合适的。经由对式(2.8.6)的转换处理,能够得到以下结果:

$$\lambda = \frac{g_{\text{DS}}}{I_D - g_{\text{DS}} V_{\text{DS}}} \tag{2.8.7}$$

因此，首先对图 2.8.6 中曲线进行求导得到图 2.8.7 的 g_{DS}-V_{DS} 曲线。

然后，将图 2.8.6 和图 2.8.7 中的数据同时代入式(2.8.7)中，即可得到如图 2.8.8 所示的 λ-V_{DS} 曲线。可以看出，在 V_{DS} 超过 0.4V 之后，λ 的变化明显放缓，可以取此范围中的某个点作为 λ 的近似值。考虑到通常实际的 V_{DS} 不会太高，本次取 $\lambda \approx 0.17\mathrm{V}^{-1}$。

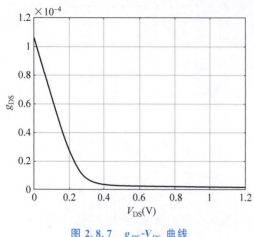

图 2.8.7　g_{DS}-V_{DS} 曲线　　　　　　图 2.8.8　λ-V_{DS} 曲线

(3) 提取 $\mu_n C_{OX}$。

① 对式(2.8.2)求二阶导数，可得

$$\frac{\partial^2 I_D}{\partial V_{GS}^2} = \mu_n C_{OX} \frac{W}{L}(1+\lambda V_{DS}) \tag{2.8.8}$$

则

$$\mu_n C_{OX} = \frac{\dfrac{\partial^2 I_D}{\partial V_{GS}^2}}{\dfrac{W}{L}(1+\lambda V_{DS})} \tag{2.8.9}$$

因此，对图 2.8.2 中的数据求二阶导数，得到图 2.8.9 所示的 $\partial^2 I_D / \partial V_{GS}^2$ 曲线。

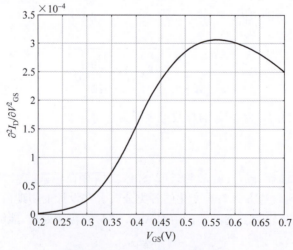

图 2.8.9　$\partial^2 I_D / \partial V_{GS}^2$-$V_{GS}$ 曲线

② 将图 2.8.9 中的数据、$\lambda \approx 0.17\text{V}^{-1}$、$V_{DS}=0.4\text{V}$ 以及 $W/L=1$ 均代入式(2.8.9)中，可得 $\mu_n C_{OX}$-V_{GS} 曲线如图 2.8.10 所示。V_{GS} 处于 $0.5 \sim 0.6\text{V}$ 是一个比较常见的情况，因此取 $\mu_n C_{OX} = 2.80 \times 10^{-4} \dfrac{\text{A}}{\text{V}^2}$。

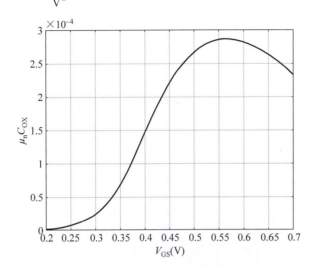

图 2.8.10　$\mu_n C_{OX}$-V_{GS} 曲线

需要说明的是，上述平方律参数的提取过程，实际是在已有器件基础上的参数拟合的过程。设置不同的 V_{DS}、V_{GS} 和器件尺寸提取到的上述参数值会有差异，所以通常需要根据情况做多种不同条件的仿真和提取。

提取到上述参数后，就可以根据 MOS 器件的大信号电流公式和小信号模型进行电路分析，将其作为电路设计的起点，然后再采用精确的 SPICE 模型进行电路仿真。根据仿真结果，利用电路原理分析性能进一步优化方向。

为后续计算方便，本书基于华大九天教学工艺库文件，对几种设置下提取的参数汇总后取中值，得到可用于后续计算分析的器件的 SPICE 参数的典型值，见表 2.8.1。

表 2.8.1　后续计算分析使用的器件参数

参　　数	NMOS 器件	PMOS 器件
μC_{OX}	$280 \times 10^{-6} \text{A}/\text{V}^2$	$80 \times 10^{-6} \text{A}/\text{V}^2$
V_{TH}	0.35V	-0.35V
λ（当 $L=4\mu\text{m}$）	$106 \times 10^{-3} \text{V}^{-1}$	$134 \times 10^{-3} \text{V}^{-1}$
λ（当 $L=3\mu\text{m}$）	$116 \times 10^{-3} \text{V}^{-1}$	$142 \times 10^{-3} \text{V}^{-1}$
λ（当 $L=2\mu\text{m}$）	$133 \times 10^{-3} \text{V}^{-1}$	$153 \times 10^{-3} \text{V}^{-1}$
λ（当 $L=1\mu\text{m}$）	$173 \times 10^{-3} \text{V}^{-1}$	$172 \times 10^{-3} \text{V}^{-1}$
λ（当 $L=0.5\mu\text{m}$）	$222 \times 10^{-3} \text{V}^{-1}$	$197 \times 10^{-3} \text{V}^{-1}$
λ（当 $L=0.13\mu\text{m}$）	$371 \times 10^{-3} \text{V}^{-1}$	$356 \times 10^{-3} \text{V}^{-1}$

工程问题 2.8.2

设某 NMOS 器件的参数为 $W/L=1\mu\text{m}/1\mu\text{m}$，通过适当的仿真和计算求出当 $V_{GS}=0.55\text{V}$，$V_{DS}=0.4\text{V}$ 时器件的 g_m、r_O 和 $g_m r_O$。

仿真测试：

(1) 对图 2.8.2 中的 I_D-V_{GS} 曲线求导，可得图 2.8.11 所示的 g_m-V_{GS} 曲线。因此可查出 $V_{GS}=0.55\text{V}$ 时的 $g_m=47.6\dfrac{\mu A}{V}$。

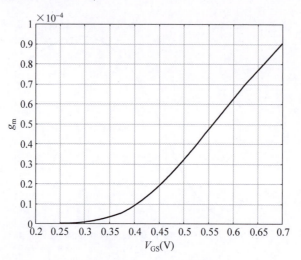

图 2.8.11 g_m-V_{GS} 曲线

(2) 在图 2.8.2 中查出 $V_{GS}=0.55\text{V}$，$V_{DS}=0.4\text{V}$ 时的 $I_D=4.31\mu A$。然后，根据式(2.8.6)可得

$$r_O = \frac{1+\lambda V_{DS}}{\lambda I_D} = \frac{1+0.17\times 0.4}{0.17\times 4.31\times 10^{-6}} \approx 1.46\text{M}\Omega \tag{2.8.10}$$

则可得到

$$g_m r_O = 47.6\times 1.46 \approx 69 \tag{2.8.11}$$

2.9 使能电路设计

2.9.1 使能原理

电路的使能端(enable)，一般用 EN 表示。只有该引脚高电平，芯片才能工作。若符号上面有一横，则表示使能端低电平时芯片工作。电路中的使能控制模块用于产生电路所需的不同使能控制信号。当使能信号无效时，将使芯片的偏置电路、基准电路、放大电路等各个模块均关断以实现低功耗。

本书贯穿项目中，栅极接 EN 和 ENB（ENB 为 EN 取反）的 MOS 器件，都是电路中的使能器件。使能器件栅极电压的设置，应保证当电路使能端 EN 接入高电平时，各使能器件驱使对应支路正常工作，当使能端 EN 接入低电平时，各使能器件驱使对应支路关断。

那怎样利用 MOS 器件控制相应支路的工作状态呢？核心思想是使 MOS 器件在导通和截止两个状态切换。图 2.9.1 给出了一种基于 NMOS 和 PMOS 的简单放大电路，如何接入使能端,使电路在需要放大时正常对输入信号 $V_{\rm IN}$ 放大,而不需要时使该支路电流为 0? 根据前述分析,只要使两个器件 $M_{\rm N}$ 和 $M_{\rm P}$ 在需要放大时正常,在不需要放大时截止或者断开从而使电流 $I_{\rm D}=0$ 即可。因而,可以使用图 2.9.2 所示的使能控制电路实现。

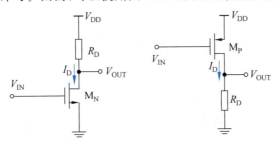

(a) 以NMOS器件为核心器件　　(b) 以PMOS器件为核心器件

图 2.9.1　简单的放大电路

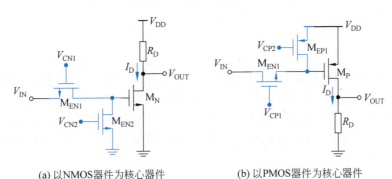

(a) 以NMOS器件为核心器件　　(b) 以PMOS器件为核心器件

图 2.9.2　带使能器件的放大电路

图 2.9.2(a)所示的以 NMOS 为核心器件的电路,接入使能器件 $M_{\rm EN1}$ 和 $M_{\rm EN2}$。这两个使能器件的栅极电位 $V_{\rm CN1}$ 和 $V_{\rm CN2}$ 应该接入何种控制电平? 按照使能要求,当使能端 EN 为高电平时,输入 $V_{\rm IN}$ 接 $M_{\rm N}$ 管的栅端,放大器正常工作,因而需要 $M_{\rm EN1}$ 导通,$M_{\rm EN2}$ 截止。此时 $V_{\rm CN1}$ 应接高电平,$V_{\rm CN2}$ 应接低电平;当使能端 EN 为低电平时,要求电路不工作,即需要 $M_{\rm EN1}$ 截止,$M_{\rm EN2}$ 导通,从而将输入信号切断并且将 $M_{\rm N}$ 栅极电压拉低使其截止,进而电流 $I_{\rm D}=0$。可见,应使控制电压 $V_{\rm CN1}=$EN,$V_{\rm CN2}=$ENB。

相应的,对于图 2.9.2(b)所示的以 PMOS 为核心器件的电路,接入使能器件 $M_{\rm EN1}$ 和 $M_{\rm EP1}$。那这两个使能器件的栅极电位 $V_{\rm CP1}$ 和 $V_{\rm CP2}$ 应该接入何种控制电平? 按照使能要求,当使能端 EN 为高电平时,需保证输入 $V_{\rm IN}$ 接 $M_{\rm P}$ 管的栅端,放大器正常工作,因而需要 $M_{\rm EN1}$ 导通,$M_{\rm EP1}$ 截止,此时 $V_{\rm CP1}$ 为高电平,$V_{\rm CP2}$ 为高电平;当使能端 EN 为低电平时,要求电路不工作,即需要 $M_{\rm EN1}$ 截止,$M_{\rm EP1}$ 导通,从而将输入信号切断,并且 $M_{\rm P}$ 的栅极电压拉高使其截止,电流 $I_{\rm D}=0$。可见,应使控制电压 $V_{\rm CP1}=$EN,$V_{\rm CP2}=$EN。

控制电平 EN 和 ENB 可由反相器电路实现,如图 2.9.3 所示。

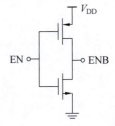

图 2.9.3　反相器电路实现使能控制电平

工程问题 2.9.1

试分析图 2.9.4 所示电路能否进行使能控制。

讨论：

在图 2.9.4 中，当 EN 接高电平时，使能器件导通，V_{IN} 正常接入电路，从而可以正常放大。当 EN 接低电平时，使能器件截止，此时放大管 M_N 的栅极电压是浮动电压，电路中的电流相应浮动，导致输出 V_{OUT} 未知。因此，该种接法不能保证电路在不使能时电流为 0，这种控制方法是新手设计时常常误用的。

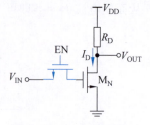

图 2.9.4 一种开关接法

贯穿项目中的使能电路，使用参考电流支路中的器件 ME_1 和后续支路中的 MEB_1、MEB_2、ME_2 等器件实现。

2.9.2 使能电路仿真

1. 仿真电路设计

在 EDA 软件中绘制仿真电路图并搭建 DC 仿真环境，如图 2.9.5 所示，电路中包括了电源模块、反相器模块、带使能控制的以 NMOS 器件为核心的放大电路和带使能控制的以 PMOS 器件为核心的放大电路。使能器件宽长比均设置为 $W/L = 2\mu m/1\mu m$。EN 电平采用脉冲电源 vpulse 模拟，放大电路的输入信号 V_{IN} 采用交流信号源 vsin 实现，vpulse 和 vsin 的设置见图 2.9.6。

第 1 集
微课视频

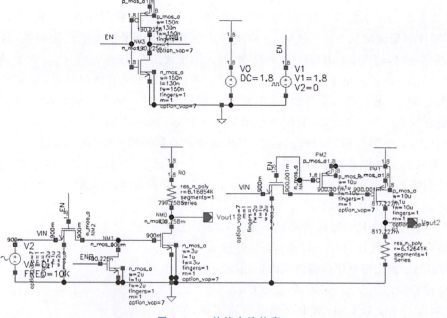

图 2.9.5 使能电路仿真

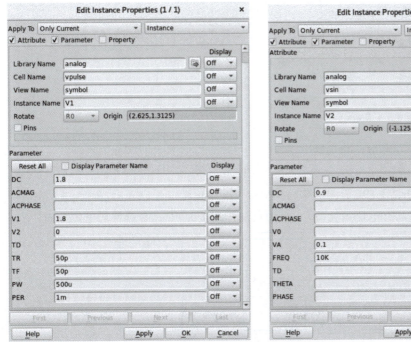

图 2.9.6　vpulse 和 vsin 的设置

2. 仿真使能控制特性

(1) 配置仿真参数。单击 Tools→MDE L2，打开空白的 MDE L2 仿真参数配置页面，选择 Analysis→Add/Modify Analysis，选择瞬态(Transient，TRAN)分析。按图 2.9.7 中所示，单击 OK 按钮。

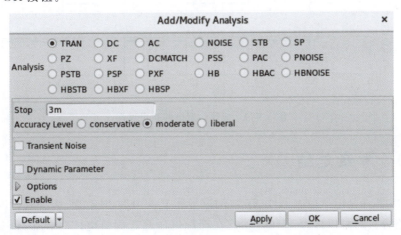

图 2.9.7　MDE L2 中的分析方式选择页面

(2) 配置输出参数。在 MDE L2 中单击 Outputs→Select From Design 选项，在弹出的原理图编辑器中选择 EN 网络(选中后连线高亮)、ENB 网络，输出信号 Vout1 和 Vout2，两条放大支路的电流 $I_{D,NM0}$ 和 $I_{D,PM1}$。按 Esc 键，回到输出参数配置界面，如图 2.9.8 所示。

(3) 运行仿真，结果如图 2.9.9 所示。可以看出，当使能信号 EN 为低电平(0)时，电路不工作，输出 Vout1 和 Vout2 分别拉至高电平和低电平，两条输出支路的电流 $I_{D,NM0}$ 和

Outputs

Analog | Digital

Name	Type	Expression/Signal	EvalType	Save	Plot
v(Vout1)	Signal	v(Vout1)	Point	☑	☑
v(Vout2)	Signal	v(Vout2)	Point	☑	☑
i(PM1/D)	Signal	i(PM1/D)	Point	☑	☑
i(NM0/D)	Signal	i(NM0/D)	Point	☑	☑
v(EN)	Signal	v(EN)	Point	☑	☑

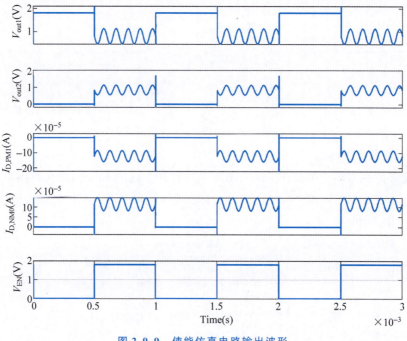

图 2.9.8 输出参数配置

$I_{D,PM1}$ 为 0；当使能信号 EN 为高电平(1.8V)时，电路正常工作，Vout1 和 Vout2 分别输出正弦信号，两条支路均有电流消耗($I_{D,PM1}$ 为负值体现的是 PMOS 器件的电流方向)。

图 2.9.9 使能仿真电路输出波形

2.10 本章总结

- MOS 器件是电压控制器件，有 N 沟道型和 P 沟道型，具有栅、源、漏、衬四个端子。
- 粗略分析时可以认为：MOS 器件在栅源电压超过阈值电压时导通，低于阈值电压时截止。
- 根据栅源电压和栅漏电压值，MOS 器件可以在截止区、线性区(三极管区)和饱和区工作，其在每个区的漏极电流与各电压的关系不同。不同工作区的判断标准及电流公式见表 2.10.1。

表 2.10.1　不同工作区的判断标准及电流公式

端口电压条件 （采用绝对值表示）	工作区	电流 I_D
$\lvert V_{GS}\rvert < \lvert V_{TH}\rvert$	截止区	$I_D = 0$
$\lvert V_{GS}\rvert \geqslant \lvert V_{TH}\rvert$ 且 $\lvert V_{DS}\rvert < \lvert V_{GS}\rvert - \lvert V_{TH}\rvert$	三极管区或 线性区	NMOS：$I_D = \mu_n C_{OX} \dfrac{W}{L}\left[(V_{GS}-V_{TH})V_{DS} - \dfrac{1}{2}V_{DS}^2\right]$ PMOS：$I_D = -\mu_p C_{OX} \dfrac{W}{L}\left[(V_{GS}-V_{TH})V_{DS} - \dfrac{1}{2}V_{DS}^2\right]$
$\lvert V_{GS}\rvert \geqslant \lvert V_{TH}\rvert$ 且 $\lvert V_{DS}\rvert \geqslant \lvert V_{GS}\rvert - \lvert V_{TH}\rvert$	饱和区	NMOS：$I_D = \dfrac{1}{2}\mu_n C_{OX}\dfrac{W}{L}(V_{GS}-V_{TH})^2$ PMOS：$I_D = -\dfrac{1}{2}\mu_p C_{OX}\dfrac{W}{L}(V_{GS}-V_{TH})^2$

- 跨导表示了 MOS 器件电压转换电流的能力，代表了器件的灵敏度。
- MOS 器件的特性包括很多二级效应，其中沟道长度调制效应使饱和区的漏极电流非理想。
- MOS 器件模型的建立是为了反映器件的工作特性，其大信号模型是一个非线性模型，为了简化电路分析，在大信号模型的基础上，确定电路器件的工作点，然后对器件进行小信号线性化等效，就可以得到器件的小信号等效模型。
- MOS 器件的版图是制造时所用掩模上的几何图形，由电路中的器件所要求的电特性和工艺要求的设计规则共同决定。分析电路的高频特性时，必须考虑 MOS 器件的电容模型。
- 用于计算机仿真的 SPICE 模型，经历了从最初的 SPICE LEVEL 1 模型到现在的复杂 BSIM 模型，都是为了适应 CMOS 工艺进步，更精确地反映 MOS 器件的特性。
- 从复杂的 SPICE 模型中提取基本平方律模型的参数，可用于设计电路的起始推算。
- 基于 MOS 器件的开关特性，可设计芯片中的使能电路。
- CMOS 集成电路设计是一个逐步迭代的过程：在基本的大信号模型和小信号模型的基础上进行电路分析，得到基本的关系表达式，将其作为电路设计的起点，然后采用复杂的 SPICE 模型进行电路仿真，得到较为精确的仿真结果，并且根据电路原理指导电路性能的进一步优化，再采用 SPICE 仿真得到电路的结果，如此反复，直到得到满意的电路性能。

2.11　本章习题

1. 请描述 MOS 器件的工作原理。
2. 请比较 MOS 器件和 BJT 器件在结构和特性上的异同点。
3. MOS 器件的结构是对称的，且器件端口间的电压变化时，其源和漏是可以互换的，请给出一种源漏互换的实例。
4. 参考图 2.2.4，尝试画出双阱工艺中 NMOS 器件和 PMOS 器件的剖面图。
5. MOS 器件导通时，源漏间导电沟道一定有电流吗？请分析原因。
6. 列出增加 NMOS 器件阈值电压 V_{TH} 的方法。

7. 温度升高会导致 MOS 器件的阈值电压 V_{TH} 发生变化吗？会导致 V_{TH} 增大还是减小？请分析原因。

8. 在 CMOS 电路中，要用一个单管作为开关管精确传递模拟低电平，这个单管应该采用 PMOS 管还是 NMOS 管，为什么？

9. 工程问题 2.3.1 讨论了采用一个 NMOS 器件做开关的采样保持电路，在其问题中限定了输入电压的范围为 $V_{IN} \leqslant V_{DD} - V_{TH}$。

(1) 试分析若 $V_{IN} > V_{DD} - V_{TH}$，图 2.3.2 所示电路中 NMOS 器件的工作状态和电路的输出 V_{OUT}；

(2) 如果采用 PMOS 作为开关，请再次分析器件的工作状态和电路的输出 V_{OUT}；

(3) 如果希望避免单用一种 MOS 器件做开关所带来的问题，当如何利用 MOS 器件设计开关？

10. 已知 NMOS 器件工作在饱和区，

(1) 如果电流 I_D 恒定，推导器件宽长比 W/L 与 V_{GS}-V_{TH} 的关系，画出草图；

(2) 如果跨导 g_m 恒定，推导器件宽长比 W/L 与 V_{GS}-V_{TH} 的关系，画出草图。

11. 请解释什么是沟道长度调制效应，并说明沟道长度调制系数与沟道长度之间的关系。

12. 设有一种工艺的 NMOS 器件，器件尺寸 $W/L = 10\mu m/0.5\mu m$，$t_{OX} = 4nm$，$\mu_n = 450 cm^2/V \cdot s$，$V_{TH} = 0.5V$。

(1) 求其 C_{OX}；

(2) 为了使其工作在饱和区并且 $I_D = 0.3mA$，求其过驱动电压 V_{OV} 和栅源电压 V_{GS}；

(3) 如果处于此工作点下的 NMOS 器件的 $V_{DS} = 0.5V$，该器件是否处于饱和区？

13. 设有一种工艺的 PMOS 器件，$t_{OX} = 4nm$，$\mu_p = 180 cm^2/V \cdot s$，$V_{TH} = -0.5V$，其器件尺寸 $W/L = 10\mu m/0.5\mu m$，

(1) 求其 C_{OX}；

(2) 为了使其工作在饱和区并且 $I_D = 0.3mA$，求其过驱动电压 V_{OV} 和栅源电压 V_{GS}；

(3) 如果处于此工作点下的 PMOS 器件的 $V_{DS} = -0.2V$，该器件是否处于饱和区？

14. 设有某一 NMOS 器件宽长比 $W/L = 10\mu m/0.5\mu m$，$\mu_n C_{OX} = 150 \times 10^{-6} A/V^2$，且其 $V_{TH} = 0.67V$，$\lambda_n = 44.5 \times 10^{-3} V^{-1}$，栅源电压 $V_{GS} = 1.5V$ 且 $V_{DS} = 1V$，

(1) 求流经该器件的漏极电流 I_D；

(2) 求处于此工作点的小信号模型参数 g_m 和 r_o；

(3) 如果 $V_{DS} = 2V$，流经该器件的漏极电流 I_D 为多少？

15. 某一 NMOS 电流源，工艺参数 $\mu_n C_{OX} = 280 \times 10^{-6} A/V^2$，若要求其工作时漏源电压必须低至 $0.4V$，

(1) 若 $I_D = 0.5mA$，求该器件的最小宽长比；

(2) 如果所需的最小输出阻抗为 $20 k\Omega$，$\lambda_n = 222 \times 10^{-3} V^{-1}$，计算器件的长度和宽度。

16. 说明如图 2.11.1 所示，将沟道宽为 W_1 和 W_2，长为 L 的两个 MOS 器件并联，等效为一个沟道宽度为 $W_1 + W_2$，长为 L 的晶体管，假设两个晶体管除了沟道宽度都一样。

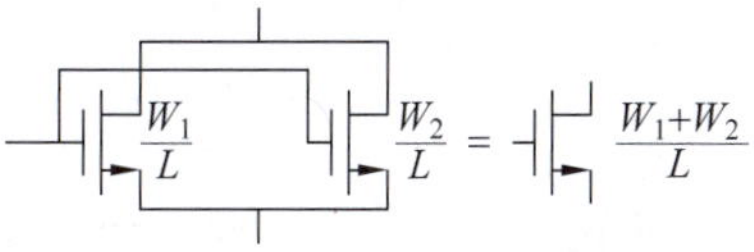

图 2.11.1 分析两个 MOS 器件并联

17. 说明如图 2.11.2 所示,将沟道宽为 W、长为 L_1 和 L_2 的两个 MOS 器件串联,等效为一个沟道宽度为 W、长为 L_1+L_2 的晶体管,假设两个晶体管除了沟道长度都一样,且忽略沟道长度调制效应。

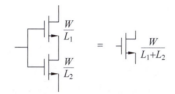

图 2.11.2 分析两个 MOS 器件串联

18. 画出图 2.9.1 和图 2.9.3 电路的小信号模型。

19. 一种 $0.5\mu m$ 工艺中的 MOS 器件采用 BSIM3v3 描述 SPICE 器件模型,如果需要采用此工艺进行电路设计,假设对于长沟道器件,如何获得用于电路计算的器件阈值电压 V_{TH}、工艺参数 $\mu_n C_{OX}$ 以及沟道长度调制系数?

20. 试仿真分析宽长比为 $W/L=10\mu m/0.5\mu m$ 的 NMOS 器件的转移特性曲线和输出特性曲线受工艺(P)的影响:

(1) 设置 $V_{DS}=1.5V$,温度 27℃,仿真工艺角分别为 tt、ss、ff、sf、fs 时的 I_D-V_{GS} 关系曲线;

(2) 设置 $V_{GS}=1V$,温度 27℃,仿真工艺角分别为 tt、ss、ff、sf、fs 时的 I_D-V_{DS} 关系曲线;

(3) 尝试分析上述结果及其原因。

21. 试仿真分析宽长比为 $W/L=10\mu m/0.5\mu m$ 的 NMOS 器件的输入转移特性曲线和输出特性曲线受温度(T)的影响:

(1) 设置 $V_{DS}=1.5V$,工艺角为 tt,仿真温度为 $-40℃$、$0℃$、$25℃$、$100℃$ 时的 I_D-V_{GS} 关系曲线;

(2) 设置 $V_{GS}=1V$,工艺角为 tt,仿真温度为 $-40℃$、$0℃$、$25℃$、$100℃$ 时的 I_D-V_{DS} 关系曲线;

(3) 尝试分析上述结果及其原因。

第 3 章　放大器的电流偏置

CHAPTER 3

学习目标

本章的学习目标及任务驱动是掌握放大器的电流偏置电路（图 3.0.1 中蓝色高亮部分）的设计方法，包括掌握基本电流基准的工作原理以及完成基本电流镜的设计。

- 掌握基本电流镜的工作原理和设计步骤。
- 熟悉电流复制误差的来源以及相应的改善策略。
- 了解产生基准电流的方法和电路实现，深入理解电源电压独立的电流基准以及温度变化对其的影响。

任务驱动

完成基本电流镜电路的设计与搭建，如图 3.0.1 所示。

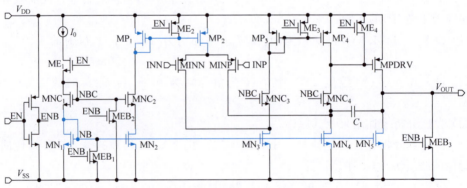

图 3.0.1　贯穿项目设计之电流偏置设计

知识图谱

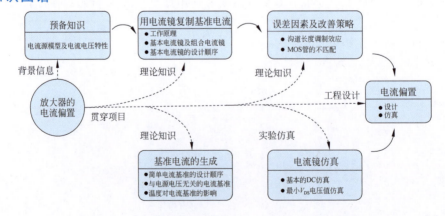

3.1 预备知识

第 2 章学习了 MOS 器件的基础知识,本章要利用前面所学的知识开始贯穿项目的主体电路设计。在正式进入本章学习之前,先来复习一下电流源的基本特性。

电流源的模型及其电流电压特性如图 3.1.1 所示。对于理想电流源,由于其内阻 R_N 为无穷大,输出电流 I_O 与端口电压 V_L 无关;而对于实际电流源,由于内阻 R_N 有限,输出电流 I_O 随端口电压 V_L 的变化而变化。因此,对于实际电流源,其内阻 R_N 越大,其特性越接近于理想电流源。

> 小 Spark ✦:《谏太宗十思疏》中有言:"求木之长者,必固其根本;欲流之远者,必浚其泉源"。而偏置电路就好比模拟集成电路的"泉源"。精确而稳定的偏置是保证模拟电路正常工作的基础。偏置常常以电流源的形式出现,这里的"源"与"泉源"虽不属一物,但意境相通,深入思考也觉十分有趣。

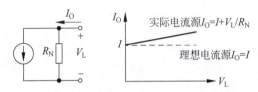

图 3.1.1　电流源的模型及其电流电压特性

3.2 从电流偏置开始设计放大器

第 1 章给出了本书的贯穿项目——折叠差分放大器设计,并罗列了此放大器的关键参数。那么应该如何从零开始,设计一个满足所有指标要求的差分放大器呢?答案并不唯一,但首先满足其中某一个关键指标是厘清思路并简化设计的关键。比如,设计者可以考虑先满足功耗、增益、带宽中的一项指标。鉴于本书所面向主要读者的知识背景,首先满足功耗指标是一个便于理解的方式。

在已知电源电压的条件下,功耗的大小取决于电流的大小,因此要针对放大器中决定电流大小的关键电路进行分析。如图 3.2.1 所示,放大器的电流路径共有 8 条,其中,第 6~8 路

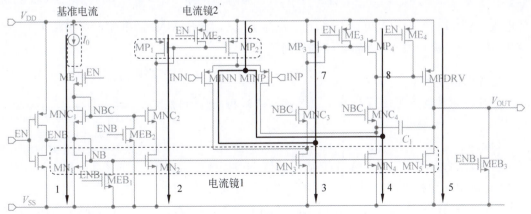

图 3.2.1　贯穿项目放大器电路结构

电流最终汇总至第 3 路和第 4 路电流中,因此放大器的总电流由第 1~5 路电流所决定。这几路的电流组成了模拟集成电路的一个常见结构,它就像一面镜子,可以将第 1 路的电流复制到第 2~5 路电流中。因此,称这个结构为"电流镜"。而其中第 1 路的电流由一个电流源产生,这个电流源称为"基准电流",这是因为其他支路的电流大多以这个电流为基准,复制产生的镜像。

3.3 用电流镜复制基准电流

3.3.1 基本电流镜是如何工作的

图 3.2.1 所示的 MN_1 和 MN_2 构成的基本电流镜已被提取并在图 3.3.1 中重新绘制。其中,MN_1 具有宽长比 W/L,而 MN_2 具有宽长比 NW/L。通过这个配置,MN_2 能够复制基准电流 I_{REF},并将其扩大 N 倍,以便为目标电路供应所需的电流。

那么电流镜是如何实现这一功能的呢?电路中 MN_1 的栅极和漏极短接,因而其 $V_{DS}=V_{GS}$,只要能保证 $V_{GS}>V_{TH}$,器件 MN_1 即工作在饱和区。回顾第 2 章中 MOS 管在饱和区的基本电流公式如下:

$$I_D = \frac{1}{2}\mu_n C_{OX} \frac{W}{L}(V_{GS}-V_{TH})^2 \quad (3.3.1)$$

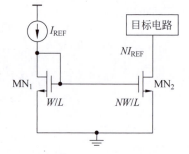

图 3.3.1 基本电流镜

从式(3.3.1)中可以看出,在 MOS 管的基本参数 $\mu_n C_{OX}$ 和 V_{TH} 相同的条件下,其电流取决于宽长比 W/L 以及栅源电压 V_{GS}。因为 MN_2 与 MN_1 的栅极相连且二者的源极同时接地,所以二者的 V_{GS} 相同。又因为 MN_2 的宽长比是 MN_1 的 N 倍,所以根据式(3.3.1),流经 MN_2 的电流是流经 MN_1 的电流的 N 倍。可以这么理解,电流镜的工作顺序是:首先基准电流 I_{REF} 通过 MN_1 产生 V_{GS},然后 MN_2 利用 V_{GS} 产生 N 倍的 I_{REF}。

那么 I_{REF} 是如何通过 MN_1 产生 V_{GS} 的?观察图 3.3.1 所示的电路结构,MN_1 的栅极和漏极相连,根据式(3.3.1),当电流 I_{REF} 流经 MN_1 后,就会在栅极产生大小为

$$V_{GS} = \sqrt{\frac{2I_{REF}}{\mu_n C_{OX}} \times \frac{L}{W}} + V_{TH} \quad (3.3.2)$$

的电压。从式(3.3.2)中也可以看出,V_{GS} 跟踪 I_{REF},因此使 MN_2 的电流也会跟踪 I_{REF} 的变化,从而使电流镜完成对基准电流的复制。

工程问题 3.3.1

如果将基本电流镜改为如图 3.3.2 所示的结构,电路仍能完成对 I_{REF} 的复制吗?

讨论:

不能,因为在图 3.3.2 中,V_{GS} 是固定的值,不能跟踪 I_{REF},因此 MN_2 的电流同样也不能跟踪 I_{REF} 的变化,而是成为独立的电流基准源。再观察 MN_1,如果这个固定的 V_{GS} 不等于式(3.3.2),为了保证 MN_1 的电流与

小 Tips:进行电路仿真时,如果采用理想电流源作为基准电流,需要检查电流源两端的电压是否合理。

I_{REF} 相等，I_{REF} 将迫使 MN_1 利用其沟道调制效应调整电流，从而使 MN_1 漏极电压产生剧烈变化。根据 I_{REF} 的不同，MN_1 的漏极电压有可能会不合理地超过电源电压或者低于地电位。

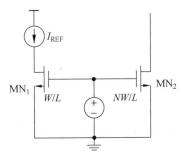

图 3.3.2　不能完成电流复制功能的电路

1. 基本电流镜的工作条件

尽管利用 MOS 管饱和区的电流方程式(3.3.1)解释了基本电流镜的工作原理，但要让电流镜正常工作，还需要满足一些电压条件。

图 3.3.1 中 MN_2 需要为目标电路提供稳定的电流，即它应表现出理想电流源的特征。这意味着 MN_2 输出的电流不应受到目标电路状态变化的影响。首先，假如 MN_2 工作在饱和区，则根据式(3.3.1)，若忽略沟道长度调制效应，在饱和区内 MOSFET 的电流基本上与其 V_{DS} 是无关的。这种情况下，MN_2 可以类比为一个理想电流源，因此其在饱和区工作是可行的。接下来分析，MN_2 如果工作在线性区，根据式(2.3.2)，知道在线性区 MOSFET 的电流与 V_{DS} 存在线性关系，并不能提供恒定电流，这不符合电流源的要求。因此，MN_2 应避免在线性区工作。综上所述，MN_2 的工作条件应确保其始终处于饱和状态，以实现作为电流源的功能：

小 Tips：MN_2 是否可以工作在亚阈值区域？根据亚阈值区域的电流公式，理想情况下 MN_2 的电流仍然与其 V_{DS} 无关，因此理论上 MN_2 可以工作在亚阈值区域。但在实际中，因为亚阈值区域 MOS 管的匹配性较差，所以如果不是对低功耗有特别要求，不建议让 MN_2 工作在亚阈值区域。

$$V_{GS2} - V_{TH} \geqslant 0 \tag{3.3.3}$$

$$V_{DS2} \geqslant V_{GS2} - V_{TH} \tag{3.3.4}$$

那么 MN_1 需要满足什么工作条件呢？由于 MN_1 的栅极和漏极相连，只要 MN_1 满足导通条件，那么根据 MOS 管的饱和条件公式，MN_1 一定处于饱和区域。又因为 MN_1 和 MN_2 的导通条件相同，所以只要 MN_2 导通，MN_1 必然导通。综上所述，只要保证 MN_2 满足饱和区的条件，基本电流镜即可正常工作。

2. 用基本电流镜提供多路电流

如何用基本电流镜给电路提供多路电流呢？贯穿项目(图 3.2.1)中的电流镜 1 提供了一个很好的案例。电流镜 1 包含了 5 路电流，将其提取并重画至图 3.3.3。从图中可以看出，只要将每个 MOS 管的栅极和源极分别与 MN_1 的栅极和源极连接，每个 MOS 管的漏极就可给一条支路提供电流。每条支路的电流大小可以通过分别调节各 MOS 管与 MN_1 的宽长比的比值来实现。

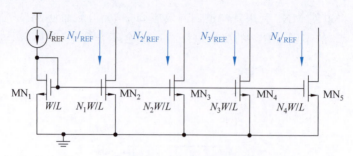

图 3.3.3 用基本电流镜给电路提供多路电流

3.3.2 PMOS 基本电流镜和组合电流镜

3.3.1 节描述的基本电流镜由 NMOS 构成,用 PMOS 也可以构成类似的电流镜。贯穿项目中的 MP_1 和 MP_2 就组成了一个 PMOS 的基本电流镜,同样将其提取并画至图 3.3.4。如图所示,因为 MP_2 的宽长比是 MP_1 的 N 倍,流经 MP_2 的电流将复制 I_{REF} 并将其扩大 N 倍。

同理,此电流镜的工作条件是保证 MP_2 处于饱和区,即

$$|V_{GS2}|-|V_{TH}| \geqslant 0 \tag{3.3.5}$$

$$|V_{DS2}| \geqslant |V_{GS2}|-|V_{TH}| \tag{3.3.6}$$

结合图 3.3.1 和图 3.3.4 可以发现,PMOS 基本电流镜中的 I_{REF} 可以由 NMOS 的基本电流镜来提供,因此将二者组合可形成组合电流镜,如图 3.3.5 所示。采用此组合电流镜并配合图 3.3.3 中提供多路电流的方式,可以给电路中所有的支路提供需要的电流。在本书贯穿项目中,如图 3.2.1 所示,也采用了类似的结构,例如由 $MN_1 \sim MN_5$、MP_1 和 MP_2 等 MOS 管组成的电流镜提供了支路 2~6 的偏置电流。

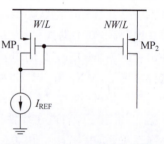

图 3.3.4 PMOS 基本电流镜

工程问题 3.3.2

图 3.3.5 中流经 MP_2 的电流是多少?

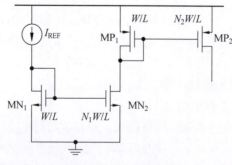

图 3.3.5 组合电流镜

讨论:

MN_2 的宽长比是 MN_1 的 N_1 倍,因此 MN_2 的电流是 MN_1 的 N_1 倍。MP_1 和 MN_2

的电流相同,而 MP_2 的宽长比是 MP_1 的 N_2 倍,因此,MP_2 的电流是 MP_1 的 N_2 倍。综上所述,流经 MP_2 的电流为 $N_1 N_2 I_{REF}$。

3.3.3 基本电流镜的设计顺序

本节将正式进入模拟集成电路设计方法的学习。

需要明确的是,模拟集成电路设计的第一阶段工作是根据电路的功能和工作条件确定合适的电路结构,此部分通常也是最难的工作。在电路的基本结构被确定后,第二阶段工作就是根据已知条件,选择合理的方式确定电路元器件尺寸的初始值。第三阶段工作才是利用 EDA 工具对电路进行验证,并根据验证结果调节元器件尺寸,使电路满足所有设计指标。第一阶段的工作难度较高,通常需由资深设计师承担。幸运的是,实践中往往可以参照现有的电路结构。对于刚开始接触模拟集成电路设计的初学者而言,如果能按照已经建立的设计流程顺利地完成第二和第三阶段的工作,即可视为达到了基本合格的标准。

本书充分考虑了实际工作的一般情形,直接指定了放大器的电路结构,只需读者完成对电路中各元器件尺寸的计算、验证以及优化工作。

那么如何设计一个如图 3.3.1 中所示的基本电流镜(确定 MN_1 和 MN_2 的 W 和 L)呢?式(3.3.1)提供了最基本的思路,在 MOS 管的基本参数 $\mu_n C_{OX}$ 和 V_{TH} 已知的情况下,只需要再确定 I_{DS} 和 V_{GS} 的值便可计算 MOS 管的 W/L。

为了确定电流镜中每个 MOS 管的电流值,可以让电流镜在满足总电流消耗的前提下,简单地使其各支路的电流相等。假设电流镜的总电流消耗为 I_C,则平均分配到每个支路的电流是 $I_C/2$。但也可以通过进一步分析各支路的功能,使各支路消耗的电流看起来更加合理。根据 3.3.1 节中的描述,MN_1 所在支路的功能是生成一个能够追踪 I_{REF} 的 V_{GS},可见 I_{REF} 的绝对值并不是非常重要的。因此为了避免无用的电流消耗,倾向于取较小的 I_{REF} 值,而把大部分的电流分配给另一支路,使其有足够能力向其他电路提供电流。例如,取 $I_{REF}=I_C/4$,则可以减小 MN_1 支路电流消耗,同时也可得出 MN_2 的电流为 $3I_C/4$。

> 小 Tips:如何选择电路设计时的初始值?读者们其实并不需要过分纠结如何选择初始值更加合适,而只要保证取值的方向与设计思想一致即可。比如设计思想是让 MN_1 取更小的电流,那么取任何满足 $I_{MN1}<I_{MN2}$ 的电流初始值都是被允许的。这是因为在后续第三部分工作中,还要通过 EDA 来验证和调整电路的参数。而第二阶段工作就好像打高尔夫球时候的第一杆一样,只要方向没有大的偏离,方便后续的调整就可以了。

接下来需要确定 V_{GS} 的值,但为了更方便判断 MOS 管的工作状态,将 $V_{GS}-V_{TH}$ 作为一个整体变量来考虑,这个值称为过驱动电压。从式(3.3.4)中可以看出,$V_{GS2}-V_{TH}$ 越小,V_{DS2} 能取的最小值将越小,意味着 MN_2 上方的目标电路的工作电压的范围 $V_{DD}-V_{DS2}$ 越大。因此为了保证目标电路有足够的电压工作范围,应当取较小的 $V_{GS}-V_{TH}$。

根据式(3.3.3),$V_{GS}-V_{TH}$ 可以取接近零的值吗?答案是否定的。这是因为 $V_{GS}-V_{TH}$ 并不是一个常数,其值会受到加工工艺(P)、电压(V)、温度(T)等因素的影响,比如在全温度范围内 V_{TH} 受温度变化的影响可能超过 100mV。因此,为了保证在后期的仿真验证阶段不用对电路做过多的修改,$V_{GS}-V_{TH}$ 需要预留足够的裕度,比如可以将其初始值定为 200mV。

最后,由于已经确定了各 MOS 管的电流以及 $V_{GS}-V_{TH}$ 的初始值,根据式(3.3.1)即可计算出各 MOS 管的 W/L 值。

综上所述,基本电流镜的设计顺序如下:

(1) 在满足总消耗电流指标的情况下,给各支路合理分配电流;

(2) 选取一个合适的 $V_{GS}-V_{TH}$ 值;

(3) 根据 MOS 管的电流公式,计算各 MOS 管的 W/L 值。

读者应该会发现,完成上述 3 步之后,并没有获得 MOS 管的 W 和 L 的绝对值。获得绝对值的方法通常是:首先决定合适的 L 值,然后根据比例再计算出 W 的值。关于 L 取值时需要考虑的因素会在 3.4 节中进行分析。

工程问题 3.3.3

假设图 3.3.6 中所示的基本电流镜的总消耗电流是 $160\mu A$,完成其电路设计并进行仿真验证。

设计:

根据上述设计方法,设置初始参数:$V_{GS1}-V_{TH}=V_{GS2}-V_{TH}=0.2V$,$I_{DS1}=I_{REF}=40\mu A$,$I_{DS2}=120\mu A$。然后采用表 2.8.1 中的 $\mu_n C_{ox}$,根据式(3.3.1)可得 MN_1 的宽长比:

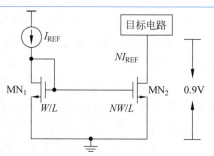

图 3.3.6 设计基本电流镜

$$\frac{W}{L}=\frac{2I_{D1}}{\mu_n C_{ox}(V_{GS1}-V_{TH})^2}=\frac{2\times 40\times 10^{-6}}{280\times 10^{-6}\times (0.2)^2}\approx 7.1 \quad (3.3.7)$$

进一步可得 MN_2 的宽长比参数为 $W/L\approx 7.1$,以及 $N=3$。由于到目前为止并未涉及 L 的取值方法,暂且可以直接取 $L=1\mu m$,则可得 $W=7.1\mu m$。

仿真验证:

将计算得到的 MOS 管尺寸值代入 EDA 工具中对电路进行 DC 验证仿真(具体仿真方法请参考 3.6 节),当 MN_2 漏源电压为 0.9V 时,得到的仿真结果如表 3.3.1 所示。MN_2 的电流与理论值相比较偏大,具体原因将在 3.4 节进行分析。

表 3.3.1 基本电流镜的 DC 仿真结果

验证项目		设计目标	计算结果	仿真结果		
			tt,27℃	tt,27℃	ss,−40℃	ff,125℃
总消耗电流		$160\mu A$	$160\mu A$	$167.19\mu A$	$166.64\mu A$	$167.77\mu A$
各 MOS 管的电流	MN_1	—	$40\mu A$	$40\mu A$	$40\mu A$	$40\mu A$
	MN_2	—	$120\mu A$	$127.19\mu A$	$126.64\mu A$	$127.77\mu A$
MN_2 和 MN_1 的电流比		—	3	3.18	3.17	3.19
$V_{GS}-V_{TH}$	MN_1	—	0.2V	0.146V	0.127V	0.173V
	MN_2	—	0.2V	0.146V	0.127V	0.173V

从表 3.3.1 中可以看出,在 tt,27℃ 的条件下,仿真结果和计算结果基本一致。观察 ss,−40℃ 和 ff,125℃ 两个条件的结果,可以看到 $V_{GS}-V_{TH}$ 大约有 0.05V 的变动,其最小值为 0.127V。

> 小 Tips:$V_{GS}-V_{TH}$ 的值也不能取太小,否则 MOS 器件会从强反型逐渐过渡到亚阈值区,其特性逐渐偏离平方律模型。这里给出一个经验值,最小值可以采用约 80mV。

最后,回顾贯穿项目(图3.2.1)中的电路。此放大器中电流镜是一个能提供多路电流的组合电流镜结构。如何在放大器整体的设计中将电流合理地分配给此电流镜的各个支路呢?这里提供两种可能的分配方案供读者参考。

第一种分配方案是简化设计,平均分配各个支路电流。具体不再赘述。

第二种分配方案是考虑电流在各个支路的作用。其中,MN_1与设计基本电流镜时一样,可取较小的电流,MN_2给MP_1提供电流,而MP_1的功能实际上与MN_1相同,所以MN_2同样无需大电流。因此,MN_1和MN_2都可以分配较小的电流。假设放大器的总消耗电流是I_{amp},则平均分配到每个支路的电流是$I_{amp}/5$,因此可以使流过MN_1和MN_2的电流都等于此电流的1/4,即$I_{amp}/20$,剩余电流分配给MN_3、MN_4和MN_5。其中MN_5的电流最大,其背后的详细原因将在本书的第7章中详细解释。

3.4 电流复制的误差因素与改善方法

细心的读者可能会发现,表3.3.1中设计的MN_2和MN_1的电流与设计值之间存在一定的误差,且误差值会随工作条件变化。本节将对产生电流复制误差的因素以及减少误差的方法进行讨论。

3.4.1 沟道长度调制效应导致的电流复制误差及其改善方法

回顾第2章中考虑了沟道长度调制效应的饱和区MOS管的电流公式

$$I_D = \frac{1}{2}\mu_n C_{ox} \frac{W}{L}(V_{GS}-V_{TH})^2(1+\lambda V_{DS}) \tag{3.4.1}$$

可以看出工作在饱和区的MOS管,其漏极电流I_D会受到V_{DS}的影响。再次观察图3.3.1中的电路结构,可以发现此电路并不能够保证MN_1和MN_2的V_{DS}相等。因此,利用式(3.4.1)可以得到:

$$I_{ERR} = \frac{I_{D2}}{NI_{D1}}-1 = \frac{V_{DS2}-V_{DS1}}{\frac{1}{\lambda}+V_{DS1}} \tag{3.4.2}$$

从式(3.4.2)中可以看出,当MN_1和MN_2的V_{DS}不相等时,基本电流镜的确会产生电流复制的误差。从该公式中还可以看出,只要能够尽量减少V_{DS}的差值,或者减小参数λ,此误差就能够被改善。因此,便引出了两种降低沟道长度调制效应导致的电流复制误差的方法。

(1) 增大MOS管的L,从而减小λ。

从参数表2.8.1中可以看出,随着MOS管L值的增大,λ逐渐减小,因此可以用较大的L值来减小电流复制误差。

这里利用工程问题3.3.3中所设计的电流镜进行电流复制误差的仿真。保持W/L比不变,将L在$1\sim 5\mu m$,V_{DS2}在$0.2\sim 1.8V$的范围内进行扫描,所得的仿真结果如图3.4.1所示。从图可以看出,I_{ERR}受V_{DS2}的影响较大,且随着L的增大,I_{ERR}逐渐减小。同时,也可以看出,当L超过$3\mu m$后,进一步增加L的值,I_{ERR}的改善程度并不明显。因此,从电流复制误差和芯片面积的折中角度来看,L的值取$3\mu m$是比较合理的值。这也回答了在3.3节中计算出W/L之后,如何选取L的问题。

(2) 改进电流镜的结构,使 $V_{DS2}-V_{DS1}$ 减小,从而减小电流复制误差。

从图 3.4.1 中可以看出,如果想进一步改善误差,增加 L 是不经济的,因此需要对电流镜的结构进行优化。贯穿项目图 3.2.1 中的 MNC_1、MNC_2、MN_1、MN_2 便组成了一个优化后的电流镜结构,将其提取并画至图 3.4.2 中。

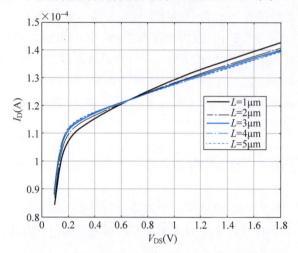
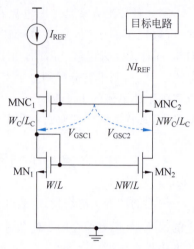

图 3.4.1 工程问题 3.3.3 设计的电流镜电流仿真结果　　图 3.4.2 能改善电流复制误差的电流镜

从图 3.4.2 中可以看出,因为电流镜的电流主要是由 I_{REF} 和 MN_2、MN_1 的宽长比的比值决定的,所以流过 MNC_1 和 MNC_2 电流分别是 I_{REF} 和 NI_{REF}(有略微的复制误差)。当 MNC_2 和 MNC_1 的宽长比之比同样是 N 时,二者的栅源电压 $V_{GS,MNC1}$ 和 $V_{GS,MNC2}$ 几乎相等。又因为 MNC_1 和 MNC_2 的栅极连接于同一电位,可以推出 MNC_1 和 MNC_2 的源极电压非常接近。换言之,MN_1 和 MN_2 的漏极电压几乎相等,V_{DS1} 和 V_{DS2} 差值将十分微小。因此,采用图 3.4.2 中的结构,可以有效改善沟道长度调制效应导致的电流复制误差。这种结构也被称为共源共栅电流镜。共源共栅结构有很多优点,这些优点将在第 4 章进一步深入分析。

图 3.4.3 给出了基本电流镜和共源共栅电流镜的电流在不同目标电路接口电压下的仿真结果。从图中可以看出,当 MNC_2 的漏极电压 $V_{D,MNC2}$ 大于 0.7V 时,由沟道长度调制效应导致的电流复制误差得到了显著的改善。而当 $V_{D,MNC2}$ 小于 0.7V 时,电流复制误差并未被改善。这是由于此时 MNC_2 无法工作在饱和区所导致的。

> 小 Spark ✦☆:共源共栅电流镜能够减小电流复制误差的特性,暗合了《道德经》中"静水流深"的思想。共源共栅结构之所以可以减小电流复制误差,究其根本就是因为该结构具有很大的内阻,之所以"静水",是因为"流深"。

那如何才能保证 MNC_2 处于饱和区呢?由于 MNC_2 的栅极电压等于 $V_{GS1}+V_{GS,MNC1}$,如果要使 MNC_2 工作在饱和区,需要保证 MNC_2 的漏极电压 $V_{D,MNC2} \geqslant V_{GS1}+V_{GS,MNC1}-V_{TH}$。因此,共源共栅电流镜需要在更高的工作电压下才能正常工作。此外,在设计 MNC_1 和 MNC_2 的尺寸时,为了保证尽量小的 $V_{D,MNC2}$ 电压值,应该让 MNC_1 和 MNC_2 工作在导通电压的边缘,即让 $V_{GS,MNC1}-V_{TH}$ 接近于 0。因此可以取工艺允许的最小 L 值,以及较大的 W 值,保证宽长比 W/L 足够大。

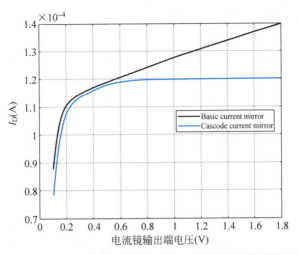

图 3.4.3　基本电流镜和共源共栅电流镜的电流仿真结果对比

3.4.2　MOS 管的不匹配导致的电流复制误差及其改善方法

MOS 管的不匹配同样也会导致电流的复制误差。在 MOS 管的版图设计中,要求匹配的 MOS 管必须要有相同的形状和尺寸,否则在制造过程中将有可能出现较大的误差。回顾图 3.3.2 中的基本电流镜,其中 MN_2 的 NW/L 在版图中如何实现？图 3.4.4(a)为 MN_1 的版图,其宽度为 W、长度为 L,蓝色部分为栅极,栅极左右白色的部分分别代表源极和漏极,图 3.4.4(b)、图 3.4.4(c)、图 3.4.4(d)分别是 MN_2 版图的三种实现方式。

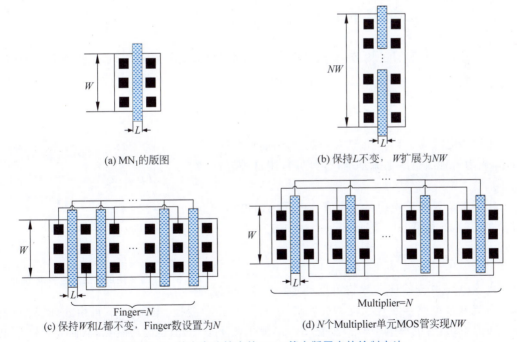

图 3.4.4　基本电流镜中的 MOS 管在版图中的绘制方法

图 3.4.4(b)所示为保持 L 不变,将 W 扩展为 NW 的 MOS 管在版图中的绘制方法,图 3.4.4(c)所示为保持 W 和 L 都不变,将 Finger 数设置为 N 的 MOS 管在版图中的绘制方法,

即一部分漏极和源极是被共用的,图 3.4.4(d)将图 3.4.4(a)视为单元 MOS 管,采用了 N 个 Multiplier 单元 MOS 管来实现 NW。从图中可以看出,图 3.4.4(b)版图的结构与图 3.4.4(a)相差较大,这种差异会使制造出来的 MN_2 和 MN_1 的实际 W/L 比值与设计目标值 N 产生较大的偏差,即不匹配现象,从而导致电流复制的误差。因此,在实现 MN_1,MN_2 时,通常应保证两者版图结构相同。同理,如果利用基本电流镜的结构产生分数比的电流,则应该采用图

> 小 Tips:EDA 软件中 MOS 管参数设置对话框中有两个参数可以改变 MOS 管的总宽度,一个是 Finger,一个是 Multiplier,两者的区别如图 3.4.4(c)和图 3.4.4(d)所示,前者 MOS 管连成一体,相邻的 MOS 管的漏极和源极是共用的,后者 MOS 管是可以分离的。

3.4.5 中的两种结构,原则都是采用相同尺寸的单元 MOS 管组合产生需要的电流比。

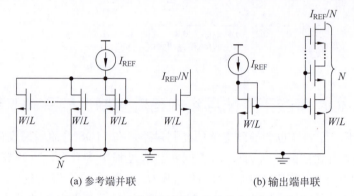

(a) 参考端并联　　　　　　(b) 输出端串联

图 3.4.5　两种产生分数比电流的电流镜结构

3.5　基准电流的生成

在上述电流镜设计的内容中,假设有一个"理想"的基准电流 I_{REF},那么问题是,如何产生 I_{REF} 呢?

3.5.1　简单电流基准的设计顺序

可以将电阻接在 V_{DD} 和 MN_1 的栅极之间,如图 3.5.1 所示,成为一种简单的电流基准产生电路,用这种方法产生 I_{REF}。

接下来需要确定电阻 R_B 的值。由于电阻电压加上 MN_1 栅压等于电源电压,因此得到式(3.5.1):

$$R_B = \frac{V_{DD} - V_G}{I_{REF}} \quad (3.5.1)$$

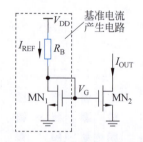

图 3.5.1　使用电阻产生基准电流

则该电路中各器件参数均可以确定。但是,这样简单的电流基准电路存在什么问题呢?将式(3.5.1)简单变换,电流 I_{REF} 可由式(3.5.2)表示。可以看出,若电源电压 V_{DD} 变化 ΔV_{DD},则电流 I_{REF} 的值也随之变化,从而导致通过电流镜复制后的输出电流 I_{OUT} 对 V_{DD} 的变化很敏感。

$$I_{REF} = \frac{V_{DD} - V_G}{R_B} \quad (3.5.2)$$

在集成电路设计中,工艺(P)、电源电压(V)、温度(T)的波动都会引起电路的性能变化,为了使电路在上述这些波动影响的情况下依然能够正常工作,需要建立一个基准电路,使其能够提供一个与P、V、T无关的直流参考电压或电流。电路设计者无法控制工艺,而大多数工艺参数是随温度变化而变化的,如果一个基准是与温度无关的,那么它基本是与工艺无关的。因此,基准电路的设计可以从两个角度考虑:①如何设计与电源电压无关的基准电路;②如何设计零温度系数的基准电路。

3.5.2 与电源电压无关的电流基准

1. 电路设计思路

在式(3.5.2)中,基准电流的产生依赖于供应电压V_{DD}。为了避免这种依赖性,并设计出一种与电源电压无关的电流基准,需要探索不同的方法。一个富有创意的方案是实现一种"鸡生蛋,蛋生鸡"的自给自足机制,即I_{REF}通过某种形式由I_{OUT}生成,而I_{OUT}又在某种形式上由I_{REF}产生。图3.5.2展示了一个能够实现该思想的电路,其中MP_1和MP_2复制I_{OUT}以确定I_{REF},MN_1和MN_2则根据I_{REF}来复制I_{OUT}。这种互相复制的过程并非必须是1∶1的比例,可以通过改变MOS管的尺寸来调整。如果忽略沟道长度调制效应,可以得到理想的电流复制关系$I_{OUT}=KI_{REF}$。然而请注意,两边分支的电流只要保持这个比例关系,具体的电流值则可以是任意的,即电流值无法确定。

2. 与电源电压无关的电流基准电路

为了唯一确定电流值,对电路加入另一个约束,如图3.5.3所示。和图3.5.2不同的是,两个PMOS器件具有相同的尺寸,因此$I_{OUT}=I_{REF}$。

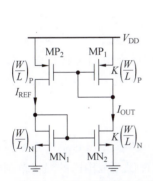

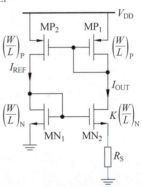

图3.5.2 产生与电源无关的电流的简单电路　　图3.5.3 产生与电源电压无关的确定基准电流的电路

电阻R_S上的电压与MN_2的栅源电压之和等于MN_1的栅源电压,即

$$V_{GS,N1}=V_{GS,N2}+I_{D,N2}R_S \quad (3.5.3)$$

代入饱和区电流公式:

$$\sqrt{\frac{2I_{REF}}{\mu_n C_{OX}\left(\frac{W}{L}\right)_N}}+V_{TH,N1}=\sqrt{\frac{2I_{REF}}{\mu_n C_{OX}K\left(\frac{W}{L}\right)_N}}+V_{TH,N2}+I_{REF}R_S \quad (3.5.4)$$

假设$V_{TH,N1}=V_{TH,N2}$,求解上述方程,可得$I_{REF}=0$或者

$$I_{REF}=\frac{2}{\mu_n C_{OX}\left(\frac{W}{L}\right)_N}\frac{1}{R_S^2}\left(1-\frac{1}{\sqrt{K}}\right)^2 \quad (3.5.5)$$

由式(3.5.5)可以看出,如果沟道长度调制效应可以忽略,则该电路产生的基准电流 I_{REF} 与电源电压 V_{DD} 的相关性很小。因此,电路中的所有晶体管均采用相对较大的沟道长度以减小沟道长度调制效应。但需要注意的是,该基准电流 I_{REF} 仍与工艺和温度有关。

3. 启动电路

在上述基准电流产生电路的设计中,求解式(3.5.3)时,还可能会得到电流 $I_{\text{REF}}=0$。这就意味着,当电源上电时,所有的晶体管的电流都为0,因为环路两边的零电流互相锁死,则它们可以稳定地保持关断。倘若电路陷入该状态,那就难以产生电路所需的基准电流了。

要解决这一问题,电路中需要增加启动电路。启动电路的特点是,在电源上电时能驱使电路摆脱 $I_{\text{REF}}=0$,但是在基准电流源正常工作的时候,启动电路又像隐身了一般,不影响电路工作。图3.5.4给出了一种示例。在上电时,二极管连接的器件 MP_1、MN_3、MN_1 提供了从 V_{DD} 到地的电流通路。所以,MP_1、MN_1、MP_2 和 MN_2 都不会保持关断。

为了使二极管连接的 MP_1、MN_3、MN_1 导通,$V_{\text{TH,N1}} + V_{\text{TH,N3}} + |V_{\text{TH,P1}}| < V_{\text{DD}}$。同时为了保证在电路正常工作后,启动电路 MN_3 隐身,不影响基准电路,需要满足 $V_{\text{GS,N1}} + V_{\text{TH,N3}} + |V_{\text{GS,P1}}| > V_{\text{DD}}$。为了发现启动问题,需要仔细地分析并在直流扫描仿真中和瞬态仿真中模拟电源上电过程。

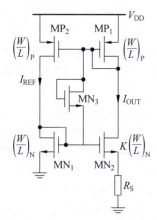

图 3.5.4 增加启动电路的电流基准产生电路

3.5.3 与温度无关的基准

温度(T)对模拟集成电路的作用至关重要。在外部环境温度或者芯片本身温度发生波动时,集成在芯片上的电子组件,如载流子迁移率、阈值电压以及电阻等特性皆可能遭受影响。这些参数的变动能够导致电路内的电压和电流出现相应的波动。这对于基准电流或电压来说影响是严重的。

1. 与温度有关的基准指标参数

工作温度范围和温度系数是衡量基准电流源或基准电压源受温度影响的重要参数。

工作温度范围是电路正常工作时能保证各项参数在允许误差范围内的温度范围。

温度系数(或称温度漂移系数)是指基准电流源的输出电流或基准电压源的输出电压随温度变化而变化的速率,其单位一般为 $\mu\text{A}/\text{℃}$,$\text{mV}/\text{℃}$,或 $\text{ppm}/\text{℃}$,其中,ppm 表示百万分之一(parts per million,ppm)。目前 ppm/℃ 常用于温度系数较低的基准源中。

以电流基准为例,温度系数可以表示为

$$\text{TC} = \frac{I_{\text{REF,MAX}} - I_{\text{REF,MIN}}}{I_{\text{REF}}(T_{\text{MAX}} - T_{\text{MIN}})} \times 10^6 \quad (3.5.6)$$

其中,T_{MAX} 和 T_{MIN} 是温度范围的最大值和最小值,I_{REF} 表示在该温度范围内的基准电流的平均值,$I_{\text{REF,MAX}}$ 和 $I_{\text{REF,MIN}}$ 是基准电流的最大值和最小值。例如,某电流基准源REF2XX,在 $-25 \sim 85$℃ 的工作温度范围内,其典型温度系数为 25ppm/℃,其输出电流与温度的关系见图3.5.5。

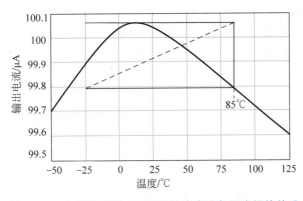

图 3.5.5 电流基准源 REF2XX 输出电流与温度间的关系

2. 如何减小温度对基准的影响

为了扩大电路的工作温度范围,降低温度对基准源输出的影响,需要设计与温度关系很小的电压或电流基准。在半导体器件中,有些参数值随温度升高而增大,称这些参数具有正温度系数;有些参数值随温度升高而减小,称为具有负温度系数。那么是否可以设想,如果将两个具有相反温度系数的量以适当的权重相加,就有可能使正负温度系数相互抵消,从而得到一个零温度系数的物理量?

目前基准源设计的一个主流方向为带隙基准源设计,就是基于上述思路开展的。在各种半导体器件中,双极型晶体管(三极管)的特性参数被证实具有很好的重复性,并且同时具有正温度系数和负温度系数的量,因而双极型晶体管成为温度无关基准电路的核心。并且已经证实,双极型晶体管的基极-发射极电压 V_{BE} 具有较为固定的负温度系数。同时可以证明,当两个双极型晶体管工作在不相等的电流密度下,它们的基极-发射极电压的差值表现出正温度系数(这个系数较为稳定,与温度或集电极电流无关)。因而,基于上述正负温度系数的电压,可以设计出令人满意的零温度系数的基准电压,称为"带隙基准"。

第 5 集
微课视频

除了随电源、工艺、温度波动引起的性能变化外,基准产生电路的其他一些参数,例如噪声和功耗等,也是十分关键的,从而使得高精度基准电路的设计成为一个具有挑战性的问题。本书将在第九章对带隙基准进行详细的分析和设计。

3.6 电流镜仿真

本节将对工程问题 3.3.3 中涉及的 DC 仿真验证方法进行详细的说明。表 3.6.1 中列出了需要进行 DC 仿真验证的项目。

表 3.6.1 基本电流镜的 DC 仿真验证项目

验证项目		设计目标	计算结果	仿真结果		
			tt,27℃	tt,27℃	ss,-40℃	ff,125℃
总消耗电流		160μA	160μA			
各 MOS 管的电流	MN_1	—	40μA			
	MN_2	—	120μA			
MN_2 和 MN_1 的电流比		—	3			
V_{GS}-V_{TH}	MN_1	—	0.2V			
	MN_2	—	0.2V			

主要仿真步骤如下。

(1) 在 EDA 软件中绘制基本的电流镜的电路图并搭建 DC 仿真环境,如图 3.6.1 所示。图中各元器件的参数记录于表 3.6.12 中。

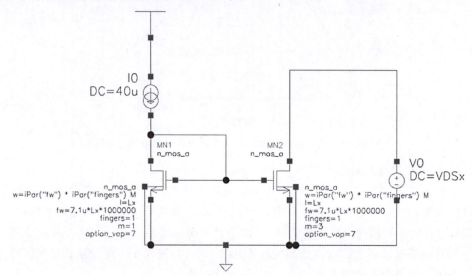

图 3.6.1　基本的电流镜的电路图及 DC 仿真环境

表 3.6.2　图 3.6.1 中的器件参数

器件名	W/μm	L/μm	m	DC 电压/V	DC 电流/μA
MN_1	7.1×Lx	Lx	1	—	—
MN_2	7.1×Lx	Lx	3	—	—
V_0	—	—	—	VDSx	—
I_0	—	—	—	—	40

(2) DC 扫描变量设置。将图 3.6.1 中的 V0 的 DC 电压更改成名为 VDSx 的变量,设置管子的长度为 Lx,同时宽度设为 7.1×Lx,目的是保证宽长比不变。右击 Parameters 空白处,选择 Copy From Cellview,设置 VDS 和 Lx 变量的初始值。

(3) 配置 DC 仿真参数。单击 Tools→MDE L2,打开空白的 MDE L2 仿真参数配置页面,选择 Analysis→Add/Modify Analysis,弹出分析方式选择页面,选择 DC 分析选项。在分析方式选择页面中设置即将被扫描的变量名以及扫描的方式和范围,单击 OK 按钮。

(4) 配置输出参数。在 MDE L 中单击 Outputs→Select From Design 选项,原理图中单击需要观察的电流节点。可以在 Outputs 页面右击,利用 Add Expression 增加更多的需要观察的变量,如表 3.6.3 所示。

表 3.6.3　输出参数的名称以及计算公式

验证项目		参数名称	计算公式
总消耗电流		Itotal	OP("MN2","id")+OP("MN1","id")
各 MOS 管的电流	MN_1	IMN1	OP("MN1","id")
	MN_2	IMN2	OP("MN2","id")
MN_2 和 MN_1 的电流比		Nc	OP("MN2","id")/OP("MN1","id")
V_{GS}-V_{TH}	MN_1	Vov1	OP("MN1" "vgs")−OP("MN1" "vth")
	MN_2	Vov2	OP("MN2" "vgs")−OP("MN2" "vth")

(5) 配置仿真条件。如图 3.6.2 的仿真模型设置窗口中,可检查或添加仿真所需的模型文件,Nominal 中可进行工艺角的配置。在 MDE L2 的温度设置对话框(图 3.6.3 中的蓝色框)中可配置仿真的温度条件。

图 3.6.2　仿真模型设置窗口

(6) 运行 DC 仿真。配置完毕的 MDE L2 界面如图 3.6.3 所示,可单击 Session→Save State 保存所设置的所有仿真参数。在 MDE L2 界面中单击 Simulation→Netlist And Run 运行 DC 仿真。仿真结果将被显示在 MDE L2 界面 Results 栏中。

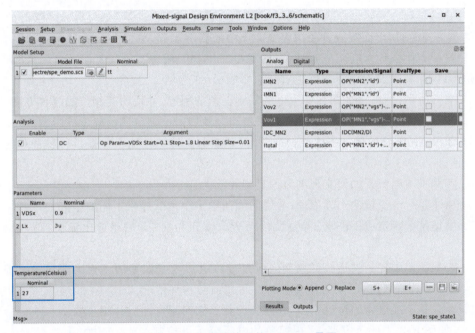

图 3.6.3　配置完毕后的 MDE L2 界面

3.7　本章总结

- 基本电流镜能够复制并放大或缩小基准电流。
- 为了保证基本电流镜正常工作,MOS 管须处于饱和区域。
- 采用组合电流镜并配合图 3.3.3 中提供多路电流的方式,可以给任意电路提供需要的电流。
- 基本电流镜的设计方法顺序:①给各支路合理分配电流;②选取一个合适的 V_{GS}-V_{TH} 值;③根据电流公式,计算各 MOS 管的 W/L。

- 导致电流复制误差的主要因素和改善方法如表 3.7.1 所示。

表 3.7.1　导致电流复制误差的主要因素和改善方法

误差因素	改善方法
沟道长度调制效应	增加 L 或者采用共源共栅的结构
MOS 管不匹配	采用相同尺寸的单元 MOS 管组合的方式产生需要的电流比

- 基准电路设计旨在构建一个与制造工艺和供电电压无关,并且具有稳定的温度特性的直流电压或电流源。
- 设计与电源电压波动无关,并且对温度变化不敏感的基准电路,是基准电路设计中的两项关键挑战。
- 温度会对基准电路产生严重的影响,一般用温度系数衡量。
- 电流镜的 DC 仿真涉及 DC 电流、过驱动电压、电流复制比以及最小 V_{DS} 电压的仿真。

3.8　本章习题

除非另外说明,下面习题都使用表 2.8.1 中的器件参数,单位为 μm。

1. 解释为什么基本电流镜需要 MOS 管处于饱和区域才能正常工作。当一个 MOS 管不在饱和区时,描述其对电流镜性能有什么影响。
2. 根据所学,列出至少两种导致电流复制误差的因素,并说明其相应的改善方法。
3. 解释共源共栅结构如何减少沟道长度调制效应对电流复制精确度的影响。
4. 如果 MOS 管的尺寸不匹配,它将如何影响电流镜的性能?并提供一种避免这种情况的方法。
5. 解释基本电流镜如何实现电流的复制并放大或缩小。
6. 描述组合电流镜的工作原理,并说明如何给多个负载提供不同的电流。
7. 根据某个特定应用需求,需要设计一个电流比为 3∶1 的组合电流镜,请列出设计步骤。
8. 表 3.7.1 中提到沟道长度调制效应是导致电流复制误差的主要因素之一。解释什么是沟道长度调制效应,以及为什么增加 L 可以改善这种情况。
9. 什么是基准电路的温度系数,并解释为什么它对于电路设计很重要。
10. 如图 3.8.1 所示电路,采用简单的电阻分压可控制产生输出电流 I_{OUT},假设 M_1 器件的宽长比 $(W/L)_1 = 50\mu m/0.5\mu m$,$I_{OUT} = 0.5mA$,$V_{DD} = 1.8V$,忽略沟道长度调制效应,且 M_1 处在饱和区。

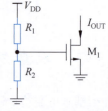

图 3.8.1　分析简单偏置产生的电流

(1) 写出电流 I_{OUT} 的表达式,确定 R_2/R_1;

(2) 计算 I_{OUT} 对 V_{DD} 变化的灵敏度,$\dfrac{\partial I_{OUT}}{\partial V_{DD}}$;

(3) 如果 V_{TH} 变化了 50mV,I_{OUT} 将变化多少?

(4) 如果 μ_n 对温度的依赖性表述为 $\mu_n \propto T^{-3/2}$,但 V_{TH} 与温度无关,如果 T 从 300K 变化到 370K,I_{OUT} 将变化多少?

(5) 在 V_{DD} 变化 $\pm 10\%$，V_{TH} 变化 50mV，T 从 300K 变化到 370K 这三种情况同时存在时，最坏情况下 I_{OUT} 将变化多少？

11. 如图 3.8.2 所示电路，采用了电流镜偏置电流，已知参考电流 $I_{REF}=1\mu A$，求 I_T，以及 M_1、M_2、M_3、M_4、M_5 和 M_6 的电流值。

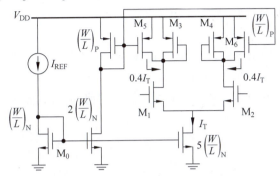

图 3.8.2　分析电流镜电流

12. 考虑图 3.3.5 所示的组合电流镜电路，假设 I_{REF} 是理想的，当 V_{DD} 从 0 变化到 1.8V 时，画出 I_{OUT}-V_{DD} 的草图。

13. 假设图 3.3.5 所示的组合电流镜电路中，电路的总电流为 $14\mu A$，$I_{REF}=2\mu A$，流经 MP_2 的电流 $I_{OUT}=8\mu A$。

(1) 试设计该电路并进行仿真验证；

(2) 根据上述设计结果，分别设置沟道长度 L 为 $0.5\mu m$、$1\mu m$、$3\mu m$ 和 $5\mu m$，仿真计算输出电流，分析复制误差。

14. 考虑图 3.4.2 所示的电路，假设电路电压为 V_{DD}，若 I_{REF} 作为电流源工作时其两端的电压至少为 V_{REF}，求 I_{REF} 的最大电流值表达式。

15. 分析图 3.4.2 所示电路，在所有 MOS 管都饱和的前提下，分析电路的输出电阻和最小输出电压。

16. 理想电流源的输出电阻是多少？理想电压源呢？现在有一个简单的电流镜被当作电流源使用，如何改善其输出电阻？

17. 如图 3.8.3 所示电路，不考虑体效应，

(1) 若 M_1 器件的 $N=1$，流过电阻 R 的电流是多少；

(2) 若 M_1 器件的 $N=2$，不考虑体效应，流过电阻 R 的电流是多少？

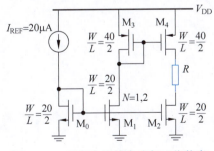

图 3.8.3　分析电流镜电流与工作状态

18. 图 3.4.5 给出了两种产生分数比电流的电流镜结构,试分析比较两种结构。

19. 考虑图 3.5.1 所示的使用电阻产生基准电流的电路,若 $V_{DD}=1.8\text{V}$。

(1) 试设计产生基准电流 $I_{REF}=1\mu\text{A}$ 的电路;

(2) 如果 V_{DD} 变化 $\pm 10\%$,试分析电流 I_{REF} 变化了多少?

20. 若某电流基准源电路,经测试其温度范围为 $-40\sim85℃$,输出电流在 $100\mu\text{A}$ 附近最大变化为 $0.5\mu\text{A}$,试求其温度系数。

21. 考虑图 3.5.4 所示电路,设计产生电流为 $500\mu\text{A}$ 的基准电路,$V_{DD}=1.8\text{V}$。

(1) 仿真验证温度为 $25℃$ 的设计结果;

(2) 仿真其在温度范围为 $-40\sim85℃$ 的输出电流值,分析其温度系数。

第 4 章 放大器输入级（一）——共源放大器及基本差分对放大器

CHAPTER 4

学习目标

本章围绕放大器的输入级设计问题进行探讨。输入级的结构一般比较复杂（如项目图中的蓝色虚线框所示），为了简单起见，这一章仅探讨由蓝色的三个 MOS 管组成的输入级。内容涉及大信号特性、低频小信号增益、输入输出阻抗、增益带宽积等。

- 理解放大器的基本原理及相关概念（增益、静态偏置电压、非线性等）。
- 掌握共源放大器的工作原理及特性，理解增益带宽积的概念并应用。
- 掌握基本差分放大器的工作原理及特性，了解电流镜负载差分放大器的工作原理。

任务驱动

实现不同负载类型的共源极放大器、差分放大器的电路参数设计、仿真与优化，如图 4.0.1 所示。

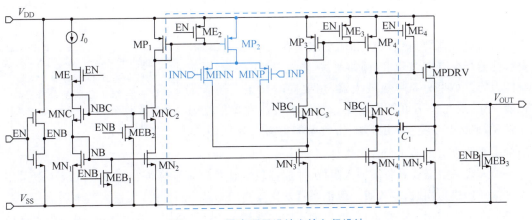

图 4.0.1 贯穿项目设计之输入级设计

知识图谱

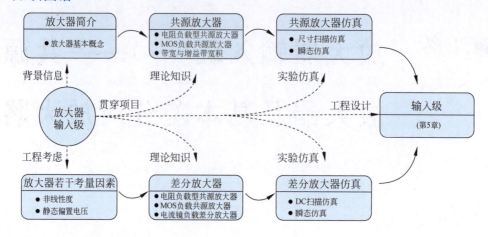

4.1 预备知识

在模拟集成电路中,"放大"是电路的核心功能之一。所以,放大器是模拟集成电路中一种非常重要的模块。除了用来放大信号以外,它还在许多混合信号处理系统中扮演着不可或缺的角色。

1. 多级放大器简介

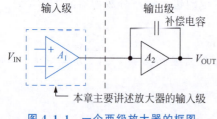

图 4.1.1　一个两级放大器的框图

放大器一般由输入级和输出级构成,其结构框图如图 4.1.1 所示。也有些放大器包含输入级、中间级和输出级。超过三级的放大器非常少见。比如贯穿本书的工程设计案例,它的主体部分就是一个典型的两级放大器,包括输入级和输出级。其输入级是一个折叠式的共源共栅放大结构,输出级是一个电流源负载型共源放大器。

为何放大器要有输入级和输出级?在设计放大器时,对其性能指标有许多要求,例如增益、带宽、输出摆幅、带负载能力等。如果只是单级放大器,想要同时满足上述若干性能指标,是几乎不可能的事情。假设单级放大器的增益非常高,那么其带宽、输出摆幅、带负载能力将会降低,所以通常需要两级放大器来配合工作。

> 小 Spark：正如人无完人,而是具有多样性和独特性,需要协作和合作以完成重要任务,电路模块同样需要互相配合满足设计指标。

输入级一般需要具备高输入阻抗,并能够较好地抑制环境噪声。所以输入级一般采用差分输入形式。同时,输入级一般也要具备比较高的增益,以有效放大输入的微弱信号。输出级根据工程应用的需要,可以有多种不同的选择:可以是高增益放大器,以进一步提高放大器的总增益;也可以是具有低输出阻抗的放大器,以提高其带负载能力;或者采用 AB 结构以获得较高的电流效率。

在工程设计中,输入级和输出级的配合是非常重要的,既要考虑稳定性问题并为其增加频率补偿(详见第 6 章),又想保证放大器具有高增益、高带宽的特点,同时尽可能降低功耗。

但是这些设计指标往往是相互制约的。所以,放大器的设计问题,本质上是在多个设计目标之间寻求最佳折中方案,其设计难点也在于此。

2. 理想放大器的数学模型

在电路中,一个理想的放大器应能够将输入信号放大若干倍,并且确保放大后的信号与原始信号相似,即无失真。例如,当一个幅度为 1mV、频率为 1kHz 的正弦信号输入到放大器时,希望该信号被放大 1000 倍。理论上,这个放大器的输出信号应该是一个频率为 1kHz 的正弦信号,幅度为 1V,如图 4.1.2 所示。

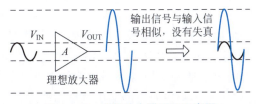

图 4.1.2　理想放大器原理示意图

需要特别强调的是,所提到的输入信号是指相对于某个参考电压变化的信号。这个参考电压既可以是电路的地线,也可以是一个设定的电压值 V_{REF}。放大器的作用在于增强输入信号与参考电压之间的差异,从而扩大这一差值的变化范围。例如,在图 4.1.2 中,使用了正弦波信号来说明这一点。基于此,可以给出理想放大器的数学模型,如式(4.1.1)所示。

$$\Delta V_{OUT} = A \Delta V_{IN} \tag{4.1.1}$$

其中,A 为常数,表示理想放大器的放大倍数(增益)。ΔV_{OUT} 和 ΔV_{IN} 分别表示输入和输出信号的变化量。当 ΔV_{OUT} 和 ΔV_{IN} 都趋于无穷小时,式(4.1.1)可以重写为微分形式,如式(4.1.2)所示。

$$\frac{\partial V_{OUT}}{\partial V_{IN}} = A \tag{4.1.2}$$

3. 放大器的非线性

由式(4.1.2)可知,对于理想的放大器,其输入和输出之间是线性关系,如图 4.1.3(a)所示。然而,在第 2 章讨论中已知,MOS 器件本质上是非线性器件,由 MOS 器件所搭建的放大器电路,其输入和输出之间存在非线性的关系,如图 4.1.3(b)所示。

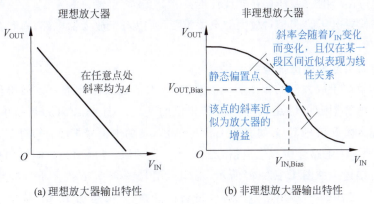

(a) 理想放大器输出特性　　(b) 非理想放大器输出特性

图 4.1.3　理想放大器与非理想放大器输出特性对比示意图

对于非理想放大器，假设输出和输入之间满足非线性函数关系 $V_{OUT}=f(V_{IN})$。对该函数在 $V_{IN,Bias}$ 这个点处进行泰勒展开，并令 $V_{OUT,Bias}=f(V_{IN,Bias})$，可得：

$$V_{OUT}=V_{OUT,Bias}+\frac{\partial f(V_{IN,Bias})}{\partial V_{IN}}\Delta V_{IN}+\frac{\partial^2 f(V_{IN,Bias})}{2\partial V_{IN}^2}(\Delta V_{IN})^2+\cdots \quad (4.1.3)$$

忽略式(4.1.3)中的二阶导数及其后所有项，可得：

$$V_{OUT}\approx V_{OUT,Bias}+\frac{\partial f(V_{IN,Bias})}{\partial V_{IN}}\Delta V_{IN} \quad (4.1.4)$$

令 $V_{OUT}-V_{OUT,Bias}=\Delta V_{OUT}$，$\partial f(V_{IN,Bias})/\partial V_{IN}=A$，即可得到式(4.1.1)的形式。由以上的推导过程可见，在工程应用中，所说的放大器增益 A，其实是对实际放大器的一阶近似（因为忽略了式(4.1.3)中除一阶导数之外的高阶项）。由于高阶项的存在，使得放大器存在"非线性度"，高阶项所占的比重越大，放大器的非线性度就越大。同时，注意到，在进行泰勒展开时，选取的展开点为 $V_{IN,Bias}$，该点对应的输出电压为 $V_{OUT,Bias}$。在电路设计中，通常把它称为"静态偏置电压"。通过推导可以看出，静态偏置电压的选择对放大器电路的整体表现有着至关重要的影响。如图 4.1.3(b) 所示，静态偏置电压不仅确定了工作点的斜率，也就是放大器的增益大小，而且还影响到放大器是否能提供宽阔的线性输出范围，这意味着其输出信号的失真度较低，正如图 4.1.4 展现的那样。

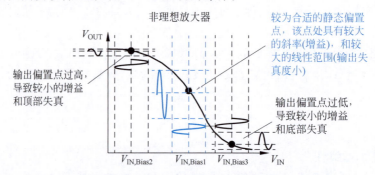

图 4.1.4　非理想放大器静态偏置电压的选择及其影响

根据上述分析，对于实际工程应用中的放大器，可以总结以下两点：
(1) 工程应用中的放大器存在非线性度；
(2) 静态偏置电压的选择对放大器至关重要，所以对于放大器电路，总是需要对其进行适当的偏置。

4. RC 电路引起的输出信号的变化

本章会涉及关于放大器的频率响应的知识，放大器的频率响应可以简单理解为放大器输出电阻以及电容引起的输出信号幅值和相位的变化。图 4.1.5(a) 是简单的 RC 电路。当某一时刻输入阶跃信号 V_{IN}，如图 4.1.5(b) 所示，其输出信号 V_{OUT} 相对 V_{IN} 出现了明显的延迟，这说明 RC 电路会引起输出信号的变化。在频域，可以用幅频响应和相频响应来对这种变化进行描述。如图 4.1.5(c) 所示，当输入信号的频率 f 大于 RC 电路的 3dB 带宽 f_H 后（$f_H=1/(2\pi RC)$，输出信号的幅度将会被衰减，f 每增加 10 倍，输出信号的幅度将会被衰减 20dB，即 $-$20dB/(10 倍频程)。如图 4.1.5(c) 所示，输出信号的相位比幅度更早发生变化，由 $f=0.1f_H$ 处开始，到 $f=f_H$ 处产生的相移为 45°，而最大的相移为 90°，其中,负号表示输出信号要滞后于输入信号,在时域中表现为输出信号的延迟。

5. 放大器的等效模型

如图 4.1.6 所示,放大器可以用一个理想电压放大器串联一个 RC 电路来代替,其中,理想电压放大器的电压增益为 A,相当于一个压控电压源,R 为放大器的输出阻抗,C 为放大器的负载电容。由于理想放大器的输出阻抗为零,3dB 带宽为无穷大。放大器最终的 3dB 带宽等于 RC 电路的 3dB 带宽,即 $1/(2\pi RC)$。

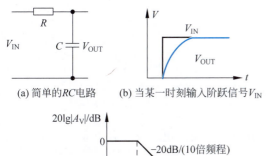

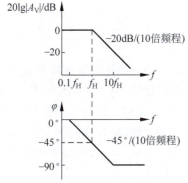

图 4.1.5　RC 电路引起的输出延迟以及幅频和相频响应　　图 4.1.6　放大器的等效模型

4.2　共源放大器

4.2.1　电阻负载型共源放大器

在学习了 MOS 管的 I-V 特性之后,可以知道工作在饱和区的 MOS 管,其漏极电流 I_D 与栅源电压 V_{GS} 之间满足平方律模型,即 $I_D = (1/2)\mu_n C_{ox}(W/L)(V_{GS} - V_{TH})^2$(这里以 NMOS 管为例来进行讲解)。所以漏极电流 I_D 是受栅源电压 V_{GS} 控制的,V_{GS} 的变化会引起 I_D 的变化,如图 4.2.1(a)所示。进一步思考,如果让这个变化的电流 I_D 流过一个电阻,这个变化的电流就可以转换成一个变化的电压,那么就得到了一个能够放大电压的简单放大器。图 4.2.1(b)所示的电路即为共源放大器的电路结构图。

为何叫"共源"呢?通过分析电路结构发现,可以将该电路当作一个含有公共端口的二端口网络,输入端为 MOS 管的栅极,输出端为 MOS 管的漏极,而源极是公共端,所以叫共源。后续还会认识"共栅""共漏(通常被称作源跟随器)"接法的放大器。

为何叫"电阻负载"呢?如果将 I_D 定义为输出电流,那么 R_D 相当于起到了一个负载阻抗的作用,将输出电流转换成了输出电压,所以叫电阻负载。可以将电阻换成 MOS 管,以起到类似的作用,那么此时就称为 MOS 负载。

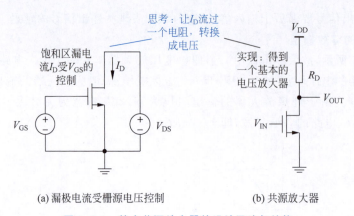

(a) 漏极电流受栅源电压控制　　(b) 共源放大器

图 4.2.1　基本共源放大器的设计思路与结构

1. 大信号特性分析

首先对电阻负载共源放大器进行大信号分析。令输入电压 V_{IN} 从 0 增大到 V_{DD}，并分析一下 V_{OUT} 将如何变化。

如图 4.2.2 所示，当 $V_{IN} < V_{TH}$ 时，MOS 管截止。此时 MOS 管漏极电流为 0，因此 R_D 上的电流也为 0，进而，R_D 上的电压为 0，M_1 将分得到地之间的全部压差，$V_{OUT} = V_{DD}$。当 $V_{IN} \geq V_{TH}$ 时，MOS 管导通，导通电阻 $R_{ON} = V_{OUT}/I_D$，此时一个非常重要的问题是：MOS 管导通后，将工作在什么区（饱和区还是线性区）？不妨先判断 MOS 管临界导通的情况，即 $V_{IN} = V_{TH}$。此时，过驱动电压 $V_{OV} = V_{GS} - V_{TH} = V_{IN} - V_{TH} = 0$，而漏源电压 $V_{DS} = V_{DD} > V_{OV}$，所以，当 V_{IN} 继续增大时，MOS 管将首先进入饱和区。

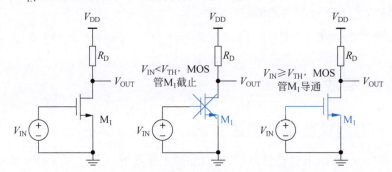

图 4.2.2　基本共源放大器，MOS 管 M_1 受 V_{IN} 控制截止或导通

当 V_{IN} 增大时，电流增大，R_D 上的电压增大，因此 V_{OUT} 减小。当 V_{IN} 增大到某一个值 V_{IN1}，使得 $V_{OUT1} = V_{IN1} - V_{TH}$ 时，到达一个临界点，若再增大 V_{IN}，$V_{OUT1} < V_{IN1} - V_{TH}$，MOS 管将进入线性区。

总结一下，在 V_{IN} 从 0 慢慢增大到 V_{DD} 的过程中，MOS 管一开始是截止的，然后进入饱和区，最终进入线性区。该变化过程如图 4.2.3 所示。根据 4.1 节对放大器的讨论可知，需要对共源放大器设置合适的静态偏置电压。从图 4.2.3 中还可以看出，共源放大器的输出摆动范围是 $V_{IN1} - V_{TH}$ 到 V_{DD}。

> 小 Tips：由图 4.2.3 可见，饱和区的输入/输出特性曲线线性度最好，且斜率最大。所以，对于共源放大器，要将 MOS 管偏置在饱和区。

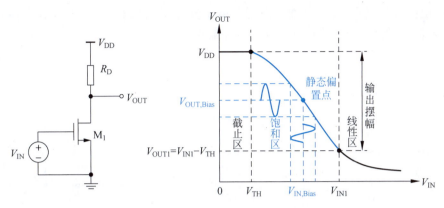

图 4.2.3　电阻负载型共源放大器的输入/输出特性曲线

2. 小信号特性分析

对共源放大器的小信号特性进行分析,主要讨论的是输入信号 V_{IN} 的变化(ΔV_{IN})与输出信号 V_{OUT} 的变化(ΔV_{OUT})之间的关系。用公式可以简单地表示为

$$A_V = \frac{\Delta V_{OUT}}{\Delta V_{IN}} \quad (4.2.1)$$

> 小 Tips:需要注意的是:这里所谓的"变化",指的是输入/输出信号在静态偏置电压处的变化。基于此,可以将输入/输出信号表示为:$V_{IN}=V_{IN,Bias}+\Delta V_{IN}$,$V_{OUT}=V_{OUT,Bias}+\Delta V_{OUT}$。

在式(4.2.1)中,A_V 为共源放大器的电压增益。当 $\Delta V_{IN} \to 0$ 时,可以将式(4.2.1)重写为式(4.2.2),所以,共源放大器的电压增益,即为图 4.2.3 中输入/输出特性曲线在静态偏置电压处的斜率。由于静态偏置电压处的斜率为负,所以,共源放大器的增益为负增益,换句话说,共源放大器是反相放大器,其输入与输出的相位相差 180°。

$$\begin{cases} A_V = \dfrac{\partial V_{OUT}(V_{IN,Bias})}{\partial V_{IN}} \\ V_{OUT} = V_{DD} - R_D I_D \\ I_D = \dfrac{1}{2}\mu_n C_{OX}\left(\dfrac{W}{L}\right)(V_{IN}-V_{TH})^2(1+\lambda V_{OUT}) \end{cases} \quad (4.2.2)$$

其中,I_D 中包含了 $(1+\lambda V_{OUT})$ 这一项,为考虑沟道长度调制效应后添加的修正项。对 V_{OUT} 求 V_{IN} 的偏导,可得:

$$A_V = \frac{-R_D g_m}{1 + \dfrac{R_D}{r_O}} = -g_m(R_D \| r_O) \quad (4.2.3)$$

> 小 Tips:小信号等效电路一定是基于电路当前的大信号状态来讨论的,小信号是以静态工作点为基准变化的。所谓"交流地",是指该点的大信号电压无变化,相当于小信号"接地";而所谓小信号"开路",是指该条支路上的大信号电流无变化,相当于小信号电流等于 0。在分析电路时,一定要灵活运用。

如果忽略掉沟道长度调制效应,或者假设 $r_O \gg R_D$,则可将式(4.2.3)简化为

$$A_V \approx -g_m R_D \quad (4.2.4)$$

式(4.2.4)是直接对电阻负载共源放大器的大信号电压求导,所得出的小信号电压增益。

接下来,将探讨把大信号电路转换为小信号等效电路来分析电压增益的方法。通过使用小信号等效电路,可以直接计算共源放大器的小信号电压增益,而不再需要进行复杂的微

分运算。电阻负载型共源放大器的小信号等效电路如图 4.2.4 所示。这里需要注意的是，在小信号等效电路中，如何处理直流电压和直流电流？

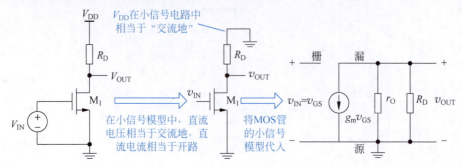

图 4.2.4 电阻负载型共源放大器的小信号等效电路

对直流电压的处理：小信号等效电路中，直流电压相当于"交流地"。

对直流电流的处理：小信号等效电路中，直流电流相当于小信号"开路"。

用 MOS 管的小信号模型替换 MOS 管的符号，得到最终的小信号等效电路。在图 4.2.4 中，v_{IN} 为 MOS 管的栅源电压，输出电压 v_{OUT} 等于 $R_D \parallel r_O$ 上的电压，整理可得：

$$A_V = \frac{v_{OUT}}{v_{IN}} = -g_m(R_D \parallel r_O) \approx -g_m R_D \tag{4.2.5}$$

可见，通过小信号等效电路推导出的小信号电压增益，与通过大信号电压求导得出的小信号电压增益是一致的，且计算更为简便，因此在后续内容中，将主要通过小信号等效电路来进行小信号特性分析。

3. 输入输出阻抗分析

若假设输入小信号的频率较低（低频小信号），则可忽略 MOS 管的寄生电容。因为 MOS 管的栅极和源、漏之间有一层栅氧化绝缘层，即栅极与源、漏之间是隔离的。这一点在小信号等效电路中也有所体现。所以，从栅极端口到源、漏的路径理论上的输入阻抗为无穷大。共源放大器为栅极输入，所以在理论上，输入阻抗 $r_{IN} = \infty$。

接下来讨论输出阻抗。计算输出阻抗时，输入激励源要置零，即 $v_{IN} = 0$，如图 4.2.5 所示。此时，$v_{GS} = 0$，相当于受控电流源的电流 $g_m v_{GS} = 0$（开路），可直接计算出输出电阻：

$$r_{OUT} = R_D \parallel r_O \approx R_D, \quad r_O \gg R_D \tag{4.2.6}$$

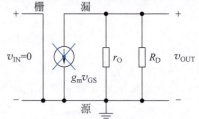

图 4.2.5 计算电路输出电阻时的小信号等效电路

总结，在输入信号为低频小信号时，假设 $r_O \gg R_D$，电阻负载共源放大器的输入和输出阻抗为

$$\begin{cases} r_{IN} = \infty \\ r_{OUT} \approx R_D \end{cases} \tag{4.2.7}$$

辅助定理 4.2.1

对于线性电路，电压增益 A_V 可由式(4.2.8)计算。

$$A_V = -G_m r_{OUT} \tag{4.2.8}$$

其中，如图 4.2.6 所示，G_m 是电路的小信号跨导，为电路输出短接到地时，输出电流除以输入电压（$G_m = i_{OUT}/v_{IN}$）；r_{OUT} 是电路的输出阻抗，为输入电压置 0 后的等效输出阻抗（$r_{OUT} = v_{OUT}/i_{OUT}$）。

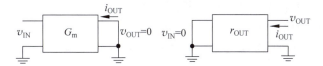

图 4.2.6 计算电路的小信号跨导 G_m 与输出阻抗 r_{OUT} 时的示意图

在此，使用上述辅助定理再次计算电阻负载共源放大器的增益，并以此来演示该辅助定理在电路计算中的使用方法。

通过图 4.2.7 可见，当输出短接后，R_D 和 r_O 被短路，输出电流除以输入电压计算得到 $G_m = g_m$。当输入短接后，压控电流源开路，输出阻抗 $r_{OUT} = R_D \parallel r_O$，根据辅助定理可得，电压增益为

$$A_V = -G_m r_{OUT}$$
$$= -g_m(R_D \parallel r_O) \approx -g_m R_D \qquad (4.2.9)$$

该结果与式(4.2.3)、式(4.2.5)的结果一致。

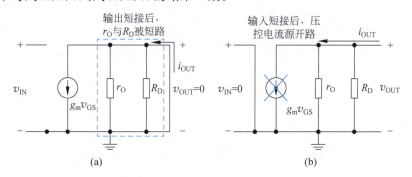

图 4.2.7 计算电阻负载共源放大器的 G_m 与 r_{OUT} 的小信号等效电路图

利用辅助定理分析电阻负载的共源放大器的过程与式(4.2.5)类似，并未充分体现出辅助定理的优势。这是因为这种放大器结构本身相对简单。然而，当面对更加复杂的放大器电路时，辅助定理的优越性才真正显现出来。对于那些拓扑结构复杂、元器件众多的电路，直接分析往往会变得异常烦琐。在这种情况下，采用辅助定理可以大幅简化分析过程，更快捷地得出电路增益的大小。

工程问题 4.2.1

设计一个电阻负载共源放大器，如图 4.2.8 所示。MOS 器件的工艺参数为：$V_{TH} = 0.35V$，$\mu_n C_{OX} = 280\mu A/V^2$。要求放大器静态电流为 $50\mu A$，电源电压为 $1.8V$，输出静态偏置电压为 $1V$。讨论以下问题：有哪些提高电阻负载共源放大器增益的方法，提高增益的过程中会遇到什么问题？

设计：

基于已知条件，首先可以确定，负载电阻上的静态压差 V_{RD} 为 $1.8 - 1 = 0.8V$，如

图 4.2.8 所示。由于静态电流 I_{RD} 为 $50\mu A$，因此电阻值为 $R_D = V_{RD}/I_{RD} = 16k\Omega$。

接下来需要确定的是 MOS 管的栅极输入偏置电压，以及 MOS 管的宽长比。这里选择 1.8V 常规阈值电压的 NMOS 管。该 MOS 管的阈值电压约为 0.35V，取 MOS 管的沟道长度为 $1\mu m$，以减小沟道长度调制效应，并取输入偏置电压为 0.55V 左右，目的是使过驱动电压 $V_{OV} = V_{GS} - V_{TH} \approx 0.2V$。这个过驱动电压常作为设计的初始取值。根据 MOS 管饱和区的漏电流表达式，可以计算出其宽长比为 $8.9\mu m$。为考察理论计算和仿真结果的差异，对沟道宽度进行静态扫描，其结果如图 4.2.9(a) 所示。可见，当沟道宽度约为 $11.27\mu m$ 时，输出静态偏置电压为 1V。电路参数确定后，进行瞬态仿真，得到输入输出波形如图 4.2.9(b) 所示。通过计算输出峰值/输入峰值，增益约为 7.55 倍(17.6dB)。

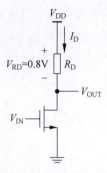

图 4.2.8 所设计的电阻负载共源放大器电路

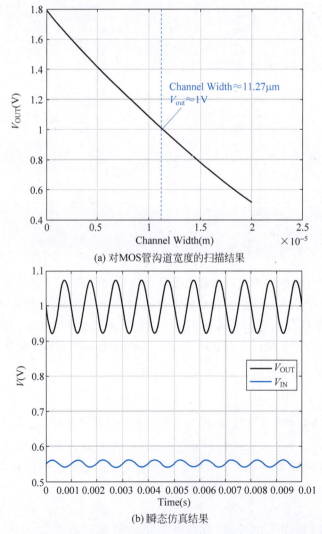

图 4.2.9 对 MOS 管沟道宽度的扫描结果和所设计电阻负载共源放大器的瞬态仿真结果

可以将该结果与理论计算的结果相比较：经测试，MOS管的 $g_\mathrm{m} \approx 533.1\mu\mathrm{S}$，$r_\mathrm{O} \approx 120.6\mathrm{k}\Omega$，$R_\mathrm{D} = 16\mathrm{k}\Omega$，则 $A_\mathrm{V} = -g_\mathrm{m}(R_\mathrm{D} \parallel r_\mathrm{O}) \approx 7.53$，仿真结果非常接近小信号增益公式得到的结果。但如果输入信号幅度变大，仿真结果会逐渐偏离小信号增益公式，这是工作点变化造成的。小信号分析是大信号分析的一个近似，对电路的指标给出了合理估计。

讨论：

根据上述设计案例的结果，可以发现电阻负载共源放大器的电压增益并不是很高。那么，如何提高其增益呢？根据其电压增益的表达式 $A_\mathrm{V} \approx -g_\mathrm{m} R_\mathrm{D}$ 可知，要想提高增益，就要增大 g_m 或者 R_D。

不妨先从增大 R_D 入手来尝试提高增益。理论上，R_D 越大，增益越高。但在模拟电路设计过程中需要持一分为二的观点，防止出现片面性，下面从两个角度来分析增大 R_D 后所带来的问题。

(1) 电路的其他参数不变，单纯增大 R_D。假设 MOS 管仍然工作在饱和区，那么只要输入静态偏置电压不变，漏极电流 I_D 就不变（这里忽略沟道长度调制效应）。增大 R_D 时，其上的分压 V_RD 将增大，那么，输出静态偏置电压($V_{\mathrm{OUT,Bias}} = V_\mathrm{DD} - V_\mathrm{RD}$)将减小，使输出摆幅减小。$R_\mathrm{D}$ 过大也可能使 MOS 管进入线性区。

(2) 增大 R_D，同时保持输出静态偏置电压不变。那么在增大 R_D 的同时，需要减小 I_D 来使输出电压保持不变。如果要同时保持 g_m 不变，减小 I_D 可以通过减小输入静态偏置电压来实现。但这样一来，电路驱动下一级的能力会变差，速度会变慢。

接下来讨论通过增大 g_m 来提高增益。这里的问题是，在 R_D 阻值不变的前提下，若使 I_D 增大，输出偏置电压会降低，使输出摆幅减小。为了保持电流不变，根据 g_m 的表达式，可以通过增大宽长比，减少输入偏置电压来增大 g_m。那么，电路的面积会增大，导致寄生电容变大，电路速度会变慢。

综上所述，电阻负载共源放大器的增益不是很高，当通过增大 g_m 或 R_D 来提高增益时，会导致电路的其他指标下降，甚至导致电路无法正常工作。这同样是在设计其他模拟集成电路时遭遇的挑战，必须在多个设计参数之间权衡，以达到一个折中的解决方案。

> 小 Spark ✦˙：中庸之道不仅是电路设计的智慧，它也同样适用于生活的诸多层面。权衡各种需求与限制，探索最佳解决策略，是经常需要应对的课题。

4. 电阻负载 PMOS 共源放大器

上述内容都是基于 NMOS 的共源放大器，由 PMOS 构成的电阻负载共源放大器如图 4.2.10 所示。

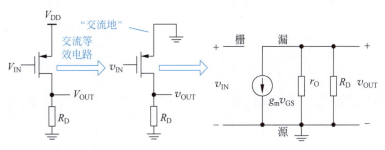

图 4.2.10　由 PMOS 构成的电阻负载共源放大器及其小信号等效电路

需要注意的是，PMOS 的源极需要接 V_{DD}，因为 PMOS 的源极电压要高于栅极电压才能够导通。对比图 4.2.10 与图 4.2.4，可以发现 PMOS 或者 NMOS 构成的共源放大器，其小信号模型是一样的。所以，PMOS 构成的电阻负载共源放大器，其增益也为

> 小 Tips：由于 V_{DD} 和 V_{SS} 不变化，在小信号模型中都是"交流地"，因此 NMOS 和 PMOS 构成的共源放大器，其小信号模型是一样的。

$$A_V = -g_m(R_D \| r_O) \tag{4.2.10}$$

4.2.2 带 MOS 负载的共源放大器

在 4.2.1 节中，介绍了带电阻负载的共源放大器。除了电阻以外，MOS 器件同样可以作为共源放大器的负载。比较常用的 MOS 负载有二极管接法型负载与电流源负载。

1. 二极管接法型负载

图 4.2.11 展示了一种被称为"二极管接法"的结构，这是将 MOS 管的栅极和漏极直接连接起来，这种方式既适用于 NMOS 也适用于 PMOS。在这种连接方式下，栅源电压和漏源电压是相同的，这意味着一旦 MOS 管开始导电，它就会持续工作在饱和区。这与二极管的工作原理相似，因此得名"二极管接法"。我们在第 3 章讨论电流镜时也提到过这种结构。

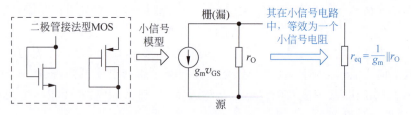

图 4.2.11 由 NMOS 和 PMOS 构成的二极管接法型器件

二极管接法型的 MOS 管，在小信号模型中等效为一个小信号电阻，其等效阻值 $r_{eq} = (1/g_m) \| r_O$，感兴趣的读者可以通过小信号模型自行计算验证。由于 $g_m r_O \gg 1$，即 $r_O \gg 1/g_m$，因此 $r_{eq} = (1/g_m) \| r_O \approx 1/g_m$。在小信号分析中，可以将二极管接法型 MOS 管直接代换为 r_{eq}，以简化分析过程。该方法同时适用于 NMOS 和 PMOS 构成的二极管接法。

用二极管接法型 MOS 替换掉共源放大器中的电阻负载，就构成了二极管接法型负载共源放大器，如图 4.2.12 所示。

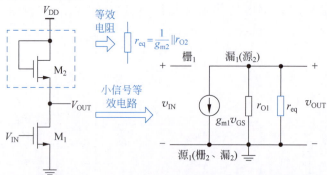

图 4.2.12 由 NMOS 构成二极管接法型负载的共源放大器电路图

根据小信号等效电路可以算出，该放大器的电压增益 A_V 为

$$A_V = -g_{m1}(r_{O1} \| r_{eq})$$

$$= -g_{m1}\left(r_{O1} \| r_{O2} \| \frac{1}{g_{m2}}\right)$$

$$\approx -\frac{g_{m1}}{g_{m2}} \tag{4.2.11}$$

将 g_{m1} 和 g_{m2} 的表达式代入式(4.2.11)，可以进一步将增益表达式展开为

$$A_V \approx -\frac{g_{m1}}{g_{m2}}$$

$$= -\frac{\sqrt{2\mu_n C_{ox}(W/L)_1 I_{D1}}}{\sqrt{2\mu_n C_{ox}(W/L)_2 I_{D2}}}$$

$$= -\sqrt{\frac{(W/L)_1}{(W/L)_2}} \tag{4.2.12}$$

> 小 Tips：图 4.2.12 中，二极管接法型 MOS 采用的是 NMOS 管。NMOS 管的衬底一般接地，因此 M_2 的源极电位高于衬底电位，导致出现一种二级效应，称为体效应，使得 M_2 的等效电阻 r_{eq} 的值修正为
> $$1/g_{m2} \| 1/g_{mb2} \| r_{O2}$$
> 其中，g_{mb2} 为体效应引起的跨导。

这里由于 M_1 与 M_2 串联，所以 $I_{D1} = I_{D2}$，其在式(4.2.12)中相互抵消。由上述表达式，可以得出一个有趣的结论：二极管接法型共源放大器，其电压增益为两个 MOS 管的宽长比的比值开根号。MOS 器件的宽长比是个常数，不会随电路的输入电压、漏极电流等参数的变化而变化，所以电压增益 A_V 近似为一个常数，其线性度较好。这里可以与电阻负载共源放大器作比较。电阻负载共源放大器的电压增益 $A_V \approx -g_m R_D$，g_m 是会随输入电压的变化而变化的，所以其线性度较差。因此，相较于电阻负载，二极管接法型负载共源放大器具有更好的线性度。

在图 4.2.12 中，由于 M_2 的源极电位高于体极(衬底)电位，存在体效应，导致式(4.2.12)存在一定偏差。设计时可以用 PMOS 管来代替 M_2，从而消除体效应，如图 4.2.13 所示。

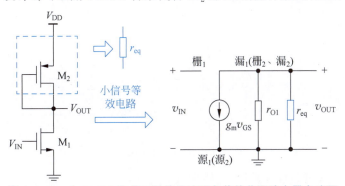

图 4.2.13　由 PMOS 构成二极管接法型负载的共源放大器电路图

其中，r_{eq} 仍等于 $1/g_{m2} \| r_{O2}$。由于 M_2 的源极和体极都接 V_{DD}，源/体之间没有电压差，所以 M_2 不存在体效应。通过小信号等效电路可以计算出，电压增益为

$$A_V = -g_{m1}\left(r_{O1} \| r_{O2} \| \frac{1}{g_{m2}}\right)$$

$$\approx -\frac{g_{m1}}{g_{m2}}$$

$$= -\sqrt{\frac{\mu_n (W/L)_1}{\mu_p (W/L)_2}} \qquad (4.2.13)$$

二极管接法负载型共源放大器在低频小信号条件下的输入输出阻抗为

$$\begin{cases} r_{IN} = \infty \\ r_{OUT} = r_{O1} \parallel r_{O2} \parallel \dfrac{1}{g_{m2}} \approx \dfrac{1}{g_{m2}} \end{cases} \qquad (4.2.14)$$

工程问题 4.2.2

对于图 4.2.13 所示的共源放大器,如何提高其增益? 一味地提高增益会遇到什么问题?

讨论:

由于该放大器的增益正比于 M_1 和 M_2 的宽长比之比,所以为提高增益,M_1 的宽长比需要尽可能地大于 M_2 的宽长比。令其他参数不变,若只增大 M_1 的宽长比,那么理论上,电压增益会有所提高。假设 M_1 的宽长比为 M_2 的 100 倍,则此时电压增益为 10 倍左右。由于增益的变化只是面积变化的平方根,为了提高增益,M_1 管的面积会变得很大。可见,二极管接法负载共源放大器本身不适合用作高增益放大器。

其次,一味增大 M_1 的宽长比,会影响放大器的静态工作点。在其他参数不变的前提下增大 M_1 的宽长比,会导致 M_1 的漏电流 I_{D1} 增大,进而使 M_2 的栅源电压 $|V_{GS2}|$ 增大,导致输出静态偏置电压降低。M_1 宽长比越大,输出静态偏置电压越低,导致输出摆幅减小。

2. 电流源负载共源放大器

图 4.2.14 展示了一个电流源被用作负载的共源放大器。首先,假设该电流源是一个理想的恒流源,具有无限大的小信号内阻,在小信号等效电路中,这相当于一个开路状态。

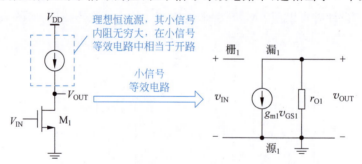

图 4.2.14 带理想电流源负载的共源放大器电路图

根据小信号等效电路计算可得,电压增益为

$$A_V = -g_{m1} r_{O1} \qquad (4.2.15)$$

由于 r_{O1} 的值相对较大(甚至可达到兆欧数量级),所以,相较于电阻负载和二极管接法负载,电流源负载共源放大器的增益是最高的。

CMOS 集成电路中,最简单的电流源可以由单个 MOS 管来实现,如图 4.2.15 所示。只需让 MOS 管的栅极电压维

小 Tips:$-g_m r_O$ 又称为 MOS 管的"本征增益",表示单个 MOS 管理论上所能达到的最高增益。可见,电流源负载能够使共源放大器的增益达到其本征增益。

持在一个固定值,并且 MOS 管持续工作在饱和区,那么它就可以等效为一个电流源。当然,这样的电流源并非理想状态,它具有有限的内阻 r_O。

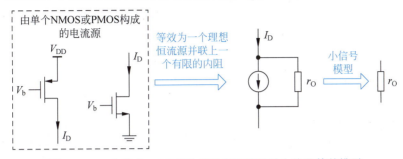

图 4.2.15　由单个 MOS 管构成的电流源及其小信号等效模型

将 MOS 管构成的电流源代入共源放大器中,就构成了在实际电路中所采用的电流源负载共源放大器,如图 4.2.16 所示。其电压增益为

$$A_V = -g_{m1}(r_{O1} \parallel r_{O2}) \quad (4.2.16)$$

根据图 4.2.16 所示的小信号等效模型,电流源负载共源放大器在低频小信号条件下的输入输出电阻为

$$\begin{cases} r_{IN} = \infty \\ r_{OUT} = r_{O1} \parallel r_{O2} \end{cases} \quad (4.2.17)$$

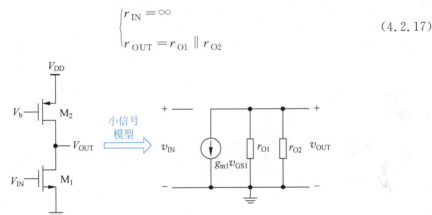

第 7 集
微课视频

图 4.2.16　电流源负载共源放大器及其小信号等效模型

工程问题 4.2.3

设计一个如图 4.2.17 所示的电流源负载共源放大器,NMOS 器件的工艺参数为:$V_{THN} = 0.35\text{V}$, $\mu_n C_{OX} = 280 \mu\text{A/V}^2$, $\mu_p C_{OX} = 80 \times 10^{-6} \text{AV}^{-2}$。要求电源电压为 1.8V,在只有偏置电压而没有输入信号时,放大器的电流,即静态电流为 50μA,输出静态偏置电压为 1V。仿真并观察电路的低频小信号增益。

设计:

这里 M_1 和 M_2 组成电流源负载共源放大器,其中,M_2 为电流源负载。这里采用的器件为 1.8V 耐压常规阈值电压器件,所有 MOS 管的沟道长度都设为 $1\mu\text{m}$。根据设计指标,

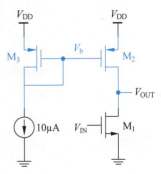

图 4.2.17　带电流镜的电流源
负载共源放大器

需要保证 M_2 的漏电流是 $50\mu A$。这里采用 M_2 和 M_3 所组成的电流镜结构，引入一个 $10\mu A$ 的参考电流源，并保证 $(W/L)_2/(W/L)_3=5$，这样就能够将 $10\mu A$ 的电流源放大为 $50\mu A$。M_3 的 $V_{GS}-V_{TH}$ 设为 $250mV$，则 M_3 的沟道宽度设为 $4\mu m$，那么 M_2 的沟道宽度就是 $20\mu m$。

接下来确定 M_1 的尺寸和输入偏置电压。取 $V_{IN,Bias}=550mV$，根据 M_1 的饱和区漏极表达式可以算出，$W_1=8.9\mu m$。

仿真验证：

为验证输出静态偏置电压是否满足设计要求，对 V_{IN} 进行 DC 扫描。这里有两种调整思路：①不改变 W_1，改变 $V_{IN,Bias}$；②不改变 $V_{IN,Bias}$，调整 W_1。这里采用第一种调整方案。扫描结果如图 4.2.18(a) 所示，当 $V_{IN,Bias}\approx 573mV$ 时，$V_{OUT,Bias}\approx 1V$。将 $V_{IN,Bias}$ 调整为 $573mV$，测得静态时，$V_b=1.2V$，$|V_{GS2}|=0.6V$，而 PMOS 管的阈值电压 $|V_{THp}|=0.35V$，可见 PMOS 管处于强反型状态，其尺寸设置是合理的。

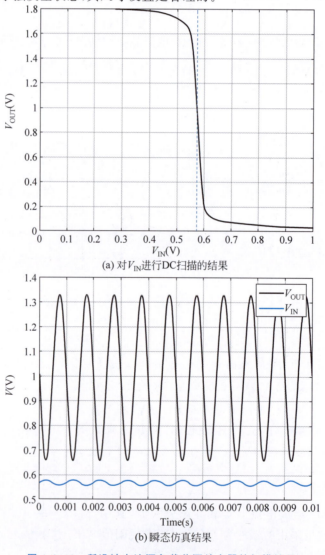

(a) 对 V_{IN} 进行DC扫描的结果

(b) 瞬态仿真结果

图 4.2.18　所设计电流源负载共源放大器的扫描结果

接下来进行瞬态仿真以计算增益。结果如图 4.2.18(b)所示,通过输出与输入的峰值之比测得增益约为 33.2 倍(30.4dB)。可见,电流源负载共源放大器的增益较高。

4.2.3 放大器的带宽与增益带宽积

前面在讨论放大器的增益时,总是以输入低频小信号为前提,并没有考虑频率对放大器增益的影响。事实上,放大器一般都存在输入电容、负载电容和自身的寄生电容,这些电容会影响放大器的"速度"。即对于变化较为缓慢的输入信号,输出能够较好地跟随输入的变化。当输入变化过快时,输出将明显不能及时跟随输入的变化,如图 4.2.19 所示。其中,图 4.2.19(a)和图 4.2.19(b)使用诺顿等效来表示放大器模型,图 4.2.19(c)和图 4.2.19(d)使用戴维南等效来表示放大器模型。

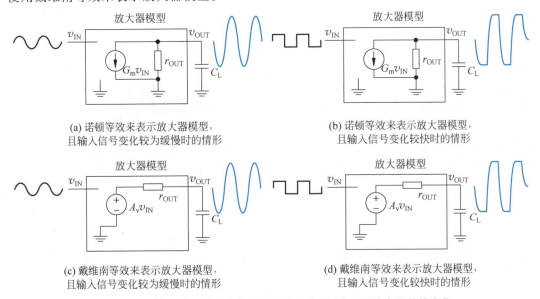

(a) 诺顿等效来表示放大器模型,
且输入信号变化较为缓慢时的情形

(b) 诺顿等效来表示放大器模型,
且输入信号变化较快时的情形

(c) 戴维南等效来表示放大器模型,
且输入信号变化较为缓慢时的情形

(d) 戴维南等效来表示放大器模型,
且输入信号变化较快时的情形

图 4.2.19 输入为不同频率的正弦波和方波时,放大器输出信号的变化

例如,当输入为频率较低的正弦信号时,输出仍近似为正弦信号。但是当输入为方波时,输出响应表现出明显的延迟,并不能像输入一样瞬间阶跃至高电压或低电压。可以从频率域来解释上述时域现象:放大器对低频信号的放大能力强,输入信号的频率越高,放大器的放大能力越弱。所以,放大器有一个能够正常处理的最大信号频率。一般将之定义为输出信号衰减 3dB 所对应的信号频率,或称之为 3dB 带宽。

通常希望放大器在保证高增益的同时,其 3dB 带宽也尽可能地大。该指标可以用增益带宽积(GBW)来衡量。假设放大器的低频小信号增益为 A_V,3dB 带宽为 f,则 GBW = $|A_V \times f|$。

接下来以共源放大器为例来分析其 GBW。假设放大器所驱动的负载电容较大,这样可以忽略其他寄生电容。加上负载电容后的共源放大器如图 4.2.20 所示。

当加入负载电容后,输出阻抗就变为 $r_{OUT} \parallel 1/C_L s$,其中,$s = j\omega = j2\pi f$,重新代入增益计算公式中:

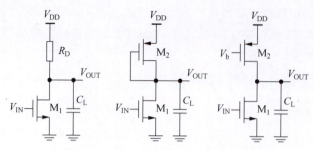

图 4.2.20　带负载电容的共源放大器

$$\frac{v_{OUT}}{v_{IN}}(s) = -G_m \left(r_{OUT} \parallel \frac{1}{C_L s} \right)$$

$$= \frac{-g_{m1} r_{OUT}}{1 + r_{OUT} C_L s} \tag{4.2.18}$$

式(4.2.18)为放大器的传输函数。观察该传输函数,可以发现其有一个极点 $p_1 = -1/(r_{OUT} C_L)$,对应该极点的角频率为 $\omega_1 = 1/(r_{OUT} C_L)$,换算成频率为 $f_1 = 1/(2\pi r_{OUT} C_L)$ Hz。该极点是传输函数中的唯一极点。若存在多个极点,且其中最低极点和其他极点距离较远,则称这个极点为主极点。当输入信号频率等于主极点频率时,输出信号幅度衰减 3dB,所以其 3dB 带宽等于主极点频率。可以近似认为,放大器的幅频特性 $20\lg(|v_{OUT}/v_{IN}|)$ 在经过一个极点后,会以 20dB 每十倍频的速率衰减,如图 4.2.21 所示。其 GBW 即表示为图 4.2.21 中蓝色阴影部分的面积,是主极点频率与低频小信号增益的乘积,如式(4.2.19)所示。可以发现,由于 r_{OUT} 被抵消掉,无论采用什么负载,共源放大器的增益带宽积都是一样的,GBW 的值受共源管的跨导 g_{m1} 和负载电容 C_L 影响。

> 小 Tips:极点就是线性时不变系统的传递函数分母为零的点。其实对实数的角频率而言,每一个极点处,分母并不会为零。此时分母的模值为 $\sqrt{2}$,即衰减 3dB。

$$GBW = |A_V| f_1$$

$$= \frac{g_{m1} r_{OUT}}{2\pi C_L r_{OUT}}$$

$$= \frac{g_{m1}}{2\pi C_L} \tag{4.2.19}$$

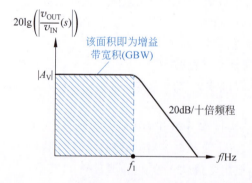

图 4.2.21　带负载电容的共源放大器频率响应

4.3 基本差分放大器

在前面的内容中,已经探讨了共源放大器这种电路,它处理的是单端输入和输出的信号。然而,在实际应用中,许多放大器更倾向于使用双端差分输入的方式。为此,本节将把共源放大器作为出发点,进一步深入讲解基础差分放大器的原理和构造。差分放大器不仅是电路设计领域中一个极其关键的创新,也是构成高性能模拟集成电路的基石之一。它拥有诸多优点,例如对共模信号的抑制能力,以及稳定性和线性响应等。在之后的学习中,将会详细解析差分放大器,让读者更加明白它的工作原理及其在各种电路系统中的重要角色。

4.3.1 单端输入与差分输入模式的比较

首先明确一下单端输入信号与差分输入信号的定义,如图 4.3.1 所示。

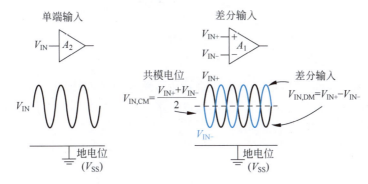

图 4.3.1 单端信号与差分信号示意图

单端输入信号:单个输入节点到某一固定电位(一般为地电位)的电位差。

差分输入信号:两个输入节点上,相对于某个参考电位 $V_{IN,CM}$(共模电位),存在大小相等、极性相反的两个信号 V_{IN+} 和 V_{IN-},放大器的输入为两者的差分 $V_{IN,DM}=V_{IN+}-V_{IN-}$。

差分信号不仅可以出现在输入,也可以出现在输出,那差分信号有什么优缺点?

差分信号的优点如下。

(1) 能够消除共模噪声。如图 4.3.2 所示,由于差分信号是两个单端信号的差值,那么当这两个信号中含有同一个噪声(意为大小相等、极性相同的共模噪声)时,两者求减后可以将这一噪声消掉。

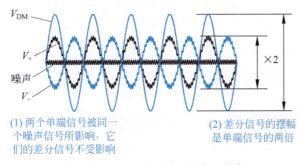

图 4.3.2 差分信号的两个主要优点

（2）差分信号的摆幅是单端信号的两倍。

差分信号的缺点如下。

处理差分信号的电路（如差分放大器）的芯片面积一般是单端信号电路的两倍，且功耗更大。但与其优点相比，这些缺点很多时候是可以容忍的。

工程问题 4.3.1

如图 4.3.3 所示，假设在一块数模混合芯片中，一个数字时钟信号线跟一个模拟信号线距离过近，数字时钟信号通过导线之间的寄生电容耦合到了模拟信号上，对模拟信号产生了干扰，请问有什么方法能够解决该干扰问题？

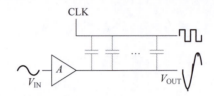

图 4.3.3　数字时钟信号通过导线之间的寄生电容耦合到了模拟信号上

讨论：

第一种方案：可以将模拟信号由单端信号转为差分信号，如图 4.3.4 所示。由于差分输出的两条线蛇形交替，使 CLK 所产生的噪声对于 V_{OUT1} 和 V_{OUT2} 大体相同，相当于共模噪声，所以差分输出中可以消除该噪声。

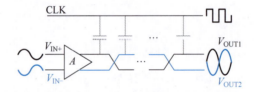

图 4.3.4　模拟信号由单端信号转为差分信号

第二种方案：如图 4.3.5 所示，将 CLK 变成差分形式的时钟信号，这样两个反相的时钟信号干扰在模拟信号上相互抵消。但这样可能会带来更多的干扰，也可能影响时钟线另外一侧的电路，电路中也未必存在两个反相的时钟信号。

第三种方案：如图 4.3.6 所示，用地线将模拟信号线保护起来，屏蔽干扰。在对噪声最为严格的应用中，可以考虑将信号线的上下左右都屏蔽起来。

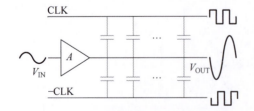 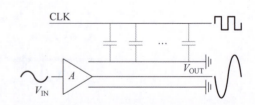

图 4.3.5　CLK 变成差分形式的时钟信号　　　图 4.3.6　用地线将模拟信号线保护起来

当然，具体选哪种方案要结合实际的电路布局情况。从该案例可以看出，差分工作方式是一种抑制共模环境噪声的常用方案。

4.3.2 带电阻负载的差分放大器

在4.2节中,学习了单端放大器,在4.3节的第一部分,认识了差分信号。那么,如何构建一个工作在差分模式下的放大器呢?一个很自然的想法就是,同时采用两个单端放大器并行工作,如图4.3.7所示。这种方案在理论上是可行的,但是在实际应用中,会面临一些问题。

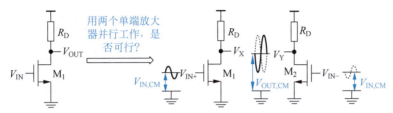

图 4.3.7　单端转差分工作模式的基本思路

图4.3.7右侧是由两个共源放大器构成的单端转双端结构。在这个电路结构中,$V_{\text{IN,CM}}$ 为两个MOS管的栅源偏置电压。$V_{\text{IN,CM}}$ 变化,左右两路电流同时增大或减小。这种变化会改变 M_1、M_2 的跨导,也会影响差分输出信号的摆幅。如图4.3.8所示,若 $V_{\text{IN,CM}}$ 偏低,则流过MOS管漏源极的电流变小,漏极电阻上的压差变小,进而导致 $V_{\text{OUT,CM}}$ 变高,最终使得输出波形上半部的空间被压缩。反之,若 $V_{\text{IN,CM}}$ 偏高,则流过MOS管漏源极的电流变大,漏极电阻上的压差变大,进而导致 $V_{\text{OUT,CM}}$ 变低,最终使得输出波形的下半部的空间被压缩。通常,称 $V_{\text{IN,CM}}$ 为输入共模偏置电压,$V_{\text{OUT,CM}}$ 为输出共模偏置电压。

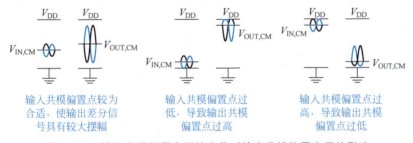

输入共模偏置点较为合适,使输出差分信号具有较大摆幅　　输入共模偏置点过低,导致输出共模偏置点过高　　输入共模偏置点过高,导致输出共模偏置点过低

图 4.3.8　输入共模偏置电压的变化对输出共模偏置电压的影响

可见,在设计差分放大器时,稳定的输出共模偏置电压是至关重要的。那么如何保证即使 $V_{\text{IN,CM}}$ 有一定的波动,$V_{\text{OUT,CM}}$ 也能保持不变呢?转换一下思路,如果流过负载电阻 R_D 上的电流保持不变,那么 $V_{\text{OUT,CM}}=V_{DD}-I_D R_D$ 就能保持不变。因此可以在MOS管 M_1 和 M_2 的源端串接一个电流源 I_{SS},如图4.3.9(a)所示。只要 I_{SS} 固定不变,理论上,无论 $V_{\text{IN,CM}}$ 如何变化,只要保证MOS管导通,流过单个MOS管与单个电阻的电流等于 $I_{SS}/2$。此时,$V_{\text{OUT,CM}}$ 就稳定在了 $V_{DD}-(I_{SS}/2)R_D$。电流源 I_{SS} 可以用一个工作在饱和区的MOS管实现,如图4.3.9(b)所示。电流源 I_{SS} 又叫尾电流源,M_1 和 M_2 叫差分对。

1. 大信号特性分析

共模信号可定义为同时施加在差分放大器两输入端上的、与共地电位相比幅度和相位都相同的信号。换言之,当差分放大器的两个输入端接收同步且相同变化电压时,这种变化构成了共模信号。而差分信号表示两个输入端上呈现出相反电压变化的信号:当一个输入端观测到电压升高时,另一个输入端则呈现等量的降低,二者的变化幅度相等但符号相反。

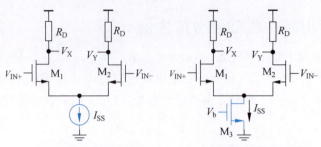

(a) 理想电流源作为尾电流源   (b) MOS管作为尾电流源

图 4.3.9　基本差分放大器的电路结构

差分信号是需要被放大器增强的信号本质,而差分放大器的核心职能在于将此类信号进行放大处理。

有意思的是,任意差分放大器的输入信号 $V_{IN+}=(V_{IN+}+V_{IN-})/2+(V_{IN+}-V_{IN-})/2$, $V_{IN-}=(V_{IN+}+V_{IN-})/2+(V_{IN-}-V_{IN+})/2$ 都可以拆分为共模信号 $(V_{IN+}+V_{IN-})/2$ 和差分信号 $(V_{IN+}-V_{IN-})/2$、$(V_{IN-}-V_{IN+})/2$ 两部分。因此下面将分别分析差分信号和共模信号大信号特性。

1) 差分输入大信号特性

假设在图 4.3.9(b) 中,V_{IN+} 由 0 增大到 V_{DD},V_{IN-} 由 V_{DD} 减小到 0。当 $V_{IN+}=0$,而 $V_{IN-}=V_{DD}$ 时,M_1 截止,M_2 导通,尾电流 I_{SS} 完全流经 M_2,所以此时 $V_X=V_{DD}$,$V_Y=V_{DD}-I_{SS}R_D$,差分输出 $V_{OUT,DM}=V_X-V_Y=I_{SS}R_D$;随着 V_{IN+} 的持续增大以及 V_{IN-} 的持续减小,M_1 在某一刻导通,且 I_{SS} 中流过 M_1 的分量持续增大,流过 M_2 的分量持续减小,导致 V_X 减小,V_Y 增大;当 V_{IN-} 的持续减小到某一电压,M_2 截止,尾电流 I_{SS} 完全流经 M_1,所以此时 $V_X=V_{DD}-I_{SS}R_D$,$V_Y=V_{DD}$,差分输出 $V_{OUT,DM}=V_X-V_Y=-I_{SS}R_D$。如上所述的大信号变化示意图如图 4.3.10 所示。从图中也可推断出,电阻负载差分放大器的差模输出摆幅为 $2I_{SS}R_D$。

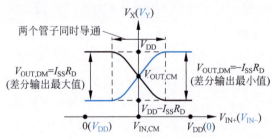

图 4.3.10　基本差分放大器的大信号特性——差分

2) 共模输入大信号特性

如图 4.3.11 所示。假设输入 $V_{IN+}=V_{IN-}=V_{IN,CM}$,且同时从 0 增大到 V_{DD}。当 $V_{IN,CM}=0$ 时,M_1 和 M_2 截止,由于 M_3 的栅电压并不为 0,所以 M_3 并不截止,但由于 M_3 中没有电流,所以 $V_P=0$。可知 M_3 工作在深线性区。此时,$V_X=V_Y=V_{OUT,CM}=V_{DD}$;当 $V_{IN,CM}$ 增大到 V_{TH} 时,M_1 和 M_2 开始导通并进入饱和区(请思考为何是饱和区),

小 Tips:M_3 处于饱和区时,尾电流源也钳位了 M_1 和 M_2 的漏电流,使得即使 $V_{IN,CM}$ 变化时,V_{GS1} 和 V_{GS2} 也保持不变,V_P 相当于跟随 $V_{IN,CM}$ 的变化而变化。所以从另一个角度来看,尾电流源相当于起到了一个共模负反馈的作用。

此时,由于 V_P 仍然为 0,所以 M_3 仍然处于线性区,直到随着 $V_{IN,CM}$ 的增大,使 $V_P=V_b-V_{TH}$,M_3 才会离开线性区。在这一过程中,V_P 的升高会使 M_3 的漏电流 I_{SS} 增大,因此,$V_{OUT,CM}$ 会减小,如图 4.3.11 共模特性曲线的中段所示。当 $V_{IN,CM}$ 继续增大,使 $V_P > V_b-V_{TH}$ 时,M_3 将进入饱和区。此时,M_3 等效为电流源,I_{SS} 恒定不变,$V_{OUT,CM}=V_{DD}-\frac{1}{2}I_{SS}R_D$。

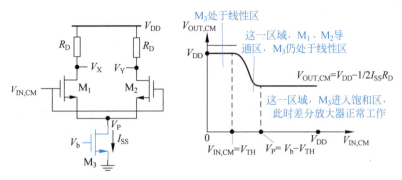

图 4.3.11　基本差分放大器的大信号特性——共模

2. 小信号特性分析（差模增益、输入输出阻抗）

在分析差分放大器的小信号特性时,首先引入用于对差分输入条件下进行单边等效的辅助定理。

辅助定理 4.3.1

由于所讨论的差分放大器近似为线性电路,所以可以使用以下辅助定理。假设图 4.3.12 表示一个左右对称的线性电路（注意,两个条件缺一不可）,D_1 和 D_2 为任意类型的三端有源器件,则有以下结论：若 D_1 的输入增大 ΔV,D_2 的输入减小 ΔV（相当于此时输入的是差分信号）,此时电压 V_P 仍然保持不变,相当于交流地（虚地）。

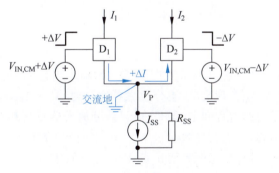

图 4.3.12　左右对称的线性电路

该结论可以简单论证如下：在电路左右对称且保持线性的前提下,当 D_1 的输入增大 ΔV 时,电流 I_1 将增大 ΔI；D_2 的输入减小 ΔV 时,电流 I_2 将减小 ΔI,相当于流向地的总电流不变,显然此时 V_P 保持不变,相当于交流地（图中 R_{SS} 是电流源的内阻）。

根据辅助定理 4.3.1,对于图 4.3.13(a)所示的差分放大器,当电路左右对称,且输入小信号为差分信号时（$V_{IN1}=-V_{IN2}$）,可以将点 P 等效为交流地,此时输出也是差分信号（$V_{OUT1}=-V_{OUT2}$）。P 点为交流地时,电路可以单边等效成图 4.3.13(b)右侧的形式,就是一个共源放大器。

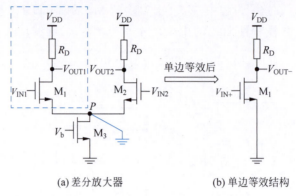

(a) 差分放大器　　　　(b) 单边等效结构

图 4.3.13　基本差分放大器的单边等效

差模增益 A_{DM} 的计算如式(4.3.1)所示：

$$A_{DM} = \frac{V_{OUT1} - V_{OUT2}}{V_{IN1} - V_{IN2}} = \frac{2V_{OUT1}}{2V_{IN1}}$$
$$= -g_{m1}(r_{O1} \| R_D) = -g_{m2}(r_{O2} \| R_D) \quad (4.3.1)$$

可见，差分放大器的差模增益与共源放大器是一样的。

同时，差分放大器的输入输出阻抗为

$$\begin{cases} r_{IN} = \infty \\ r_{OUT} = r_{O1} \| R_D + r_{O2} \| R_D \end{cases} \quad (4.3.2)$$

3. 共模抑制比(CMRR)

在 4.1 节提到过，差分电路的一大优势就是能够抑制共模噪声，而共模抑制比(Common Mode Rejection Ratio, CMRR)可以用来衡量差分放大器对共模噪声的抑制能力。共模抑制比的定义如式(4.3.3)所示。

$$CMRR = \left| \frac{A_{DM}}{A_{CM-DM}} \right| \quad (4.3.3)$$

其中，A_{DM} 为放大器的差模增益，A_{CM-DM} 用来衡量共模输入所引发的差模输出的大小，表达式为 $A_{CM-DM} = V_{OUT,DM}/V_{IN,CM}$。理论上，差分放大器完全对称时，$A_{CM-DM} = 0$，即 $CMRR = \infty$。差分电路形式上体现了电路对称和谐，但是，由于差分放大器总是存在制造误差，因此实际的差分对并不会完全对称，从而会导致 $A_{CM-DM} > 0$，进而使 CMRR 为一个有限值。在设计差分放大器时，其中一个设计指标就是要让 CMRR 尽可能地高。

4. 差分对的匹配设计

前面已提到，当差分对不完全对称时，共模输入噪声将引发输出差模噪声，使得差分放大器的共模抑制比下降。所以在对差分放大器进行设计时，必须充分考虑差分放大器在芯片制造过程中可能产生的误差，并通过适当的版图设计方法(匹配设计)来减轻误差。

芯片制造的过程中，导致差分对误差的因素主要包括：构成差分对的两个 MOS 管周围的环境不一致以及工艺梯度。

对于 MOS 管周围环境不一致的问题，可以通过在差分对两侧增加 Dummy 来解决，如图 4.3.14 所示。

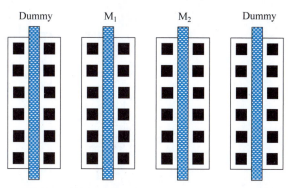

图 4.3.14　对差分对中的两个 MOS 管两侧增加 Dummy，以保证环境一致性

对于工艺梯度问题，可以将两个需要匹配的 MOS 管拆分成多个小的 MOS 管，如图 4.3.15 所示。然后进行叉指排列。仔细观察图 4.3.16，如果存在工艺梯度，M_2 尺寸总和小于 M_1 尺寸总和。为了进一步缓解梯度问题，可以采用共中心排列的方式，如图 4.3.17 所示。

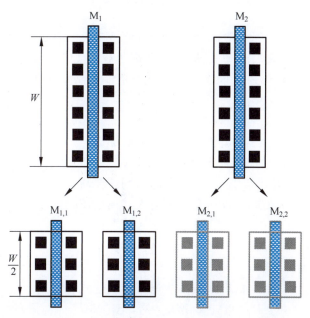

图 4.3.15　将单个 MOS 管分成若干小的 MOS 管

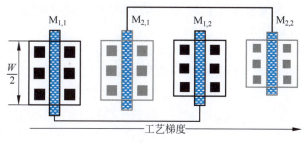

图 4.3.16　采用叉指排列来抵消工艺梯度

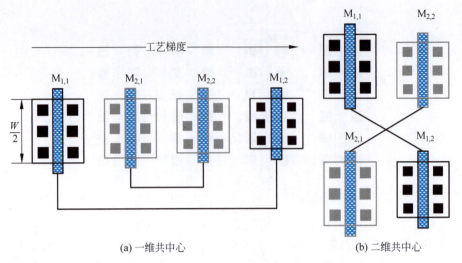

(a) 一维共中心　　　　　　　(b) 二维共中心

图 4.3.17　采用共中心排列来抵消工艺梯度（一维共中心与二维共中心）

工程问题 4.3.2

设计一个电阻负载差分放大器，已知 NMOS 管的阈值电压为 0.35V，$\mu_n C_{OX}=280\mu\text{A}/\text{V}^2$。要求电源电压为 1.8V，放大器的输出共模偏置电压为 1V 左右，放大器的静态电流为 $20\mu\text{A}$，仿真并观察电路的低频小信号增益与理论分析是否吻合（MOS 管的沟道长度都取 $1\mu\text{m}$，忽略沟道长度调制效应）。

设计：

如图 4.3.18 所示，放大器的静态电流为 $20\mu\text{A}$，那么尾电流的大小为 $20\mu\text{A}$。M_3 的偏置电压 V_b 取 0.55V。需要注意的是，V_b 要大于阈值电压，但也不能过高，否则需要高的 P 点电压才能保证 M_3 饱和，进而会影响输入共模电压的范围和输出差模电压摆幅。这样，根据饱和区的电流表达式，可以估算出 M_3 所需的宽长比 $(W/L)_3=3.6$。接下来可以确定负载电阻的大小。

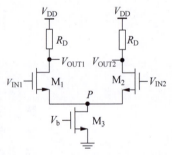

图 4.3.18　差分放大器输入输出瞬态仿真结果

由于 $V_{\text{OUT,CM}}=1\text{V}$，根据输出共模偏置电压的表达式 $V_{\text{OUT,CM}}=V_{\text{DD}}-(1/2)I_{\text{SS}}R_{\text{D}}$，可计算出 $R_{\text{D}}=80\text{k}\Omega$。$M_1$ 和 M_2 的静态电流是 M_3 的一半，所以可以取 M_1 和 M_2 的宽长比为 1.8。$V_{\text{IN,CM}}$ 的取值决定了 M_3 的工作区。由于 M_3 的过驱动电压为 0.2V，所以 $V_{\text{IN,CM}}>V_{\text{GS1,2}}+0.2$，最小值约为 0.75V。

仿真验证：

将以上参数代入仿真软件中，求得输出共模偏置电压为 1.25V，与设计指标之间非常接近。可以通过微调 V_b 来修正。通过直流扫描 V_b 的值，将 V_b 修正为 594mV，此时 $V_{\text{OUT,CM}}=1\text{V}$。

根据 g_{m1} 的表达式，计算出 $g_{m1}=81.97\times 10^{-5}\text{S}$，$A_{\text{DM}}=-g_m R_{\text{D}}=-6.56(16.3\text{dB})$。

接下来通过瞬态仿真确定实际差模增益。瞬态仿真结果如图 4.3.19 所示。根据输出电压、输入电压的比值，求得增益约为 6.85 倍（16.7dB），与理论计算值基本一致。

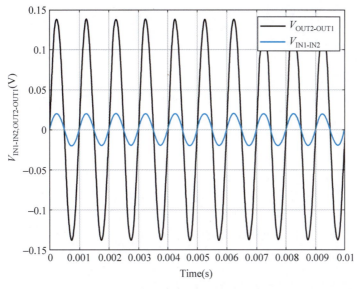

图 4.3.19　差分放大器输入输出瞬态仿真结果

4.3.3　带 MOS 负载的差分放大器

与共源放大器类似,差分放大器除了采用电阻负载以外,还可以使用 MOS 负载,例如二极管接法负载和电流源负载,如图 4.3.20 所示。

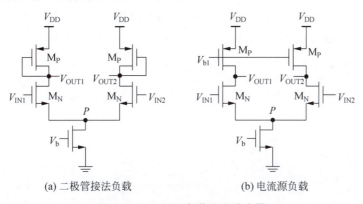

(a) 二极管接法负载　　　　(b) 电流源负载

图 4.3.20　MOS 负载差分放大器

1. 二极管接法负载差分放大器

在电路对称的前提下,二极管接法负载差分放大器,其单边等效电路为二极管接法负载的共源放大器。其差模增益、输入输出阻抗如式(4.3.4)、式(4.3.5)所示。

$$A_{\text{DM}} = -g_{m,N}\left(r_{\text{ON}} \parallel r_{\text{OP}} \parallel \frac{1}{g_{m,P}}\right)$$

$$\approx -\frac{g_{m,N}}{g_{m,P}}$$

$$= -\sqrt{\frac{\mu_n (W/L)_N}{\mu_p (W/L)_P}} \quad (4.3.4)$$

$$\begin{cases} r_{\text{IN}} = \infty \\ r_{\text{OUT}} = 2\left(r_{\text{ON}} \parallel r_{\text{OP}} \parallel \dfrac{1}{g_{\text{m,P}}}\right) \approx \dfrac{2}{g_{\text{m,P}}} \end{cases} \qquad (4.3.5)$$

2. 电流源负载差分放大器

在电路对称的前提下,电流源负载差分放大器,其单边等效电路为电流源负载共源放大器。其差模增益、输入输出阻抗如式(4.3.6)、式(4.3.7)所示。

$$A_{\text{DM}} = -g_{\text{m,N}}(r_{\text{ON}} \parallel r_{\text{OP}}) \qquad (4.3.6)$$

$$\begin{cases} r_{\text{IN}} = \infty \\ r_{\text{OUT}} = 2(r_{\text{ON}} \parallel r_{\text{OP}}) \end{cases} \qquad (4.3.7)$$

根据以上两种 MOS 负载差分放大器,以及电阻负载差分放大器的增益表达式,结合共源放大器的结论,可以得到与共源放大器类似的结论:二极管接法负载差分放大器的线性度较高,但增益较小;而电流源负载差分放大器的增益较高。

4.3.4 带电流镜负载的差分放大器

前面提到的所有差分放大器,其输入和输出信号都是差分信号,这种放大器称为全差分放大器。其实在工程应用中,还有一种放大器的应用也非常广泛,就是差分输入、单端输出的放大器。思考一下,如果直接采用全差分放大器,只保留其中一端输出,这样会有什么缺点?如果只保留差分输出的其中一端,那么另一端的电流相当于浪费掉了,增益只有全差分放大器的一半。对于这种放大器,需要找到一种方法,将差分输出转为单端输出。

可以采用电流镜作为负载,将差分输出转为单端输出。这样做的好处是,差分对的两路电流都能够作用于输出,使得其差模增益能够达到全差分放大器的水平。其电路结构如图 4.3.21(a)所示。

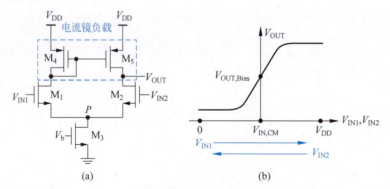

图 4.3.21 带电流镜负载的差分放大器与其大信号特性

1. 大信号特性

在 MOS 管左右对称的前提下,该差分放大器的共模大信号特性与全差分放大器是类似的。其差模大信号特性如图 4.3.21(b)所示。这里假设 V_{IN1} 从 0 增大到 V_{DD},V_{IN2} 从 V_{DD} 减小到 0。这里注意,由于特性曲线在放大区的斜率为正,所以该放大器的增益极性为正。

2. 小信号特性

首先分析一下,电流镜是如何将差分对的两路电流都耦合到输出端的。假设 V_{IN1} 增大

ΔV,使得 M_1 的漏极产生一个向下的 ΔI,该电流通过二极管接法的 M_4 产生一个向下的 ΔV_N,又使 M_5 的漏极产生一个向下的 ΔI,通过 r_{OUT} 流入交流地。假设同一时刻,V_{IN2} 减小 ΔV,使得 M_2 的漏极产生一个向上的 ΔI,该 ΔI 同样会通过 r_{OUT} 流入交流地。从图 4.3.22 可以清晰地看出,这两个小信号电流在 r_{OUT} 上是叠加的。这样,差分对的两条支路上的小信号电流就都耦合到输出上了,从而使得增益与只保留差分输出的一边相比,增益约高出一倍,与全差分放大器的增益基本持平。

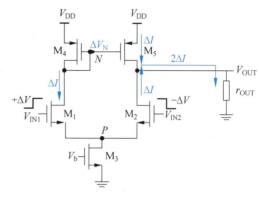

图 4.3.22 电流镜负载在小信号差分输入下的工作原理示意图

该电路的差模增益可以采用 $A_{DM} = -G_m r_{OUT}$ 来计算。在分析等效的 G_m 时,V_{OUT} 需接地,对地电阻为 0,而 M_4 支路的电阻仅为 g_m^{-1},也非常小。仍可认为两边的电路近似对称,P 点虚地。又由于 M_4、M_5 组成了电流镜,将左右两边的小信号电流 $\Delta I = g_{m1}\Delta V$ 和 $\Delta I = g_{m2}\Delta V$ 在输出端汇聚,所以,$|G_m| = 2\Delta I/2\Delta V = g_m$。假设 M_5 和 M_2 的小信号等效电阻均为 r_O,则电路输出阻抗为 $r_{OUT} \approx r_O \parallel r_O$。所以该放大器的差模增益为

$$A_{DM} \approx g_m(r_O \parallel r_O) \tag{4.3.8}$$

和电流源负载差分放大器相比,其增益处于同一水平。

4.4 电阻负载差分放大器的仿真

第 8 集
微课视频

本节将对工程问题 4.3.2 中涉及的电阻负载差分放大电路的 DC 扫描和瞬态仿真验证方法进行详细的说明。

(1) 在 EDA 软件中绘制电阻负载差分放大电路的电路图并搭建 DC 仿真环境,如图 4.4.1 所示。图中各元器件的参数与工程问题 4.3.2 中的计算结果保持一致,记录于表 4.4.1 中。

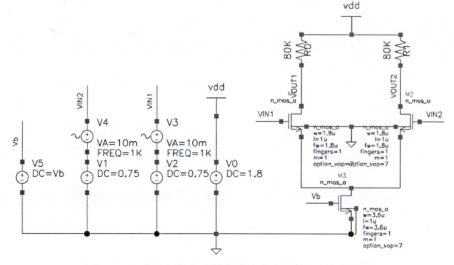

图 4.4.1 电阻负载差分放大器的电路图及 DC 仿真环境

表 4.4.1　图 4.4.1 中的器件参数

器件名	$W/\mu m$	$L/\mu m$	Multiplier	电阻/Ω	DC 电压/V	正弦信号幅度/相位/$(V \cdot deg^{-1})$	正弦信号频率/Hz
M1	1.8	1	1	—	—	—	—
M2	1.8	1	1	—	—	—	—
M3	3.6	1	1	—	—	—	—
R0	—	—	—	80k	—	—	—
R1	—	—	—	80k	—	—	—
V0	—	—	—	—	1.8	—	—
V1	—	—	—	—	0.75	—	—
V2	—	—	—	—	0.75	—	—
V3	—	—	—	—	0	10m/0	1k
V4	—	—	—	—	0	10m/180	1k
V5	—	—	—	—	Vb	—	—

（2）配置 DC 仿真参数。首先打开 MDE L2，并给变量 Vb 赋初值 0.55V。为了使输出共模偏置电压等于 1V，需要在其他参数不变的前提下微调 Vb 的值。因此需进行直流扫描，扫描变量 Vb，观察输出静态电压的变化。

（3）配置输出参数。重点观察输出的电压变化。

（4）运行 DC 仿真。可发现当电压 Vb 为 594mV 左右的时候，输出共模偏置点约为 1V，满足设计条件，如图 4.4.2(a) 所示。

（5）重新设置 Vb 的初始值为 594mV，在瞬态仿真中，输入正弦信号的频率设置为 1kHz，幅度设置为 Vi＝10mV（这里需要注意的是，正弦信号源 V3 的相位应设为 0°，而 V4 的相位应设为 180°）。运行瞬态仿真，仿真时间设置为 10ms。此时瞬态波形如图 4.4.2(b) 所示。通过计算，其差模增益约为－6.85。此时，读者可以自行验证尾电流源 M_3 是否处于饱和区，并思考，若其不在饱和区应当如何调整设计。

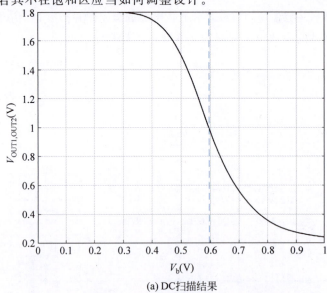

(a) DC 扫描结果

图 4.4.2　电阻负载差分放大器的 DC 扫描和瞬态仿真波形图

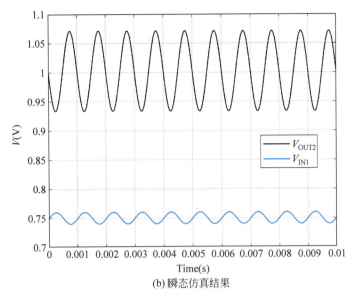

(b) 瞬态仿真结果

图 4.4.2 （续）

4.5 本章总结

本章围绕放大器输入级设计，向读者展示了共源以及差分放大器的分析、计算和参数优化方法，包括大信号特性、小信号特性、输入/输出阻抗等。本章的主要知识点如下。

- 共源放大器（包括电阻负载、二极管接法负载以及电流源负载）：该结构能够将栅源电压的变化转换为漏极电流的变化，并通过负载转换为输出电压的变化。其具体参数如表 4.5.1 所示。

表 4.5.1 三种负载类型的共源放大器特性一览表

负载类型	电阻负载	二极管接法负载	电流源负载
增益(A_V)	中等($-g_{m1}(R_D \parallel r_O)$)	低($-\sqrt{\mu_n(W/L)_1/\mu_p(W/L)_2}$)	高($-g_{m1}(r_{O1} \parallel r_{O2})$)
输出阻抗	中等($r_O \parallel R_D$)	低($1/g_{m2}$)	高($r_{O1} \parallel r_{O2}$)
跨导	g_{m1}	g_{m1}	g_{m1}
GBW	$g_{m1}/(2\pi C_L)$	$g_{m1}/(2\pi C_L)$	$g_{m1}/(2\pi C_L)$
线性度	较差	好	差

- 差分放大器的基本构型（包括电阻负载、二极管连接负载、电流源负载以及电流镜负载）本质上是共源放大器的双输入版本。其详细的参数特性在表 4.5.2 中有具体展示和对比。
- 电流镜负载的巧妙设计使得差分放大器能够实现从差分输出到单端输出的转换。

表 4.5.2 四种负载类型的基本差分放大器特性一览表

负载类型	电阻负载	二极管接法负载	电流源负载	电流镜负载
增益 (A_V)	中等 $(-g_{m1,2}(R_D \parallel r_O))$	低 $(-\sqrt{\mu_n(W/L)_{1,2}/\mu_p(W/L)_{3,4}})$	高 $(-g_{m1,2}(r_{O1} \parallel r_{O2}))$	高 $(g_{m1,2}(r_{O1} \parallel r_{O2}))$
输出阻抗	中等 $(2(r_O \parallel R_D))$	低 $(2/g_{m3,4})$	高 $(2(r_{O1} \parallel r_{O2}))$	高 $(r_{O1} \parallel r_{O2})$
GBW	$g_{m1,2}/(2\pi C_L)$	$g_{m1,2}/(2\pi C_L)$	$g_{m1,2}/(2\pi C_L)$	$g_{m1,2}/(2\pi C_L)$
线性度	较差	好	差	差

4.6 本章习题

注：如无特殊说明，MOS 器件参数均采用表 2.8.1 中的参数。

1. 解释输入和输出阻抗的概念，并说明为什么它们是设计中重要的考虑因素。
2. 比较共源放大器和差分放大器的主要区别和相似之处。讨论在不同应用场景中，选择哪种放大器结构更为合适考虑的因素。
3. 解释为什么在一些放大器设计中选择使用电流源作为负载。讨论电流源负载相对于其他负载方式的优势和适用场景。
4. 解释电流镜负载如何将差分放大器的输出转换为单端输出。
5. 解释共模抑制比的概念，说明为什么对于放大器而言这是一个重要的性能指标？
6. 讨论新兴技术（如深度学习）对放大器设计的潜在影响。
7. 如图 4.6.1 所示的放大器，请绘出 V_{IN} 从 0 增大到 V_{DD} 时，V_{OUT} 和 g_m 的变化曲线，并在图中标出 MOS 管的饱和区和线性区的分界点。

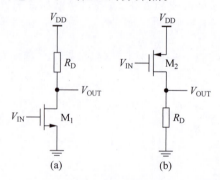

图 4.6.1 分析电阻负载共源放大器输出、跨导和工作区

8. 如图 4.6.1 所示的放大器，假设 MOS 管的沟道长度都为 $1\mu m$，宽长比都为 50/1，$R_D=2k\Omega$，$V_{DD}=1.8V$，计算并回答以下问题（假设 $\lambda=0$）。

(1) 若要求图中的放大器输出静态电压为 1V，则输入静态电压为多少？此时放大器的增益为多少？

(2) 使 MOS 管进入三极管区的临界输入电压是多少？放大器的最大输出摆幅是多少？

9. 简述电阻负载共源放大器的工作原理，并讨论：提高电阻负载型共源放大器的增益时会受到哪些因素的制约？

10. 试说明二极管接法型的 MOS 管,在小信号模型中等效为一个小信号电阻,其等效阻值 $r_{eq}=(1/g_m)\|r_O$。

11. 如图 4.6.2 所示的放大器,假设 MOS 管的沟道长度都为 $1\mu m$,M_1 的宽长比为 50∶1,M_2 的宽长比为 10∶1,$V_{DD}=1.8V$,假设 $\lambda=0$,计算并回答以下问题。

(1) 假设输入的直流偏置为 $V_{TH}+100mV$,计算该放大器的小信号电压增益和输出电压摆幅。

(2) 讨论：如何提高该放大器的增益,使用该方法提高增益会导致什么问题？

12. 如图 4.6.3 所示的放大器,假设 MOS 管的沟道长度都为 $1\mu m$,M_1 的宽长比为 50∶1,M_2 的宽长比为 200∶1,$V_{DD}=1.8V$,$V_b=1.2V$,计算并回答以下问题。

(1) 使输出静态电压等于 $0.9V$ 的输入直流偏置电压为多少？输出电压摆幅为多少？

(2) 计算该放大器的小信号电压增益。

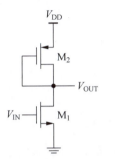

图 4.6.2 分析二极管接法负载的共源放大器增益与摆幅

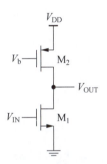

图 4.6.3 分析电流源负载共源放大器的直流偏置、摆幅与增益

13. 如图 4.6.4 所示的放大器,假设所有 MOS 管都工作在饱和区,画出其小信号等效电路,并计算其小信号电压增益(给出表达式即可)。

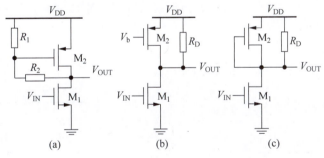

图 4.6.4 利用小信号等效电路分析增益

14. 考虑图 4.6.4(b)所示的电路,假设 M_1 和 M_2 始终工作在饱和区且 $\lambda=0$,讨论：假设 R_D 增大为原来的 10 倍,那么在不改变输入静态偏置电压的前提下,改变哪个参数才能使输出静态偏置电压不变？能否描述一下 M_2 所起的作用？

15. 如图 4.6.5 所示电路,假设 M_1、M_2 和 M_3 始终工作在饱和区且 $\lambda=0$,M_2 和 M_3 的漏电流分别为 I_{D2} 和 I_{D3},且 $I_{D2}=0.25I_{D3}$,讨论：在有 M_3 存在和没有 M_3 存在的情况下,该电路的小信号电压增益表达式分别是什么？M_3 所起的作用是什么？

16. 考虑图 4.6.3 中所示的放大器,假设输出端驱动了一个负载电容 $C_L=10pF$,利用第12题的已知参数,计算放大器的增益带宽积(GBW)是多少,将 M_1 和 M_2 的宽长比都降为原来的1/5,重新计算小信号电压增益和GBW。

17. 设计一个共源放大器,要求 $V_{DD}=1.8V$,静态电流等于 $50\mu A$,MOS管的沟道长度都取 $1\mu m$,且放大器的增益大于30dB。请自行确定放大器的负载类型,给出 MOS 管的宽长比、输入输出等偏置电压的具体值,并计算最终增益。

18. 观察图 4.6.6 所示的放大器,回答下列问题(假设 $\lambda=0$)。

(1)推测其放大器类型,并根据其小信号模型计算其小信号电压增益的表达式。

(2)将该增益表达式与电阻负载共源放大器相比较,描述它们之间的区别,并推测电路图中电阻 R_S 所起的作用。

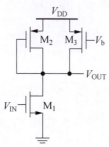

图 4.6.5　分析晶体管功能

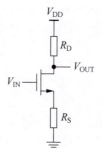

图 4.6.6　分析源极存在电阻的共源极放大器

19. 如图 4.6.7 所示的差分放大器,假设电路左右对称,且 MOS 管的沟道长度都为 $1\mu m$,假设所有 MOS 管的过驱动电压为 $200mV$,放大器的静态总电流为 $200\mu A$,输出共模电压为 $V_{OUT,CM}=1V$。计算并回答以下问题。

(1)给出满足设计要求的其他参数,并分析共模输入电压 $V_{IN,CM}$ 所允许的范围。

(2)选择你认为的 $V_{IN,CM}$ 的最佳取值,说明理由,并计算放大器的差模增益 A_{DM}。

20. 如图 4.6.8 所示的差分放大器,假设放大器左右对称,请回答以下问题。

(1)假设 R_D 阻值较大,分析该电路中的两个电阻起到了什么作用,该电路的负载等价为什么类型的负载。

(2)给出该放大器的差模电压增益表达式。

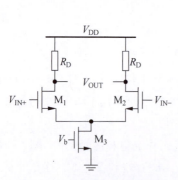

图 4.6.7　分析差分电路参数

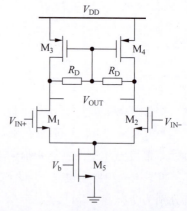

图 4.6.8　分析差分放大器结构

21. 对于图 4.6.8 所示的放大器,假设电路左右对称,且 MOS 管的沟道长度都为 $1\mu m$,要求所有 MOS 管的过驱动电压都不能小于 $200\mathrm{mV}$,放大器的静态电流为 $200\mu A$,请回答以下问题。

(1) 请给出满足设计要求的 MOS 管的宽长比,以及必要的偏置电压的值。

(2) 若要求该放大器的差模增益大于 30dB,请给出 R_D 的最小取值。

22. 如图 4.6.9 所示的差分放大器,假设放大器左右对称,且 $\lambda=0$,请回答以下问题。

(1) 假设 M_3 或 M_4 的漏电流等于 0.2 倍的 M_5 或 M_6 的漏电流,请给出放大器的差模增益表达式,并解释 M_5 或 M_6 在电路中所起的作用是什么。

(2) 假设所有 MOS 管的沟道长度都为 $1\mu m$,M_1 和 M_2 的宽长比为 100∶1,M_3 和 M_4 的宽长比为 5∶1,要求所有 MOS 管的过驱动电压都不能小于 $200\mathrm{mV}$,且不大于 $400\mathrm{mV}$,请以差模增益尽可能高为设计目标,给出其他 MOS 管的宽长比、偏置电压等必要参数,并计算差模增益的值。

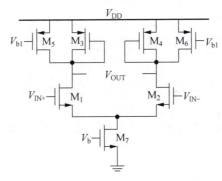

图 4.6.9 分析并设计差分放大器

第 5 章 放大器输入级（二）——共源共栅放大器及其差分结构

CHAPTER 5

学习目标

本章聚焦共源共栅放大器接法及其在放大器输入级设计中的应用，深入分析在工程实践中的关键问题，为输入级电路的综合优化提供指导。

- 掌握共源共栅放大器以及其差分形式的工作原理及特性。
- 能够根据上述放大器类型的设计指标计算电路参数并仿真优化。

任务驱动

实现贯穿项目中放大器输入级的电路参数设计、仿真与优化如图 5.0.1 所示。

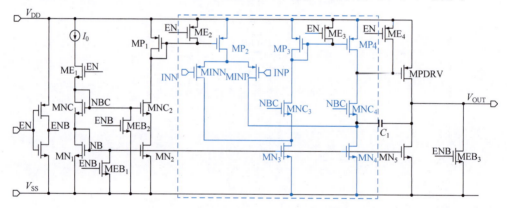

图 5.0.1 贯穿项目设计之输入级负载设计

知识图谱

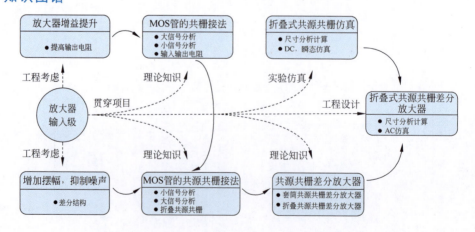

5.1 共源共栅放大器

放大器的输入级通常具有较高的增益,目的是尽可能地提高放大器整体增益。第 4 章已经讨论了共源放大器和差分共源放大器。这两种放大器所能提供的增益较为有限,为了进一步提升增益,通常会在共源极的基础上加入共栅极电路,那什么是共栅极电路呢？它为何能提升增益？

5.1.1 MOS 管的共栅接法

1. 共栅电路基本结构

如果 MOS 管的栅极接一个直流偏置电压,输入从源极进入,漏端产生输出,则形成了一种新的放大模式。这种电路称为共栅极电路。如图 5.1.1(a)所示,共栅放大器类似于共源放大器,输出都在漏极。栅源之间电压差变化,形成了电流的变化。但和共源放大器不同的是,当输入变大时,共栅极的 $V_b - V_{IN}$ 变小,MOS 管的漏源电流随之变小,输出电压相应变大。因此可以预计,共栅放大器的增益公式不会出现共源放大器的增益公式中($A_V = -g_m R_D$)的负号。

共栅放大器的另一个信号输入方式是电流,如图 5.1.1(b)所示。在这种情况下,希望共栅极有一个小的输入阻抗,以确保绝大部分电流信号都流入共栅放大器。接下来,将通过分析来验证共栅极是否真如我们所期待的那样,具有较小的输入阻抗。同时,需要注意的是,源极和漏极的电流大小是相同的,这意味着共栅放大器并不具备放大电流的能力。

2. 共栅电路大信号分析

若 $V_b - V_{IN} < V_{TH}$,MOS 管截止。此时 $V_{IN} > V_b - V_{TH}$,电流为零,图 5.1.1(a)中的 R_D 上的电压为 0,$V_{OUT} = V_{DD}$。如图 5.1.2 所示,若 V_{IN} 减小到 $V_{IN} \leq V_b - V_{TH}$,M_1 进入饱和区,可以得到:

$$I_D = \frac{1}{2} \mu_n C_{OX} \frac{W}{L} (V_b - V_{IN} - V_{TH})^2 \tag{5.1.1}$$

随着 V_{IN} 减小,由于 V_b 不变,I_D 变大,V_{OUT} 也逐渐减小。

$$V_{OUT} = V_{DD} - \frac{1}{2} \mu_n C_{OX} \frac{W}{L} (V_b - V_{IN} - V_{TH})^2 R_D \tag{5.1.2}$$

如果电流继续增加,输出电压 V_{OUT},即 M_1 漏极电压低于 $V_b - V_{TH}$,M_1 进入线性区。

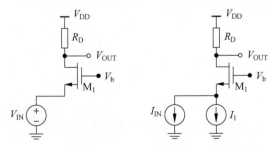

(a) 电压输入的共栅极电路　　(b) 电流输入的共栅极电路

图 5.1.1　共栅极电路

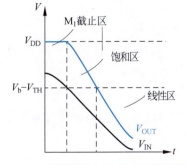

图 5.1.2　当共栅输入时,输出波形的变化

3. 共栅电路小信号增益分析

分析增益的一个简便方法就是借助小信号等效电路。根据图 5.1.1(a)的共栅极电路，可以画出图 5.1.3 的小信号等效电路。

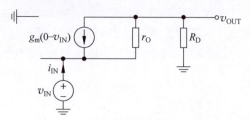

图 5.1.3 求增益小信号等效电路

根据基尔霍夫电流定律分析 v_{OUT} 节点的电流，可以得出：

$$g_m(0-v_{IN}) + \frac{v_{OUT}}{R_D} = \frac{v_{IN} - v_{OUT}}{r_O} \Rightarrow \frac{v_{OUT}}{v_{IN}} = \frac{R_D(1+g_m r_O)}{r_O + R_D} \tag{5.1.3}$$

由于通常情况下 $g_m r_O \gg 1$，可以得到：

$$\frac{v_{OUT}}{v_{IN}} \approx \frac{R_D g_m r_O}{r_O + R_D} = g_m(r_O \parallel R_D) \tag{5.1.4}$$

此式有几个需要注意的地方：首先，没有出现类似于共源极放大的负号，这与在本章开始时的猜测是一致的；第二，增益可以被视为两部分的乘积，即跨导和输出电阻的乘积；第三，此式并未考虑体效应，如果考虑体效应，与共源极放大结构相比，跨导会有所提高，相应的增益也会有所提高；第四，在先进的工艺条件下，本征增益的值会变小，因此公式中的近似可能会变得不精确。

4. 共栅电路输入输出电阻

再次利用图 5.1.3，从输入端看到的电阻可以用输入端的电压除以输入端的电流，即 v_{IN}/i_{IN}。根据基尔霍夫电流定律，i_{IN} 等于流过 R_D 的电流。而 v_{OUT} 等于 $R_D i_{R_D}$，因此可以改写式(5.1.4)为

$$\frac{R_D i_{R_D}}{v_{IN}} = \frac{R_D g_m r_O}{r_O + R_D} \Rightarrow \frac{i_{IN}}{v_{IN}} = \frac{g_m r_O}{r_O + R_D} \tag{5.1.5}$$

可以得到输入电阻为

$$r_{IN} = \frac{v_{IN}}{i_{IN}} = \frac{r_O + R_D}{g_m r_O} \tag{5.1.6}$$

工程问题 5.1.1

负载电阻 R_D 变化的时候，共栅电路输入电阻有什么变化？

讨论：

工程中出现的小电阻阻值常为 $1/g_m$，非常大的电阻阻值常为 $g_m r_O r_O$。此外，常出现的电阻阻值为 r_O。当负载电阻为 $1/g_m$ 时，考虑到 $1/g_m \ll r_O$，利用式(5.1.6)可得：

$$r_{IN} = \frac{r_O + 1/g_m}{g_m r_O} \approx \frac{r_O}{g_m r_O} = \frac{1}{g_m} \tag{5.1.7}$$

如果负载电阻阻值为 $g_m r_O r_O$，有

$$r_{\text{IN}} = \frac{r_{\text{O}} + g_{\text{m}}r_{\text{O}}r_{\text{O}}}{g_{\text{m}}r_{\text{O}}} \approx \frac{g_{\text{m}}r_{\text{O}}r_{\text{O}}}{g_{\text{m}}r_{\text{O}}} = r_{\text{O}} \tag{5.1.8}$$

如果负载电阻阻值为 r_{O},有

$$r_{\text{IN}} = \frac{r_{\text{O}} + r_{\text{O}}}{g_{\text{m}}r_{\text{O}}} = \frac{2}{g_{\text{m}}} \tag{5.1.9}$$

从工程问题 5.1.1 的讨论可以得到,输入端看到的电阻和负载的电阻阻值有关。而且存在一个有趣的现象:共栅放大器从输入端看进去就像一个"缩小镜",可以将负载的电阻变小。

为了分析输出电阻,如图 5.1.4(a)所示,在输出端加入电压。通过 $v_{\text{OUT}}/i_{\text{OUT}}$ 计算得到输出电阻。由于 v_1 为 0,输出电阻很容易求得为 r_{O}。

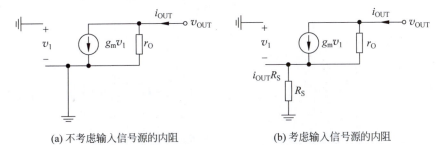

(a) 不考虑输入信号源的内阻　　　　(b) 考虑输入信号源的内阻

图 5.1.4　求输出电阻的小信号等效电路

在之前分析共源极放大器时,没有将输入信号源的内阻纳入考虑范围。这是由于共源极放大器本身具有很高的输入阻抗,因而无须对输入信号源的内阻进行特别考虑。然而,共栅放大器不一样,其输入电阻相对较小,为了考虑更为一般的情况,在图 5.1.4(b)中考虑了输入信号源的内阻。

> 小 Tips:共栅结构可以实现阻抗变换,从源极看进去,可以将漏极的电阻变小为原来的 $1/g_{\text{m}}r_{\text{O}}$,从漏极看进去,可以将源极的电阻变大 $g_{\text{m}}r_{\text{O}}$ 倍。

根据基尔霍夫电流定律,流过 R_{S} 的电流等于 i_{OUT},因此

$$i_{\text{OUT}} = g_{\text{m}}(0 - i_{\text{OUT}}R_{\text{S}}) + (v_{\text{OUT}} - i_{\text{OUT}}R_{\text{S}})/r_{\text{O}} \tag{5.1.10}$$

$$r_{\text{OUT}} = \frac{v_{\text{OUT}}}{i_{\text{OUT}}} = (1 + g_{\text{m}}r_{\text{O}})R_{\text{S}} + r_{\text{O}} \tag{5.1.11}$$

当 R_{S} 和 r_{O} 数量级相近时,有

$$r_{\text{OUT}} \approx g_{\text{m}}r_{\text{O}}R_{\text{S}} \tag{5.1.12}$$

可以发现,和之前在源极输入的观察结果相反,共栅放大器从输出端看进去就像一个"放大镜",可以将输入端的电阻值 R_{S} 变大。

上面的分析并未考虑图 5.1.1(a)中的 R_{D},如果考虑 R_{D},由于在小信号等效电路中两者是并联关系,整体的电阻可以表示为 $[(1+g_{\text{m}}r_{\text{O}})R_{\text{S}}+r_{\text{O}}] \| R_{\text{D}}$。

5.1.2　MOS 管的共源共栅接法

1. 共源共栅电路基本结构

共源共栅(Cascode)放大器是一种共源极和共栅极级联的放大器。如图 5.1.5(a)所示,

是一种电阻负载的共源共栅结构。M_1 可以看作输入器件，M_1 将输入电压转换为 M_1 的漏极电流，此电流通过 M_2 后，在负载 R_D 转化为电压信号。那这样和单纯的共源极放大器有什么区别？

> 小 Tips：注意 cascode 和 cascade 的区别，虽然两者都可以增加增益，但是两者结构不同。本节讨论的 cascode 是一种垂直的级联，而 cascade 是一种类似图 4.1.1 水平的级联。

2. 共源共栅电路大信号分析

为使图 5.1.5(a)电路正常工作，首先要保证 M_1 工作在饱和区，必须满足 $V_X \geqslant V_{IN} - V_{TH1}$。需注意的是 V_X 受 V_b、流过 M_2 的电流以及 M_2 的工作区等因素影响。考虑到 $V_X = V_b - V_{GS2}$，因此，M_1 工作在饱和区的条件是 $V_b - V_{GS2} \geqslant V_{IN} - V_{TH1}$，即 $V_b \geqslant V_{IN} + V_{GS2} - V_{TH1}$。

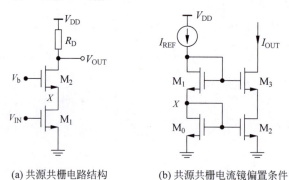

(a) 共源共栅电路结构　　(b) 共源共栅电流镜偏置条件

图 5.1.5　共源共栅电路大信号分析

当 V_{IN} 增加，M_1 电流增加时，M_2 电流随之相应增加，V_{GS2} 也增加，V_X 降低。所以考虑到输入电压会发生变化，在设计电路的时候 V_b 要留有裕度。当 V_{IN} 增大到一定程度时，会导致 M_1 或 M_2 进入线性区，为了保证 M_2 饱和，必须满足 $V_{OUT} \geqslant V_b - V_{TH2}$。如果 V_b 的取值使 M_1 处于饱和边缘，则 $V_{OUT} \geqslant V_{IN} - V_{TH1} + V_{GS2} - V_{TH2}$。因此输出电压的最小值是 M_1 和 M_2 的过驱动电压之和。换句话说，加入共栅极的 M_2 会使电路的输出电压摆幅减小，减小的量至少为一个 MOS 管的过驱动电压。一般而言，这样的损失代价还可以接受。

> 小 Tips：NMOS cascode 结构中的电流由最靠近地的 NMOS 决定。这是因为其他 NMOS 的源极电压不固定，是浮动的。同理，PMOS cascode 结构中的电流由最靠近电源的 PMOS 决定。
>
> 若保证 M_1，M_2 处于饱和区，V_b 变化时，X 点会跟随 V_b 变化。但是由于 V_{IN} 不变，M_1 漏源电流不变(不考虑沟道调制效应)，所以流过 R_D 的电流值不变，V_{OUT} 也不变，因此 V_b 在一定范围内变化不会引起电流以及输出端的电压变化。

但是，进一步分析图 5.1.5(b)所示的共源共栅电流镜电路就会发现，电压损失很大，M_2 的漏极电压 V_{DS2} 大约为 V_{GS0}，M_3 的漏极电压至少为 $V_{GS0} + V_{GS3} - V_{TH3}$ 才能保证 M_2、M_3 处于饱和区。为了缓解这个问题，可以采用图 5.1.6 的结构，此时 X 点的电压下降到 V_{GS0}，而 M_3 的漏极最小电压降为 $V_{GS2} - V_{TH2} + V_{GS3} - V_{TH3}$。这种结构缓解电压余度损失的同时，会引入新的问题，需要选择合适的 V_b，使 M_1 和 M_0 都处于饱和区。如何选取合适的电压见习题 10。

3. 共源共栅电路小信号分析

在接下来的讨论中，将通过小信号分析从两个角度来探讨共源共栅放大器的优势：首先，该放大器能够实现更高的输出阻抗，这一特性不仅有助于提升电路的增益，还能够优化电流镜的性能；其次，它有效地减少了 M_1 漏极电压的波动，这相当于共栅配置为共源器件提供了额外的保护，从而减轻了输出节点电压变化对共源器件的不利影响。

特性一：高输出阻抗。直接求解图 5.1.7(a) 对应的小信号电路比较麻烦，可以分步求解，先算从 M_2 源极朝下看的电阻，然后利用图 5.1.4(b) 求解。

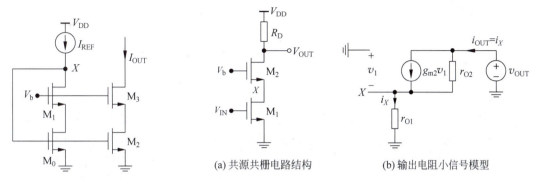

图 5.1.6　低压共源共栅电流镜　　　　图 5.1.7　共源共栅电路小信号分析

从 M_2 源极朝下看的电阻其实就是共源极的输出电阻 r_{O1}。用 r_{O1} 替换图 5.1.4(b) 中的 R_S，即可得到如图 5.1.7(b) 所示的求输出电阻时的小信号模型。将 r_{O1} 替换式(5.1.12)中的 R_S，得到：

$$r_{OUT} \approx g_{m2} r_{O2} r_{O1} \tag{5.1.13}$$

可见，共源共栅结构提供更高的输出阻抗。但是，如果进一步考虑 R_D，由于在小信号等效电路中两者是并联关系，整体的电阻可以表示为 $r_{OUT} = g_{m2} r_{O1} r_{O2} \| R_D$。最终 r_{OUT} 变大多少，这个和 R_D 是有密切关系的。

特性二：共源共栅结构能减小 M_1 漏极电压变化。标记 M_1 的漏极为 X，流过 r_{O1} 的电流标记为 I_X，如图 5.1.7(b) 所示。M_1 漏极电压 v_X 相对 v_{OUT} 变化为

$$\frac{v_{OUT}}{v_X} = \frac{v_{OUT}}{i_X r_{O1}} = \frac{v_{OUT}}{i_{OUT} r_{O1}} \tag{5.1.14}$$

利用式(5.1.11)，进一步得到：

$$\frac{v_{OUT}}{i_{OUT} r_{O1}} = [(1 + g_{m2} r_{O2}) r_{O1} + r_{O2}]/r_{O1} \approx g_{m2} r_{O2} \tag{5.1.15}$$

M_1 漏极电压变化 v_X 相对 v_{OUT} 的变化大幅减少，减轻了输出节点电压的影响，这一点有助于提升电流源的性能。

工程问题 5.1.2

理想电流源的特性是它的输出阻抗无穷大。因此，电流镜的输出阻抗越大，那么它越接近理想电流源。图 5.1.8 所示为普通电流镜和共源共栅电流镜的电路图。请分析共源共栅电流镜的优势。

讨论：

电流镜的目的是为电路提供电流，而理想电流源在端口电压改变时，电流依然不变。这里将参考电流 I_{REF} 设定为 $2\mu A$，共源共栅电流镜的 PMOS 与普通电流镜的 PMOS 参数相同，$W=1000nm$，$L=200nm$。改变输出电压，观察电流变化结果。

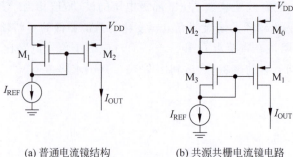

(a) 普通电流镜结构　　　(b) 共源共栅电流镜电路

图 5.1.8　两种电流镜结构对比

可以看到普通电流镜复制的 I_{OUT} 要比共源共栅电流镜复制的电流精度低。若设定误差 5% 为测量基准，从如图 5.1.9 所示的仿真结果对比中可以看到普通电流镜的输出摆幅为 1.2～1.4V，共源共栅电流镜的输出摆幅为 0～1.4V，共源共栅电流镜受电压变化影响较小，在很宽的范围可以保持输出电流精度。还可以看出，当输出电压超过 1.4V 之后，共源共栅电流镜的电流误差变大，这是因为 MOS 管工作在线性区所致。

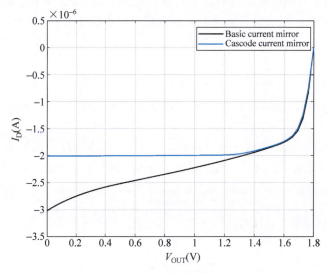

图 5.1.9　仿真结果对比

通过前面的分析，共源共栅电路的输出电阻会得到较大提升，这对于放大器增益来说是至关重要的。下面将通过两种不同的小信号方法分析共源共栅放大器的增益。希望读者从不同角度体会电路分析的美。

(1) 积木法。

之所以命名为积木法，是因为集成电路设计就是由一个个小的功能模块搭建起来，分析一个复杂电路的最有效的方法就是将复杂电路按功能拆分成已熟悉的电路模块，根据已经掌握的关于模块的结论推出整体上的结论。以共源共栅放大器为例，可以看作共源极放大器和共栅极放大

> 小 Spark ✦☆：集成电路设计方法可分为两类，一类称为自顶向下，将系统分解为各个组成部分，分而治之，层层解决，逐个击破。另一类称为自底向上，从已有单元设计出发，组成新功能块，得到子系统设计，进而完成整个系统设计，平时面对一些难题无从下手时，也可以借鉴这两种思路由易到难、循序渐进解决问题。

器的级联,如图 5.1.10(a)所示。共源极放大器的增益可以写为

$$A_{V1} = -g_{m1}(r_{O1} \parallel r_{IN}) \tag{5.1.16}$$

其中,r_{IN} 是从共栅极的源极看过去的阻抗,它的值在工程问题 5.1.1 已做过详细的讨论。

而共栅极放大器的增益可以写为

$$A_{V2} = g_{m2} \cdot (r_{O2} \parallel R_D) \tag{5.1.17}$$

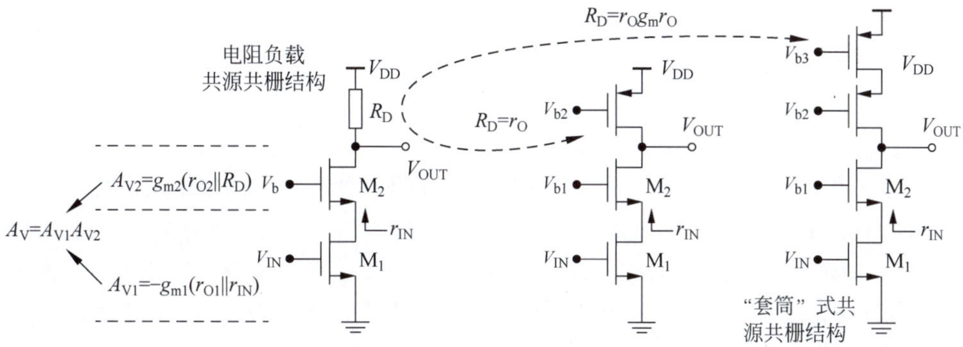

(a) 电阻负载共源共栅放大电路　(b) $R_D=r_O$ 时的典型电路　(c) $R_D=r_Og_mr_O$ 时的典型电路

图 5.1.10 积木法分析共源共栅放大电路

接下来,为了简化分析,首先假设 $g_{m1}=g_{m2}=g_m$,$r_{O1}=r_{O2}=r_O$,然后再讨论 $R_D=r_O$ 和 $R_D=r_Og_mr_O$ 两种特殊情况下的增益。

① $R_D=r_O$(见图 5.1.10(b)):此时 $r_{IN}=\dfrac{2}{g_m}$(式(5.1.9)),把共源极和共栅极两个“积木”搭起来,整体增益为

$$A_V = A_{V1}A_{V2} = -g_m\left(r_O \parallel \frac{2}{g_m}\right)g_m(r_O \parallel r_O) \approx -g_m\left(\frac{2}{g_m}\right)g_m\left(\frac{r_O}{2}\right) = -g_mr_O \tag{5.1.18}$$

和前面章节得到有源负载的共源极放大器增益 $-g_m(r_O \parallel r_O)$ 相比,仅仅增加了一倍。

② $R_D=r_Og_mr_O$(见图 5.1.10(c)):此时 $r_{IN}=r_O$(式(5.1.8)),把共源极和共栅极两个“积木”搭起来,整体增益为

$$\begin{aligned} A_V &= A_{V1}A_{V2} = -g_m(r_O \parallel r_O)g_m(r_O \parallel (r_Og_mr_O)) \\ &\approx -g_m(r_O/2)g_mr_O = -\frac{1}{2}g_mr_Og_mr_O \end{aligned} \tag{5.1.19}$$

和前面章节得到有源负载的共源极放大器增益 $-g_m(r_O \parallel r_O)$ 相比,大幅提高。

(2) $-G_mr_{OUT}$ 法。

在线性电路中,电压增益等于 $-G_mr_{OUT}$,其中,G_m 表示当输出端接地时的等效跨导,即输出电流和输入电压的比值。而 r_{OUT} 表示电路的输出电阻。如果要将 $-G_mr_{OUT}$ 法应用到共源共栅放大器增益的分析中,需要求出 G_m。为了求出 G_m,先求小信号电流 i_{OUT},如图 5.1.11 所示。

根据基尔霍夫电流定律,可以知道支路 1(流过 r_{O1})与支路 2(i_{OUT})的小信号电流的总和是 $g_{m1}v_{IN}$。支路 1 对地的电阻是 r_{O1},支路 2 由于输出接地,对地的电阻仅仅是 $1/g_{m2}$。因此,绝大部分电流从支路 2 流过,$i_{OUT} \approx g_{m1}v_{IN}$,换而言之,$G_m \approx g_{m1}$。而共源共栅放大

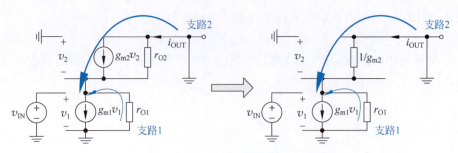

图 5.1.11 求共源共栅等效 G_m

器 $r_{OUT}=g_{m2}r_{O2}r_{O1}\parallel R_D$。所以,放大器增益为 $A_V=-g_{m1}(g_{m2}r_{O2}r_{O1}\parallel R_D)$。读者可以将 $R_D=r_O$ 和 $R_D=r_{O1}g_{m2}r_{O2}$ 代入,并将结果和第一种方法得到的结论进行对比。

当 $R_D=r_{O1}g_{m2}r_{O2}$ 时,可以发现输出电阻增加了约 $g_{m2}r_{O2}$ 倍,增益也相应增加约 $g_{m2}r_{O2}$ 倍。如果考虑增益带宽积 GBW,会出现一个很有趣的现象:和普通共源极相比,GBW 并无明显变化。这是因为主极点 $1/(r_{OUT}C_L)$ 由于输出电阻变大,反而变小了。

4. 折叠共源共栅电路

两个 NMOS 叠起来可以组成共源共栅电路,同样地,两个 PMOS 叠起来也可以组成共源共栅电路,分析方法和 NMOS 类似,不再赘述。下面这部分重点讨论一个 NMOS 和一个 PMOS 组合起来的共源共栅电路。如图 5.1.12(a)所示,两个 MOS 管不在一个垂直的通路上,看上去被折叠了一样。这个电路的大信号电流都是从电源流向地,两个电流的总和是 M_3 的漏源电流。假如输入共源支路 M_1 的电流增加一个 ΔI,由于电流总和不变,共栅支路 M_2 的电流必然减少 ΔI。换个角度,从小信号的角度考虑,有一个反方向的电流 ΔI 流过共栅支路。

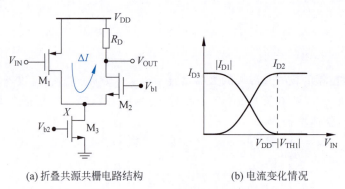

(a) 折叠共源共栅电路结构   (b) 电流变化情况

图 5.1.12 折叠共源共栅电路分析

当图 5.1.12(a)中的 V_{IN} 高于 $V_{DD}-|V_{TH1}|$ 时,M_1 截止,尾电流源 M_3 电流 I_{D3} 都由 M_2 流过。此时,输出电阻上的压差达到最大,输出电压为 $V_{OUT}=V_{DD}-I_{D3}R_D$。随着 V_{IN} 降低,如图 5.1.12(b)所示,M_1 导通,并逐渐增加导通电流,但增加到 I_{D3} 后就不再增加。

这里,如图 5.1.13 所示,再次用积木法分析这个结构的增益。为了分析简单,假设 $g_{m1}=g_{m2}=g_m$,$r_{O1}=r_{O2}=r_{O3}=r_O$。其中,共源极的增益可以写为

$$A_{V1}=-g_m(r_O\parallel r_{IN}) \tag{5.1.20}$$

其中,r_{IN} 是从 X 点看过去的阻抗。为了求这个阻抗,再一次用"积木"的思想进一步拆

分。它是 M_3 的 r_O 与 M_2 源极看进去的阻抗两者的并联。而 M_2 源极看进去阻抗为 $\dfrac{r_O+R_D}{g_m r_O}$(式(5.1.6)),因此 $r_{IN}=r_O \parallel \dfrac{r_O+R_D}{g_m r_O}$。

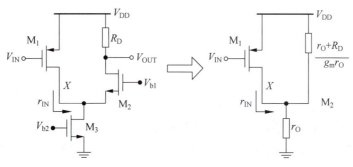

图 5.1.13　积木法分析折叠共源共栅电路结构

根据共栅极增益公式(5.1.4)可以得到:

$$A_{V2}=g_m(r_O \parallel R_D) \tag{5.1.21}$$

把共源极和共栅极两个"积木"搭起来,整体增益为

$$A_V=A_{V1}A_{V2}=-g_m\left(r_O \parallel r_O \parallel \dfrac{r_O+R_D}{g_m r_O}\right)g_m(r_O \parallel R_D) \tag{5.1.22}$$

为了和图 5.1.10(c)的套筒共源共栅式结构进行对比,令 $R_D=r_O g_m r_O$,则式(5.1.22)变为

$$\begin{aligned}A_V &\approx -g_m\left(r_O \parallel r_O \parallel \dfrac{r_O g_m r_O}{g_m r_O}\right)g_m(r_O \parallel (r_O g_m r_O)) \\ &\approx -\dfrac{1}{3}g_m r_O g_m r_O\end{aligned} \tag{5.1.23}$$

可见,折叠共源共栅和前面分析的套筒式的增益相比略小。这里要提醒读者,不要纠结公式中的系数 1/3,设计时常关注的是数量级,只要数量级相同,就可以认为它们具有一样的高增益。从事集成电路设计工作时要有严谨的态度,但抓主要矛盾的思维在工程分析中也非常重要。

工程问题 5.1.3

设计一个如图 5.1.14 所示的折叠共源共栅放大器,$V_{DD}=1.8V$,总电流 $I_{TOTAL}=20\mu A$,$A_V=-170$,输出电压 $V_{OUT,MAX}=1.6V$,$V_{OUT,MIN}=0.55V$,当 PMOS 的 L 为 $4\mu m$ 时,$\lambda_p=0.134$,假设 $\mu_n C_{ox}=280\mu A/V^2$,$\mu_p C_{ox}=80\mu A/V^2$。

设计:

由于总电流 $I_{TOTAL}=20\mu A$,假设两个支路的电流平均分配 $I_{D1}=I_{D2}(I_{D4})=\dfrac{1}{2}I_{TOTAL}$。图 5.1.14 中用蓝色框标识出每步设计的出发点,例如,M_4 可以根据输出电压的要求求出。为了让 M_4 处于饱和区,$V_{DD}-V_{OUT,MAX}=|V_{GS}-V_{TH}|$,根据饱和区电流公式:

$$\dfrac{W_4}{L_4}=\dfrac{2I_{D4}}{\mu_p C_{ox}(V_{DD}-V_{OUT,MAX})^2} \approx 6.25 \tag{5.1.24}$$

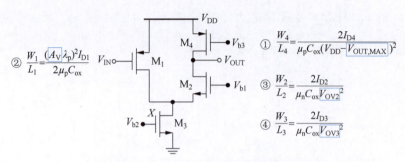

图 5.1.14　折叠共源共栅放大器设计

M_1 的尺寸可以根据增益要求求出。这个折叠共源共栅的增益可以利用式(5.1.22)求出,此时公式中的 R_D 为 M_4 的小信号等效电阻 r_{O4}。因此,增益为

$$A_V = A_{V1}A_{V2} = -g_{m1}\left(r_{O1} \| r_{O3} \| \frac{r_{O2}+r_{O4}}{g_{m2}r_{O2}}\right)g_{m2}(r_{O2} \| r_{O4}) \approx g_{m1}r_{O4} \tag{5.1.25}$$

其中,$g_{m1} = \sqrt{2\dfrac{W_1}{L_1}\mu_p C_{ox} I_{D1}}$,$r_{O4} = \dfrac{1}{\lambda_p I_{D4}}$,因此:

$$\frac{W_1}{L_1} = \frac{(A_V\lambda_p)^2 I_{D1}}{2\mu_p C_{ox}} \approx 32 \tag{5.1.26}$$

假设偏置电压 V_{b1} 和 V_{b2} 是由图 5.1.5(b)的共源共栅电流镜产生的,因此 M_3 相对 M_2 分得较多的电压余度。M_2 过驱动电压分得 0.1V。M_3 分得 0.1+0.35V,其中,0.35V 是这种简单的共源共栅电流镜带来的电压余度的损失。

$$\frac{W_3}{L_3} = \frac{2I_{D3}}{\mu_n C_{ox}(0.1)^2} \approx 14.3 \tag{5.1.27}$$

$$\frac{W_2}{L_2} = \frac{2I_{D2}}{\mu_n C_{ox}(0.1)^2} \approx 7.1 \tag{5.1.28}$$

其实,在工程中,M_2 尺寸不需要太严格,L 通常取最小值,W 取和 M_3 相同的值。

此外,还发现套筒式中共源、共栅的偏置电流是共用的,然而折叠共源共栅中的共源、共栅的偏置电流是不共用的,换言之,折叠共源共栅消耗的功耗更大,通常需要两倍的电流,与此同时,还需多增添一个管子。既然有如此多的缺点,那为什么还要使用折叠共源共栅放大器? 在下面一节,将会讨论这个问题。

5.2　共源共栅差分放大器

在前面的学习中,可以知道差分结构与单边放大器相比能较好地抑制噪声。共源共栅放大器同样也可以采用差分的结构。接下来,为了更全面地理解差分与共源共栅相结合的优势,将深入探讨两种具体的结构类型:套筒共源共栅差分放大器和折叠共源共栅差分放大器。

5.2.1 套筒共源共栅差分放大器

图 5.2.1 展示了两种常见的套筒共源共栅差分电路。对于差模交流小信号而言，图 5.2.1(a)的电源 V_{DD} 和 M_0 的漏端都应视为"地电位"。由于电路完全对称，只需分析其单边小信号增益。这个单边放大器的增益在 5.1.2 节已得到，即等于放大器输入管的跨导和放大器输出阻抗的乘积。该单边电路中输入管的跨导近似不变，仍为 g_{m1}，输出阻抗增大为 $r_{O1}g_{m3}r_{O3} \parallel r_{O7}g_{m5}r_{O5}$。当考虑完整的差分结构时，由于输出变大两倍，输入也变大两倍，由此可以得到该电路的增益仍为

$$A_V \approx -g_{m1}(r_{O1}g_{m3}r_{O3} \parallel r_{O7}g_{m5}r_{O5}) \tag{5.2.1}$$

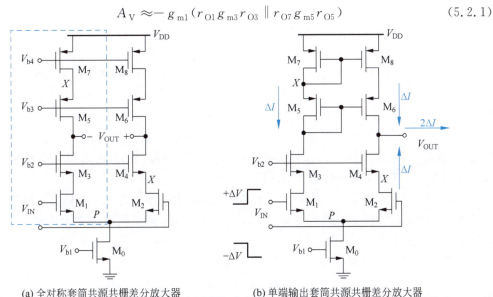

(a) 全对称套筒共源共栅差分放大器　　(b) 单端输出套筒共源共栅差分放大器

图 5.2.1　两种共源共栅差分放大器

对比于简单差分结构的增益，套筒式结构的增益要提高很多。通常，增加增益的方法有三种：①如 4.1 节和第 6 章讨论的增加额外的增益级；②增加跨导，但跨导随着电流的平方根增长，利用提高电流来增加跨导，通常需要较大的电流代价；③增加输出电阻，可以利用共源共栅结构增加输出电阻。

图 5.2.1(b)的电路不完全对称，和 4.3.4 节类似，可以使用 $-G_m r_{OUT}$ 分析。在分析等效的 G_m 时，V_{OUT} 需接地，对地电阻为 0，而 M_5、M_7 支路的电阻仅为 g_m^{-1}，也非常小。仍可认为两边的电路近似对称，P 点虚地。又由于 M_5、M_6、M_7、M_8 组成了电流镜，将左右两边的小信号电流 $\Delta I = g_{m1}\Delta V$ 和 $\Delta I = g_{m2}\Delta V$ 在输出端汇聚，所以，$|G_m| = g_{m1,2}$。r_{OUT} 的计算比较复杂，这里不展开分析，直接给出结论，近似于图 5.2.1(a)的输出电阻 $r_{OUT} = r_{O2}g_{m4}r_{O4} \parallel r_{O8}g_{m6}r_{O6}$，增益也近似与式(5.2.1)类似，但无负号。

工程问题 5.2.1

既然图 5.2.1(a)和图 5.2.1(b)的增益近似相同，那两个结构有什么不同？在应用上各有什么优点？

讨论：

偏置电压对比： 图 5.2.1(a)中的左右两个支路电流 I_{D7} 和 I_{D8} 相等,他们的和是 M_0 的电流 I_{D0}。换而言之,$M_7(M_8)$ 和 M_0 的栅极都能决定电流。这样会造成潜在的冲突,如果管子的尺寸、阈值电压在芯片制造时出现偏差,V_{OUT+} 和 V_{OUT-} 的电压会出现很大的波动。例如,如果制造后的 M_0 的电流偏大,V_{OUT+} 和 V_{OUT-} 的电压会大幅下降,很有可能将 M_0、M_1 和 M_2 压到线性区,强迫 M_0 电流变小。反之,如果 M_0 的电流偏小,V_{OUT+} 和 V_{OUT-} 的电压会大幅上升,很有可能将 M_5-M_8 压到线性区,强迫 M_7、M_8 电流变小。因此,必须要在 $M_7(M_8)$ 或 M_0 的栅极引入动态调整机制,根据输出电压动态调整 $M_7(M_8)$ 或 M_0 的栅极。这个调整机制被称为共模反馈,需要额外的电路。V_{b2} 和 V_{b3} 的偏置电压并不决定工作电流。因此,可以在一定范围内波动,只要能保证各个管子处于饱和区即可,无须精确设置,也无须额外地动态偏置调整电路。与图 5.2.1(a)不同的是,图 5.2.1(b)中的 M_7 是二极管连接,只有 M_0 的栅极能决定电流,无需共模反馈机制,偏置电路较为简单。

电压余度对比： 图 5.2.1(a)结构的每条支路上层叠了 5 个晶体管,若 NMOS 晶体管与 PMOS 晶体管的源漏电压相同,那么输出电压的摆幅至少会消耗 5 个漏源电压 V_{DS}。当晶体管处于临界饱和状态时,$V_{DS}=V_{GS}-V_{TH}$。得到最后的电压余度为 $V_{DD}-5(V_{GS}-V_{TH})$。然而在图 5.2.1(b)双端到单端的转换过程中用到二极管接法,因此电压余度便会进一步损失一个 V_{TH},得到电压余度为 $V_{DD}-4(V_{GS}-V_{TH})-V_{GS}$。

输出摆幅对比： 图 5.2.1(a)结构是全差分电路,双端输出 V_{OUT+} 和 V_{OUT-} 的电压余度都为 $V_{DD}-5(V_{GS}-V_{TH})$,而差分输出 $V_{OUT+}-V_{OUT-}$,输出摆幅扩大为两倍:$2[V_{DD}-5(V_{GS}-V_{TH})]$。而图 5.2.1(b)结构是单端输出,输出摆幅仅为 $V_{DD}-4(V_{GS}-V_{TH})-V_{GS}$。

两种拓扑结构的共源共栅放大器特性见表 5.2.1。

表 5.2.1 两种拓扑结构的共源共栅放大器特性

放大器类型	全对称套筒共源共栅差分电路	单端输出套筒共源共栅差分电路
偏置电压	共模反馈	较为简单
电压余度对比	较低 $V_{DD}-5(V_{GS}-V_{TH})$	低 $V_{DD}-4(V_{GS}-V_{TH})-V_{GS}$
输出摆幅	大 $2[V_{DD}-5(V_{GS}-V_{TH})]$	较小 $V_{DD}-4(V_{GS}-V_{TH})-V_{GS}$

读者还可以进一步对比带宽、噪声、共模抑制比等方面。

接着分析输入与输出短路时,如图 5.2.2 所示的单位增益反馈电路正常工作的电压条件。首先,输出 V_{OUT} 不能太低,即 $V_{OUT}-V_X \geqslant V_{b2}-V_X-V_{TH4}$,才能保证 M_4 处于饱和区。其次,V_{OUT} 也不能太高,即 $V_X-V_P \geqslant V_{OUT}-V_P-V_{TH2}$,才能保证 M_2 处于饱和区。因此,套筒共源共栅放大器很难将输入和输出短接实现单位增益缓冲器。M_2 和 M_4 均工作在饱和区的条件是 $V_{OUT} \leqslant V_X+V_{TH2}=V_{b2}-V_{GS4}+V_{TH2}$,以及 $V_{OUT} \geqslant V_{b2}-V_{TH4}$。所以这个输出电压的范围只能是

$$V_{b2}-V_{TH4} \leqslant V_{OUT} \leqslant V_{b2}-V_{GS4}+V_{TH2} \tag{5.2.2}$$

即使 V_{GS4} 逼近 V_{TH4},这个电压范围也只不过大概是一个阈值电压 V_{TH2} 的大小。出现这个问题的原因是上面分析过程中的不等式中都出现了 V_{b2}。为了缓解这个问题,可以采

用折叠共源共栅放大器。

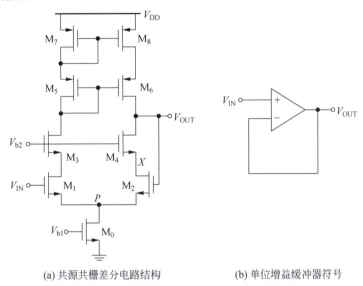

(a) 共源共栅差分电路结构　　　　(b) 单位增益缓冲器符号

图 5.2.2　输入与输出短路的套筒共源共栅差分电路

5.2.2　折叠共源共栅差分放大器

1. 折叠共源共栅差分电路基本结构

在 5.2.1 节中,讨论了套筒共源共栅放大器只能提供较小的输出摆幅,并且在选择相同的输入与输出共模电平时面临困难。为了解决这些问题,可以采用之前提及的折叠技术,形成一种"折叠共源共栅"差分放大器。如图 5.2.3 所示的折叠共源共栅电路采用 PMOS 器件作为输入对管。相较于采用 NMOS 器件作为输入的设计,PMOS 输入对管的跨导相对较低。

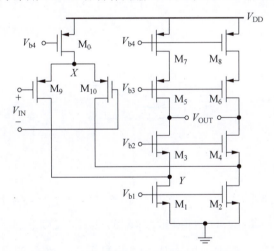

图 5.2.3　折叠共源共栅差分放大结构

在套筒式结构中,输入共模电平、NMOS 和 PMOS 共源共栅管的偏置电压都必须小心确定,而在折叠式结构中,仅后两个是要严格确定的。但是要注意,这些优点是以较大的功耗、面积等为代价得到的。

2. 折叠共源共栅差分放大器大信号分析

这部分将通过分析电路的偏置要求,进一步理解折叠结构的优点。首先,分析输入共模电压要求。当输入电压达到最高时,图 5.2.3 中 X 点的最高电压为 $V_{\text{IN,MAX}} + |V_{\text{GS9}}|$,为了保证 M_0 处于饱和区,$V_{\text{DD}} - (V_{\text{IN,MAX}} + |V_{\text{GS9}}|) > |V_{\text{GS0}} - V_{\text{TH0}}|$,换言之,

$$V_{\text{IN,MAX}} < V_{\text{DD}} - |V_{\text{GS0}} - V_{\text{TH0}}| - |V_{\text{GS9}}| \tag{5.2.3}$$

当输入电压达到最低时,Y 点的电压要大于 $V_{b1} - V_{\text{TH1}}$,以使 M_1 处于饱和区,同时,Y 点电压要小于 $V_{\text{IN,MIN}} + |V_{\text{TH9}}|$,使 M_9 处于饱和区,即要满足

$$V_{\text{IN,MIN}} > V_{b1} - V_{\text{TH1}} - |V_{\text{TH9}}| \tag{5.2.4}$$

接着,分析输出电压范围。如果适当选取偏置电压,输出摆幅为

$$V_{\text{OUT,MAX}} < V_{\text{DD}} - V_{\text{OV5}} - V_{\text{OV7}} \tag{5.2.5}$$

$$V_{\text{OUT,MIN}} > V_{\text{OV1}} + V_{\text{OV3}} \tag{5.2.6}$$

因此,放大器每一边的两峰值摆幅为

$$V_{\text{DD}} - V_{\text{OV1}} - V_{\text{OV3}} - V_{\text{OV5}} - V_{\text{OV7}} \tag{5.2.7}$$

通过对比,注意到,相比套筒共源共栅电路,折叠共源共栅电路的最大输出摆幅提高了一个过驱动电压 V_{OV}。同时,双端输出的折叠共源共栅放大的输出摆幅是其中一边摆幅的两倍。尽管如此,需要留意在图 5.2.3 中,流经 M_1 和 M_2 的电流是所有 MOS 管中最大的。若要将它们对节点 Y 的电容贡献降至最低,M_1 和 M_2 的尺寸就不能过大。这便需要一个相对较高的过驱动电压,使摆幅的提升没有预想的大。

3. 折叠共源共栅差分放大器小信号分析

确定如图 5.2.3 所示折叠共源共栅的电压增益,可以采用图 5.2.4(a)所示的半边电路,按前面学习的方法,分别求出 G_m 和 r_{OUT},从而得到 $A_V = -G_m r_{\text{OUT}}$。

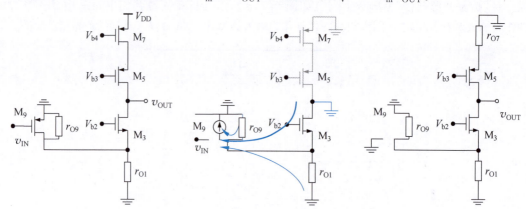

(a) 折叠共源共栅差分放大器单边等效　　(b) 计算 G_m 等效电路　　(c) 计算输出电阻等效电路

图 5.2.4　折叠共源共栅差分放大器小信号分析

计算 G_m 时,v_{OUT} 需要接地。因为从 M_3 的源端往上看到的阻抗远低于 $r_{O9} \| r_{O1}$,图 5.2.4(b)所示大部分电流将流向 M_3,使输出短路电流约等于 M_9 的漏电流从而导致 $G_m \approx g_{m9}$。图 5.2.4(c)给出了输出电阻计算等效电路,利用式(5.1.12)可得

$$r_{\text{OUT}} = (g_{m5} r_{O5} r_{O7}) \| [g_{m3} r_{O3} (r_{O1} \| r_{O9})] \tag{5.2.8}$$

由此可以得出

$$A_V = -g_{m9}\{(g_{m5}r_{O5}r_{O7}) \| [g_{m3}r_{O3}(r_{O1} \| r_{O9})]\} \quad (5.2.9)$$

和套筒共源共栅差分放大器的增益式(5.2.1)进行对比，可以发现式(5.2.9)中出现了 $r_{O9} \| r_{O1}$，而且 M_1 流过了输入器件和共源共栅支路的两股电流，r_{O1} 相对较小。因此，折叠共源共栅的增益比类似的套筒共源共栅的增益小。

另外，折叠共源共栅差分放大器的频率响应主要由输出极点确定，输出极点为 $\dfrac{1}{r_{OUT}C_L}$。GBW 并无明显变化，仍是 g_{m9}/C_L。

对图 5.2.3 所示的结构稍作调整，将负载部分更换为电流镜，就可以得到图 5.2.5 所示的单端输出形式。M_9、M_{10} 为 PMOS 输入差分对，M_1、M_2 提供输入器件的偏置电流，M_3、M_4 与 M_9、M_{10} 形成输入共源共栅器件。M_5、M_6、M_7、M_8 构成的共源共栅电流镜把双端输出转换成单端输出。它的增益为 $A_V = g_{m9}\{(g_{m5}r_{O5}r_{O7}) \| [g_{m3}r_{O3}(r_{O1} \| r_{O9})]\}$。

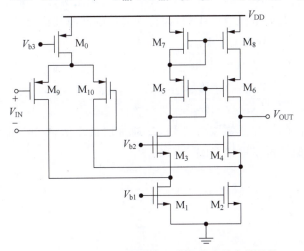

图 5.2.5　单端输出折叠共源共栅差分放大器结构

第 9 集
微课视频

工程问题 5.2.2

设计一个如图 5.2.6 所示的折叠共源共栅差分放大器。$V_{DD}=1.8\mathrm{V}$，总电流 $I_{TOTAL}=20\mu\mathrm{A}$，输出电压 $V_{OUT,MAX}=1.6\mathrm{V}$，$V_{OUT,MIN}=0.55\mathrm{V}$，输入共模电压 $V_{IN,MAX}=1\mathrm{V}$，$V_{IN,MIN}=0.2\mathrm{V}$，假设 $\mu_n C_{ox}=280\mu\mathrm{A/V}^2$，$\mu_p C_{ox}=80\mu\mathrm{A/V}^2$，$V_{THn}=V_{THp}=0.35\mathrm{V}$。$C_L=2.4\mathrm{pF}$，GBW$=12\mathrm{MHz}$。

小 Tips：若 MP_3 的电流为 0，重新启动电流镜的延时较大，因此，在设计时，也可以考虑让 MN_3、MN_4 的电流大于 $10\mu\mathrm{A}$，以便留有余地。

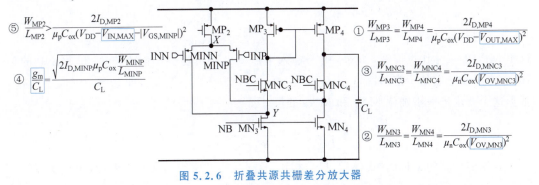

图 5.2.6　折叠共源共栅差分放大器

设计：

首先进行电流分配，MP_2 分配 $10\mu A$，MP_3、MP_4 各分配 $5\mu A$。MN_3 汇聚了 MINN 和 MP_3 电流共 $10\mu A$。同理，MN_4 电流共 $10\mu A$。

$MP_3(MP_4)$ 的尺寸比例可以根据输出电压的要求求出。为了让 MP_3 处于饱和区，$V_{DD}-V_{OUT,MAX}=|V_{GS}-V_{TH}|$，根据饱和区电流公式

$$\frac{W_{MP3}}{L_{MP3}}=\frac{W_{MP4}}{L_{MP4}}=\frac{2I_{D,MP4}}{\mu_p C_{ox}(V_{DD}-V_{OUT,MAX})^2}\approx 3 \quad (5.2.10)$$

留有一定余量，$\frac{W_{MP3}}{L_{MP3}}=\frac{W_{MP4}}{L_{MP4}}=4$。$MN_3(MN_4)$ 的尺寸比例也可以根据输出电压的要求求出。$MN_3(MN_4)$ 相对 $MNC_3(MNC_4)$ 分得较多的电压余度。$MNC_3(MNC_4)$ 过驱动电压分得 $0.1V$。$MN_3(MN_4)$ 分得 $(0.1+0.35)V$，其中，$0.45V$ 是考虑到偏置电压 NBC 和 NB 是由图 5.1.5(b) 的共源共栅电流镜产生的，而这种简单的共源共栅会带来电压余度的损失。

$$\frac{W_{MN3}}{L_{MN3}}=\frac{W_{MN4}}{L_{MN4}}=\frac{2I_{D,MN4}}{\mu_n C_{ox}(0.1)^2}\approx 7.1 \quad (5.2.11)$$

$$\frac{W_{MNC3}}{L_{MNC3}}=\frac{W_{MNC4}}{L_{MNC4}}=\frac{2I_{D,MNC4}}{\mu_n C_{ox}(0.1)^2}\approx 3.6 \quad (5.2.12)$$

其中，$MNC_3(MNC_4)$ 的尺寸不需要太严格，L 通常取最小值，W 取和 $MN_3(MN_4)$ 相同的值。MINN、MINP 的值可以根据 GBW 求出。

$$\frac{g_m}{C_L}=\frac{\sqrt{2I_{D,MINP}\mu_p C_{ox}\frac{W_{MINP}}{L_{MINP}}}}{C_L}=2\pi\times 1.2\times 10^7 \quad (5.2.13)$$

因此，

$$\frac{W_{MINP}}{L_{MINP}}=\frac{(2\pi\times 1.2\times 10^7 C_L)^2}{2I_{D,MINP}\mu_p C_{ox}}\approx 40.9 \quad (5.2.14)$$

MP_2 的尺寸比例可以根据输入电压的要求求出，X 点的最高电压为 $V_{IN,MAX}+|V_{GS,MINP}|$，因此有

$$\frac{W_{MP2}}{L_{MP2}}>\frac{2I_{D,MP2}}{\mu_p C_{ox}(V_{DD}-V_{IN,MAX}-|V_{GS,MINP}|)^2}$$

$$=\frac{2I_{D,MP2}}{\mu_p C_{ox}\left(V_{DD}-V_{IN,MAX}-\sqrt{\frac{2I_{D,MINP}}{\mu_p C_{ox}\frac{W_{MINP}}{L_{MINP}}}}-|V_{THp}|\right)^2}\approx 1 \quad (5.2.15)$$

这里 MP_2 的尺寸比例取 2。此外，由于输入电压变低时可能会影响 MINN 和 MINP 的工作区，为了使它们处于饱和区，$V_{IN,MIN}+|V_{THp}|>V_Y>V_{NB}-V_{THn}$，即 $0.55>V_{NB}-V_{THn}$，根据这个要求进一步确认 MN_3 和 MN_4 的尺寸。

$$\frac{W_{MN3}}{L_{MN3}}=\frac{W_{MN4}}{L_{MN4}}>\frac{2I_{D,MN4}}{\mu_n C_{ox}(0.55)^2}\approx 0.23 \quad (5.2.16)$$

与先前计算的宽长比（式(5.2.11)）相比，这一要求非常容易实现。然而，由于实际管子

的特性偏离了平方率电流公式,上述计算推导在设计过程中仅能作为起始点。尽管最终设计可能会与理论推导出现差距,但平方率电流公式仍然至关重要,上述公式能为参数调整方向提供指导。

仿真验证:

下面根据所得到的器件尺寸进行仿真。V_{GS} 很接近 V_{TH} 时,式(5.2.13)、式(5.2.14)理论推导和实际有一定偏差。如图 5.2.7 所示,此放大器的增益约为 45.9dB,GBW=10MHz。

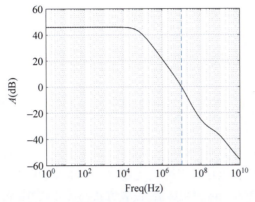

图 5.2.7　折叠共源共栅差分放大器仿真

5.3　折叠共源共栅电路的仿真

本节对工程问题 5.1.3 中涉及的折叠共源共栅电路的 DC 扫描和瞬态仿真验证方法进行详细的说明。

(1) 在 EDA 软件中绘制折叠共源共栅电路的电路图并搭建 DC 仿真环境,如图 5.3.1 所示。图中各元器件的参数记录于表 5.3.1 中。

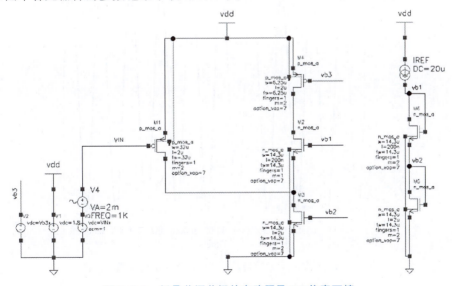

图 5.3.1　折叠共源共栅的电路图及 DC 仿真环境

表 5.3.1　图 5.3.1 中的器件参数

器件名	$W/\mu m$	$L/\mu m$	Multiplier	DC 电压/V	DC 电流/μA
M1	32	2	2	—	—
M2	14.3	0.2	1	—	—
M3	14.3	2	2	—	—
M4	6.25	2	2	—	—
M5	14.3	2	2	—	—
M6	14.3	0.2	2	—	—
V1	—	—	—	1.8	—
V2	—	—	—	Vb3x	—
V3	—	—	—	VINx	—
V4	—	—	—	0	—
IREF	—	—	—	—	20

（2）配置 DC 仿真参数。M_3 栅极电压 V_{b2} 和 M_2 栅极电压 V_{b1} 由图 5.3.1 右侧二极管连接的 MOS 管产生。为了让 M_1 和 M_4 各流过 $10\mu A$ 电流，需要对 V_{IN} 和 V_{b3} 的直流偏置电压合理设置。将两个偏置电压分别设成变量 VINx 和 Vb3x 进行扫描。并在 MDE 中设置 VINx 和 Vb3x 的变量的名称和初始值，设置方法与图 2.3.10 相同。同时在仿真参数扫描设置页面设置扫描范围和步长。

（3）配置输出参数。重点观察输出 V_{OUT} 的电压变化和 M_1、M_4 流过的电流。

（4）运行 DC 仿真。发现当 V_{IN} 和 V_{b3} 的电压分别为 1.385V 和 1.2525V 左右的时候，M_1 和 M_4 的电流大约为 $10\mu A$。输出偏置电压 V_{OUT} 适中。

（5）重新设置 V_{IN} 和 V_{b3} 的初始值电压分别为 1.385V 和 1.2525V，V4 的摆幅设置为 2mV，频率设置为 1kHz。运行瞬态仿真，仿真时间设置为 10ms。此时瞬态波形如图 5.3.2 所示，仿真增益约为 -110。

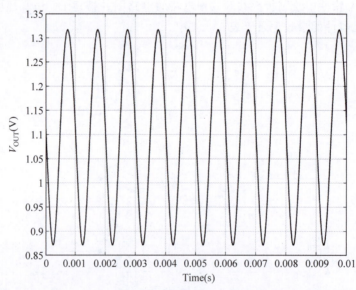

图 5.3.2　折叠共源共栅电路的 DC 扫描和瞬态仿真波形图

5.4 本章总结

本章围绕放大器输入级设计,介绍了提升放大器输入级增益的共源共栅电路结构和特性。通过一系列工程问题及讨论,向读者展示了套筒差分和折叠差分放大器的分析、计算和参数优化方法。本章的主要知识点如下:

- MOS管的共栅接法(共栅放大器):从源极看进去就像一个"缩小镜",可以将漏极的电阻变小,缩小到约$(g_m r_O)^{-1}$;从漏极看进去就像一个"放大镜",可以将源极的电阻放大约$g_m r_O$倍。
- 共源共栅放大器相当于共源放大器和共栅放大器的串联,该结构具有高输出阻抗并能减小共源极的漏极电压变化。
- 共源共栅放大电路增益和负载密切相关。要想使共源共栅结构达到最大增益,其负载的阻抗必须达到$g_m r_O r_O$这一量级。
- 具备折叠结构的共源共栅放大器拥有较大的输入电压范围,而且输入和输出能够轻松组成单位增益缓冲器,它还具有较大的摆幅。这些优势是以较大的功耗面积和电压增益损耗等作为代价换取的。表5.4.1详细展示了共源共栅结构和折叠共源共栅结构的增益等特性。

表 5.4.1 两种拓扑结构的共源共栅放大器特性

放大器类型	共源共栅放大器(共源共栅电流源负载)	折叠共源共栅放大器(共源共栅电流源负载)
增益(A_V)	高 $\left(-\dfrac{1}{2}g_m r_O g_m r_O\right)$	较高 $\left(-\dfrac{1}{3}g_m r_O g_m r_O\right)$
单边电路输出阻抗	高 $\left(\dfrac{1}{2}g_m r_O r_O\right)$	较高 $\left(\dfrac{1}{3}g_m r_O r_O\right)$
单边电路跨导	g_m	g_m
GBW	$g_m/(2\pi C_L)$	$g_m/(2\pi C_L)$

- 共源共栅放大器同样可以设计成差分形式,包括套筒结构和折叠结构。其增益与相应的共源共栅放大器增益近似。

5.5 本章习题

注:如无特殊说明,MOS器件参数均采用表2.8.1中的参数。

1. 共源共栅放大器与单独的共源或共栅放大器相比有何优势?
2. 共源共栅放大电路的增益如何受负载阻抗的影响?
3. 折叠结构的共源共栅放大器有哪些优势?为了获得这些优势,折叠结构的共源共栅放大器需要做出哪些牺牲?
4. 为什么说共栅放大器像一个"缩小镜"或"放大镜"?
5. 折叠共源共栅放大器为什么能够提供较大的输入电压范围?

6. 设 MOS 管工作在饱和区，假设 $W=10\mu m, L=1\mu m, I_1=100\mu A, R_D=10k\Omega$，计算图 5.1.1(b) 中的共栅放大器中的输入电阻和增益。当 $R_D=5\times 10^6\Omega$ 时，重新计算输入电阻，并分析有什么不合理的地方。

7. 设计一个如图 5.5.1 所示的共栅放大电路，要求输入电阻为 100Ω，假设 $L=1\mu m$，各个管子的 W 相同，$V_{GS}-V_{TH}=200mV$，计算 I_0 和 W。

8. 如图 5.1.5(b) 所示的 NMOS 的共源共栅电流镜，其电流为 $200\mu A$，所有管子的 $W/L=100/1$，保证每个管子都处于饱和区，那么输出的最低电压为多少？

9. 求如图 5.5.2 所示的电路处于饱和区时的输出电阻，假设 $W_1/L_1=10/1, W_2/L_2=20/1$。

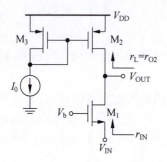

图 5.5.1 分析共栅放大器输入电阻

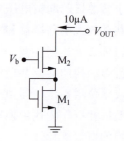

图 5.5.2 分析共栅放大器输出电阻

10. 求如图 5.5.3 所示的低压共源共栅电流镜中 V_b 电压的最小值和最大值，以保证 M_0 和 M_1 处于饱和区。

11. 对于如图 5.5.4 所示的电路，假设 M_1 和 M_2 的阈值电压为 $0.35V$ 和 $0.4V$。$V_{b1}=0.55V, V_{b2}=0.8V$，当 V_{IN} 从 0 变为 $1.8V$ 时，画出电流随电压变化的曲线。

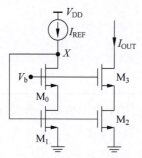

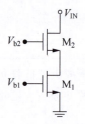

图 5.5.3 分析低压共源共栅偏置条件　　图 5.5.4 分析共源共栅输出电流

12. 共源共栅放大器的 4 个版本如图 5.5.5 所示。所有器件的所有 W/L 比相等，并且每个 MOS 器件中的所有偏置电流相等。分析哪个或哪些电路：

（1）信号电压增益最高；

（2）小信号电压增益最低；

（3）输出电阻最高；

（4）输出电阻最低；

（5）$V_{OUT,MAX}$ 最高；

（6）$V_{OUT,MAX}$ 最低。

(7) $V_{OUT,MIN}$ 最高；

(8) $V_{OUT,MIN}$ 最低；

(9) 3dB 带宽最大。

13. 图 5.5.6 所示的电路结构为共源共栅电路，假设 $W_1/L_1=100/1, W_2/L_2=100/0.2$，$I_{D1}=500\mu A, R_D=1000\Omega$，求

(1) 为了保证管子都处于饱和区，V_b 电压的最小值（工程设计时需要保留一定裕量，要适当提高 V_b 电压，但是如果电压过高会降低输出电压摆幅）；

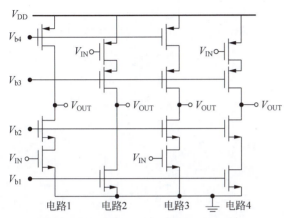

图 5.5.5 对比不同的共源共栅电路

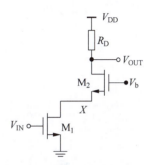

图 5.5.6 共源共栅电路偏置和小信号增益

(2) 计算小信号电压增益。

14. 画出任意双端输入单端输出差分放大器的电路结构，求电压增益表达式；根据表达式给出三种以上的方法提高低频增益。提示：可以通过变化电路架构或参数来实现。

15. 图 5.5.7 所示的电路是一种可以提升增益的结构，M_1 支路是主放大支路，M_3 支路用于提升增益，因此设定 $I_{D5}=500\mu A, I_{D4}=100\mu A$。假设 $W/L=100/1, L=1\mu m$。计算

(1) 各个管子的栅极直流偏置电压；

(2) 求电路小信号增益。

16. 在如图 5.5.8 所示的放大器中，已设定参数 $W/L=10/1, I_{D0}=100\mu A, V_{b1}=1.1V$。推算

(1) V_X 的值；

(2) 最大及最小允许的输入共模电平；

(3) 当 M_2 的栅与输出相连时，求输出摆幅范围。

17. 假设在图 5.5.9 中 $I_{D1}=I_{D5}=20\mu A, M_2$ 的尺寸为 $W/L=20/1$。除了 M_2，其他参数 $W/L=10/1$。假设所有 MOS 管在饱和区，求 r_{OUT} 和增益。

18. 求如图 5.5.10 所示的电路结构增益。假设电流 $I_{D0}=I_{D1}=I_{D2}=2\mu A, W/L=10/1, L=1\mu m$。

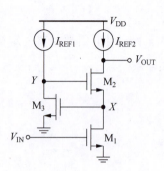

图 5.5.7 增益提升共源共栅电路

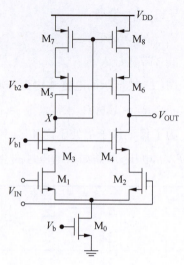

图 5.5.8 差分共源共栅电路

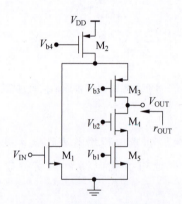

图 5.5.9 折叠共源共栅电路

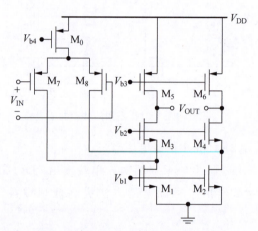

图 5.5.10 折叠差分共源共栅电路

第 6 章 放大器的输出级设计

CHAPTER 6

学习目标

本章的学习目标是掌握如何选择合适的输出级,掌握设计共源放大器输出级的方法,以及掌握对放大器进行相位补偿的方法。

- 掌握选择合适输出级的方法。
- 掌握放大器相位补偿的方法。

任务驱动

完成共源放大器输出级电路的设计,如图 6.0.1 所示。

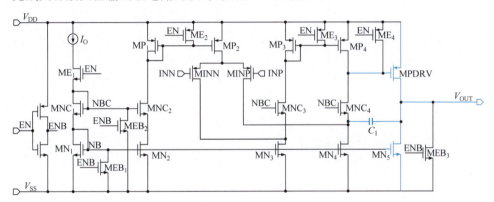

图 6.0.1 贯穿项目设计之输出级负载设计

知识图谱

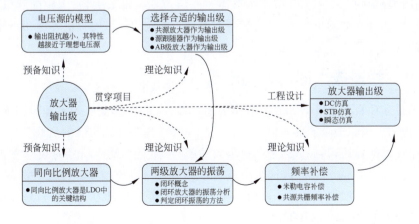

6.1 预备知识

1. 电压源的模型

电压源的等效模型及其电压电流特性如图 6.1.1 所示。对于理想电压源,由于其输出阻抗 R_O 为零,输出电压 V_O 与提供给负载 R_L 的电流 I_O 无关,而对于实际电压源,由于 R_O 不为零,输出电压 V_O 随提供给负载 R_L 的电流 I_O 的变化而变化。输出阻抗越小,其特性越接近于理想电压源。

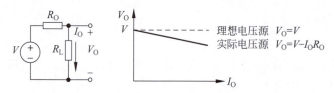

图 6.1.1 电压源的等效模型及其电压电流特性

2. 电压跟随器

电压跟随器如图 6.1.2 所示,是放大器的一个典型应用。在存在一个固定参考电压 V_{REF} 的情况下,根据放大器的"虚短"效应,可得到

$$V_{OUT} = V_{REF} \tag{6.1.1}$$

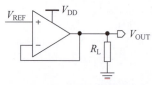

图 6.1.2 电压跟随器

从上式可以看出,输出电压 V_{OUT} 与电源电压 V_{DD} 无关,因此可以减缓来自 V_{DD} 的波动,实现稳压的效果。同时,V_{OUT} 也与负载 R_L 无关,因此可以在给各种负载提供不同驱动电流的同时保持输出电压的稳定,功能上相当于一个电压源。

6.2 选择合适的输出级

输出级作为两级放大器中的末级,承担着将前一级信号转换为适合负载需求的电压、提高整体电压增益以及向负载供应适当驱动电流等多项关键职能,对于放大器的整体表现起到了决定性作用。鉴于不同的应用场景对电路结构有着各自的需求,选择合适的输出级配置成为设计过程中的一个重要环节。本节简要介绍包括共源放大器、源跟随器以及 AB 类放大器在内的几种常见输出级类型,为读者在面对不同应用需求时提供参考和指导,以便于进行恰当的选型决策。

6.2.1 共源放大器作为输出级

本书的贯穿项目采用了共源放大器作为输出级,这里将其提取并重画至图 6.2.1。此外,为了体现输出级驱动负载的功能,增加了 R_L 和 C_L 作为此输出级的负载。

根据第 4 章的描述,共源放大器具有较大的跨导,而且当输入信号的频率为 0 时,电压增益为 $-g_m(r_{ON1} \| r_{OP1} \| R_L)$,这个增益通常称为直流电压增益。但是共源放大器增益会随输入信号频率的增加而降低。图中共源放大器的输出电阻为 $r_{ON1} \| r_{OP1} \| R_L$,因此,可以得到此共源放大器的 3dB 带宽:

$$\frac{1}{2\pi(r_{ON1} \| r_{OP1} \| R_L)C_L} \quad (6.2.1)$$

从式(6.2.1)可以看出,如果 R_L 值比较大,则此共源放大器可能具有较低的 3dB 带宽。

如何设计一个共源放大器输出级呢?如果要进行一个共源放大器的设计,需要确定其电源电压 V_{DD}、输出电压 V_{OUT} 以及消耗的电流。在实际应用中,电源电压通常是已知的,如果假设本贯穿项目的应用场景是一个电压跟随器,则其输出电压应该也是已知的,因此只需要确定输出级所消耗的电流即可。与一般的共源放大器不同,输出级所消耗的电流包括静态电流 I_1 和输出电流 I_{OUT} 两个部分。I_1 为 MP_1 和 MN_1 提供合适的直流工作点,可以参考 3.3.3 节中的电流分配方案确定其电流的大小。I_{OUT} 指的是提供给外部负载电路(此处用 R_L 来代替)的电流,此部分电流可能会随着负载电路工作状态的不同而发生变化。但在设计时,通常只要考虑其最大和最小输出电流两种极限情况。在确定了上述基本条件后,即可进行共源放大器输出级的设计。

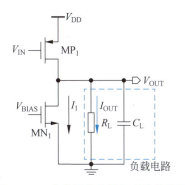

图 6.2.1 由共源放大器组成的输出级

首先应该计算 MN_1 的宽长比 $(W/L)_{MN1}$。假设过驱动电压 $V_{GS,MN1} - V_{THn}$ 为 0.2V,由 I_1 可得到:

$$\left(\frac{W}{L}\right)_{MN1} = \frac{2I_1}{\mu_n C_{ox}(V_{GS,MN1} - V_{THn})^2} \quad (6.2.2)$$

其中,L 的选取方法可参考 3.4 节。在确定 MN_1 的 L 之后,即可计算 W。

接下来,为了计算 MP_1 的宽长比 $(W/L)_{MP1}$,需要确定流经 MP_1 的电流以及其过驱动电压。假设 I_{OUT} 的最大值为 I_{OUT_MAX},则流经 MP_1 的最大电流值为 $I_1 + I_{OUT\_MAX}$。

当使用两级放大器构成一个电压跟随器的时候,$I_1 + I_{OUT\_MAX}$ 的值一般都相对较大。因此,$|V_{GS,MP1}| - |V_{THp}|$ 也应该要取一个相对较大的值 $(|V_{GS,MP1}| - |V_{THp}|)_{MAX}$,而不是 MN_1 中选取的 0.2V。又因为 $V_{IN} = V_{DD} - |V_{GS,MP1}|$,所以此时的 V_{IN} 是一个相对较低的电压 V_{IN_MIN}。考虑到 V_{IN} 实际来源于前一级的输出,必须保证 V_{IN_MIN} 大于或等于前一级的输出电压的最小值 V_{1ST_MIN},并留有一定的设计裕度。因此,可以选取 $V_{IN\_MIN} = V_{1ST\_MIN} + 0.2V$,则 $(|V_{GS,MP1}| - |V_{THp}|)_{MAX}$ 为 $V_{DD} - (V_{1ST\_MIN} + 0.2V) - |V_{THp}|$。

同时,还需要满足 $(|V_{GS,MP1}| - |V_{THp}|)_{MAX} \leqslant |V_{DS,MP1}|$,从而保证 MP_1 工作在饱和区域。考虑到 $|V_{DS,MP1}| = V_{DD} - V_{OUT}$,并保留一定的设计裕度,选取 $(|V_{GS,MP1}| - |V_{THp}|)_{MAX} \leqslant V_{DD} - V_{OUT} - 0.2V$,其中 $V_{OUT} = V_{REF}$。因此 $(|V_{GS,MP1}| - |V_{THp}|)_{MAX}$ 应该选取 $V_{DD} - (V_{1ST\_MIN} + 0.2V) - |V_{THp}|$ 和 $V_{DD} - V_{OUT} - 0.2V$ 中的较小值。此时,根据 MOS 管电流公式就可以计算出 MP_1 的 W/L。

接下来,还需要计算在最小电流 $I_1 + I_{OUT\_MIN}$ 的情况下 V_{IN} 的值 V_{IN_MAX},确定 V_{IN_MAX} 是否也位于前一级的输出电压范围内。如果 V_{IN_MAX} 高于前一级的输出电压上限,意味着 MP_1 的 W/L 偏大了,则需要将 $(|V_{GS,MP1}| - |V_{THp}|)_{MAX}$ 调整得更大一些,然后重新计算 MP_1 的 W/L。

最后,由于 MP_1 通常具有较大的电流,为了避免 MP_1 的面积过大,其 L 的值一般会选取工艺所允许的最小值。考虑到 L 值较小时沟道长度调制效应影响较大,在计算 W/L 时可采用带沟道长度调制效应的电流公式。综上所述，PMOS 共源放大器输出级的设计步骤如下：

（1）给输出级分配合适的静态电流 I_1 并假设 MN_1 的过驱动电压为 0.2V，根据式(6.2.2)计算出 W/L_{MN1}；

（2）参考 3.4 节中的方法选取 MN_1 的 L，然后计算出 W；

（3）确定流过 MP_1 的最大电流 $I_1 + I_{OUT\_MAX}$，选取一个合适的 $|V_{GS,MP1}| - |V_{THp}|$，例如 $V_{DD} - (V_{1ST\_MIN} + 0.2V) - |V_{THp}|$ 和 $V_{DD} - V_{OUT} - 0.2V$ 中的较小值，根据带沟道长度调制效应的电流公式计算 MP_1 的 W/L 值；

（4）确定流过 MP_1 的最小电流 $I_1 + I_{OUT\_MIN}$，根据考虑沟道长度调制效应的电流公式计算此时的 $(|V_{GS,MP1}| - |V_{THp}|)_{MIN}$；

（5）计算步骤（4）条件下的 V_{IN_MAX}，验证 V_{IN_MAX} 是否位于前一级的输出电压范围内。如不满足此要求，则需要调整步骤（2）中选取的 $|V_{GS,MP1}| - |V_{THp}|$ 值，重新完成步骤（2）~（4）；

（6）采用工艺允许的最小 L 值，计算出 PMOS 管的 W。

如果采用 NMOS 共源放大器输出级，则 $|V_{GS,MP1}| - |V_{THp}|$ 应替换为 $V_{GS,MN} - V_{THn}$，$V_{DD} - (V_{1ST\_MIN} + 0.2V) - |V_{THp}|$ 应替换为 $(V_{1ST\_MAX} - 0.2V) - V_{THn}$，$V_{DD} - V_{OUT} - 0.2V$ 应替换为 $V_{OUT} - 0.2V$，V_{IN_MAX} 应替换为 V_{IN_MIN}。

工程问题 6.2.1

假设 V_{DD} 为 1.8V，前一级放大器的输出范围是 0.7~1.6V，输出电压 V_{OUT} 为 0.9V，静态电流 I_1 为 10μA，输出电流的最小值 I_{OUT_MIN} 为 0，最大值 I_{OUT_MAX} 为 10mA，最小工艺长度的 $\lambda_P = 0.36V^{-1}$。要求完成图 6.2.1 中共源放大器输出级的电路设计并进行仿真验证。

设计：

由于输出电压为 0.9V，MN_1 很容易满足饱和，可以简单设置其过驱动电压为 0.2V，根据式(6.2.2)，可得：

$$\left(\frac{W}{L}\right)_{MN1} = \frac{2I_1}{\mu_n C_{ox}(V_{GS\_MN1} - V_{THn})^2} = \frac{2 \times 10 \times 10^{-6}}{280 \times 10^{-6} \times (0.2)^2} = 1.8 \quad (6.2.3)$$

然后根据式 3.4 节中的内容，取 $L_{MN1} = 3\mu m$，可得：

$$W_{MN1} = 1.8 \times 3 = 5.4\mu m \quad (6.2.4)$$

当 MP_1 流过最大电流 $I_1 + I_{OUT\_MAX}$ 时，

$$V_{DD} - (V_{1ST\_MIN} + 0.2) - |V_{THp}| = 1.8 - (0.7 + 0.2) - 0.35 = 0.55V \quad (6.2.5)$$

$$V_{DD} - V_{OUT} - 0.2 = 1.8 - 0.9 - 0.2 = 0.7V \quad (6.2.6)$$

因此，应该选取其中较小的电压值作为过驱动电压，即

$$(|V_{GS\_MP1}| - |V_{THp}|)_{MAX} = 0.55V \quad (6.2.7)$$

查找表 2.8.1 中的 $\mu_p C_{ox}$、V_{THp}，根据考虑沟道长度调制效应的饱和区电流公式可得 MP_1 的宽长比为

$$\left(\frac{W}{L}\right)_{MP1} = \frac{2(I_1 + I_{OUT\_MAX})}{\mu_p C_{ox}(|V_{GS\_MP1}| - |V_{THp}|)_{MAX}^2 (1 + \lambda_P |V_{DSP}|)}$$

$$= \frac{2 \times (10 \times 10^{-6} + 10 \times 10^{-3})}{80 \times 10^{-6} \times (0.55)^2 \times [1 + 0.36 \times |(0.9)|]} \approx 624 \quad (6.2.8)$$

然后 MP$_1$ 在最小电流 $I_1+I_{\text{OUT\_MIN}}$ 状态下的过驱动电压值为

$$(|V_{\text{GS\_MP1}}|-|V_{\text{THp}}|)_{\text{MIN}} = \sqrt{\frac{2I_1}{\mu_p C_{\text{ox}} \frac{W}{L}(1+\lambda_P|V_{\text{DS\_MP1}}|)}}$$

$$= \sqrt{\frac{2\times 10\times 10^{-6}}{80\times 10^{-6}\times 624\times [1+0.36\times|(0.9-1.8)|]}} \approx 0.02\text{V}$$

(6.2.9)

此时,$V_{\text{IN\_MAX}} = V_{\text{DD}} - (|V_{\text{GS\_MP1}}|-|V_{\text{THp}}|)_{\text{MIN}} - |V_{\text{THp}}| = 1.8-0.02-0.45=1.33\text{V}<1.6\text{V}$,在前一级的输出电压范围内。最后,取工艺允许的最小 $L=0.13\mu\text{m}$,可以计算出 $W\approx 81\mu\text{m}$,由于计算仅仅是对尺寸的估算,这里取整为 $80\mu\text{m}$。

> 小 Tips:当过驱动电压为 0.017V 时,MP$_1$ 实际上已经处于亚阈值区域,此时用平方律公式来计算过驱动电压以及 $V_{\text{IN\_MAX}}$ 是不准确的,但由于亚阈值区域的公式较为复杂,推荐利用 EDA 仿真来进一步验证 $V_{\text{IN\_MAX}}$ 是否在前一级的输出电压范围内。

仿真验证:

将计算得到的 MOS 管尺寸值代入 EDA 工具中对电路进行 DC 验证仿真(具体仿真设置细节请参考后续 6.5 节),得到的仿真结果如表 6.2.1 所示。

表 6.2.1 共源放大器输出级 DC 仿真结果

验证项目	设计目标 tt,25℃		计算结果 tt,25℃		仿真结果 tt,25℃	
	MIN	MAX	MIN	MAX	MIN	MAX
静态电流 $I_1/\mu\text{A}$	10		10		10.52	10.52
输出电压 V_{OUT}/V	0.9		0.9		0.9	0.9
输入电压 V_{IN}/V	0.7	1.6	0.9	1.33	0.68	1.46
$|V_{\text{GS,MP1}}|-|V_{\text{TH\_MP1}}|/\text{V}$	0	—	0.02	0.55	−0.12	0.66
$|V_{\text{DS,MP1}}|-|V_{\text{DSAT\_MP1}}|/\text{V}$	0.2		0.35	0.88	0.31	0.85
$V_{\text{GS,MN1}}-V_{\text{TH\_MN1}}/\text{V}$	0.2		0.2	0.2	0.15	0.15
$V_{\text{DS,MN1}}-V_{\text{DSAT\_MN1}}/\text{V}$	0.7		0.7	0.7	0.74	0.74

在表 6.2.1 中,没有采用 $|V_{\text{DS,MP1}}|\geqslant|V_{\text{GS,MP1}}|-|V_{\text{TH,MP1}}|$ 来判断 MP$_1$ 是否饱和,而是采用了 $|V_{\text{DS,MP1}}|-|V_{\text{DSAT,MP1}}|$ 来判断 MP$_1$ 饱和电压余度,其中,$|V_{\text{DSAT,MP1}}|$ 是仿真模型提供的满足 MP$_1$ 饱和的 $|V_{\text{DS,MP1}}|$ 的最小值,可以近似等效为手工计算时的 $|V_{\text{GS,MP1}}|-|V_{\text{TH,MP1}}|$。只要 $|V_{\text{DS,MP1}}|-|V_{\text{DSAT,MP1}}|\geqslant 0$,MP$_1$ 就满足饱和条件。同样,表 6.2.1 也采用了相同的方式来判断 MN$_1$ 的饱和。

从表 6.2.1 中可以看出,I_1、V_{OUT} 以及与 MN$_1$ 相关的参数的仿真和计算结果基本一致,而 V_{IN} 和 $|V_{\text{GS,MP1}}|-|V_{\text{TH,MP1}}|$ 则出现了一定的偏差。造成这种偏差的原因主要有三个:一是沟道长度较短,MP$_1$ 受到短沟道效应的影响;二是 MP$_1$ 在电流最小的情况下进入了亚阈值区域;三是电流范围较大,单一的平方律公式不能精确表达这么大范围的电流电压关系。这些原因使 MP$_1$ 的特性偏离了计算所用的平方律特性,造成了仿真与计算结果的偏差。甚至 V_{IN} 未满足设计目标。$|V_{\text{GS,MP1}}|-|V_{\text{TH,MP1}}|$ 的最小值甚至小于 0,但是并不影响输出级的整体特性。

因此,之前一贯所采用的"先计算,再仿真"的电路设计方法依然是一个较为理想的设计共源放大器输出级的方法。同样可以看出,由于 MOS 管的各种复杂效应的影响,采用平方律模型的手工计算不可能做到很精确,所以并不需要过分纠结手工计算的精确性,毕竟手工计算只相当于打高尔夫球的第一杆,后续依然需要利用 EDA 工具来进行仿真验证。最后,本工程问题中并没有验证其他条件(例如 ss,−40℃、ff,125℃)下的结果,希望读者能够自己完成此部分的工作。

6.2.2 源跟随器作为输出级

第 4 章详细分析了单管的共源结构,第 5 章讲解了共栅结构,这里将介绍单管放大器的最后一种形式——共漏结构,共漏结构也称为源跟随结构。如果将图 6.2.1 中的 PMOS 器件用 NMOS 器件代替,就可以形成一个 NMOS 源跟随器(共漏)输出级。为了简便分析,此处不接入电阻电容等负载,如图 6.2.2 所示。

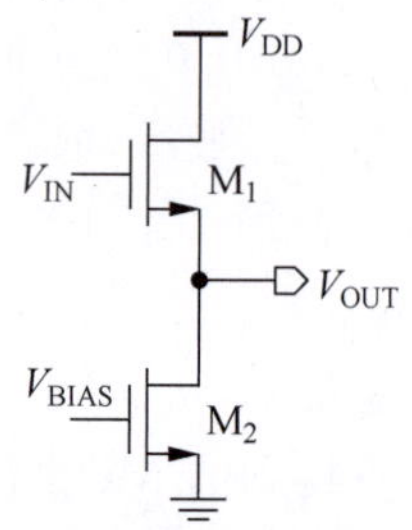

注意,与之前的输出级不同,源跟随器的输出端是 MOS 管的源极而不是漏极。从图中还可以看出,V_{IN} 和 V_{OUT} 之间相差了一个 V_{GS},且一般情况下 $V_{GS} \geqslant V_{TH}$,所以 V_{OUT} 电压相对较低,这意味着源跟随器输出级不适用于需要输出较高电压的场合。利用图 6.2.3 的小信号等效电路对其进行分析,可以得到:

$$v_{OUT} = g_m(v_{IN} - v_{OUT})(r_{O1} \| r_{O2}) \tag{6.2.10}$$

图 6.2.2 由源跟随器组成的输出级

进一步得到其直流电压增益:

$$A_V = \frac{v_{OUT}}{v_{IN}} = \frac{g_m(r_{O1} \| r_{O2})}{1 + g_m(r_{O1} \| r_{O2})} \tag{6.2.11}$$

可以看出,通常式(6.2.11)中 $g_m(r_{O1} \| r_{O2}) \gg 1$,因此其直流电压增益约为 1。

如果将图 6.2.3 中的 v_{IN} 置零并在输出端赋予一个激励电压 v_X,如图 6.2.4 所示,则可得到:

$$v_X = (i_X - g_m v_X)(r_{O1} \| r_{O2}) \tag{6.2.12}$$

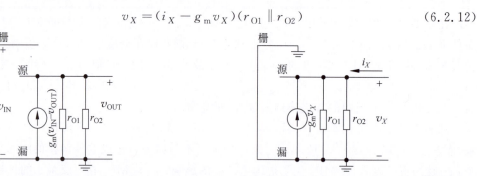

图 6.2.3 源跟随器的小信号等效电路   图 6.2.4 计算源跟随器的输出阻抗的小信号等效电路

进一步可计算出其输出电阻:

$$r_{OUT} = \frac{v_X}{i_X} = \frac{(r_{O1} \| r_{O2})}{1 + g_m(r_{O1} \| r_{O2})} \tag{6.2.13}$$

通常,在式(6.2.13)中,$g_m(r_{O1} \| r_{O2}) \gg 1$,则其输出阻抗约为 $1/g_m$,是一个比较小的值。

因此，在具有相同的负载电容的情况下，与共源放大器输出级相比，源跟随器输出级会具有更宽的 3dB 带宽，对多级放大器的响应速度影响也较小。

6.2.3 AB 类放大器作为输出级

前面提到的两种输出级都可以被归类为 A 类放大器。A 类放大器的显著特点是在整个输入信号周期内（360°）持续传导电流，其输出级的晶体管始终保持在导通状态。这种模式使得 A 类放大器能够提供连续且无间断的输出信号放大，如图 6.2.5(a)所示。A 类放大器是最常见的输出级拓扑类型之一，它们的线性度非常高，非常适用于需要高保真信号放大的场合。然而，为了确保在任何时候都能输出足够的电流，即便在无输出信号的情况下，晶体管也必须提供等于或大于产生最大输出信号所需的最大负载电流。这种工作状态导致了极大的能量浪费，因此 A 类放大器很少被用于高功率放大器应用中，尤其是在能效成为关键考量的设计中。

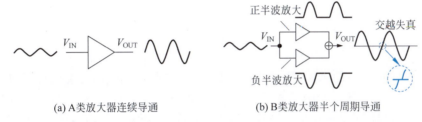

(a) A 类放大器连续导通　　　　　(b) B 类放大器半个周期导通

图 6.2.5　A 类和 B 类放大器对比

而 B 类放大器在设计上采用了一种特别的工作方式，其中一对输出晶体管仅在输入信号的半个周期内（180°）导通，分别处理信号的正半周期和负半周期。这两个半周期的输出波形交替激活，最终在输出端组合形成一个完整的输出波形。这种设计显著提高了放大器的工作效率，因为它避免了静态偏置电流，在任何给定的时刻，只有半数的输出设备在消耗功率，这与 A 类放大器全时段导通的方式形成了鲜明对比。

但 B 类放大器的这种设计也带来了所谓的交越失真的问题。即在输出波形接近零点时，两个输出晶体管可能都无法正常工作，导致输出波形出现非线性失真。这种失真降低了放大器的整体线性度，使得 B 类放大器的音质等性能指标无法与 A 类放大器相匹敌。

为了综合 A 类和 B 类放大器的优点，提出了 AB 类放大器。AB 类放大器通过对输出晶体管施加一个小的静态电流来偏置，确保在没有信号或信号很小时，正负相通道始终保持微开状态，有效克服了 B 类放大器的交越失真问题。虽然这种设计会造成一定的功率损失，但比起 A 类放大器在无信号时的持续功率消耗，其损失大为减少，因此 AB 类放大器在保持较高线性度的同时，也具有较高的能效。

在需要输出大功率（如音频功放等）的应用场景下，AB 类放大器因其高效率和较好的线性度而成为理想的输出级选择。AB 类放大器通过将组成放大器的 MOS 管偏置在刚好导通的临界点上，实现了在无输入信号时降低电流消耗，进一步优化了能效与性能的平衡。

AB 类放大器的一个例子如图 6.2.6 所示，当无输入信号时，电流 I_{b1} 将 M_1 和 M_2 都偏置于刚导通的临界点上，使 M_2 的栅极与电源之间形成了 2 倍的阈值电压（$2|V_{THp}|$）大小的电压差。如果将 M_4 的电流和尺寸设计的都与 M_2 成比例，则 M_4 的 $|V_{GS}|$ 也约为 $|V_{THp}|$，

因此 M_5 也会被强制偏置于导通的临界点上,使得流经 M_5 的电流较小。同理可得,如果电流 I_{b2} 将 M_6 和 M_7 都偏置于导通的临界点上,且 M_8 的电流和尺寸都与 M_6 成比例,则 M_{11} 也会被强制偏置于导通的临界点上,使得流经 M_{11} 的电流较小。

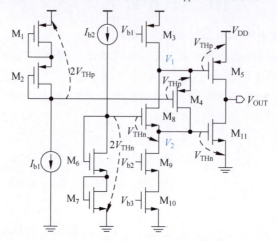

图 6.2.6　由 AB 类放大器组成的输出级

如果将图 6.2.6 中的 AB 类放大器输出级应用到贯穿项目中,则可以得到图 6.2.7 所示的电路。为了便于理解,图中省略了非必要的 MOS 管标号以及偏置电路,并且让输出级的 MOS 管标号与图 6.2.6 中保持一致。当放大器无差分信号输入时,M_5 和 M_{11} 被偏置在导通临界点上,因此只消耗较小的电流。当放大器有差分信号输入时,输入信号经过电路转换到 V_1 和 V_2,会使得它们同时上升或下降。如果 V_1 和 V_2 同时上升,M_5 将会截止,而 M_{11} 将产生较大的输出电流来驱动负载。同样,如果 V_1 和 V_2 同时下降,M_{11} 将会截止,而负载所需的电流将会由 M_5 来提供。因此,AB 类放大器输出级能够像其他两种输出级一样驱动负载,且能够减小放大器在无输入信号情况下输出级消耗的电流,具有更高的电流效率。

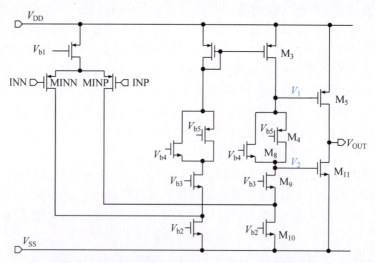

图 6.2.7　采用了 AB 类放大器输出级的两级放大器

6.3 两级放大器的振荡

6.3.1 闭环工作的放大器

可以直接用 6.2 节中介绍的三种输出级来驱动负载吗？答案是不能。以图 6.3.1 所示的共源放大器输出级为例，首先假设图中输入电压 V_{IN} 是一个固定值，在负载电路的某一工作条件下，此输出级能给负载电路提供足够的电流并将输出电压稳定在某个电压。然而，假设某一时刻负载电路的工作模式发生了变化，需要从 MP_1 抽取更多的电流。由于输入电压 V_{IN} 固定不变，MP_1 的 V_{GS} 也是一个固定值，因此 MP_1 的电流几乎不会发生变化，则此部分电流就只能从 MN_1 的支路中抽取，从而导致电流 I_1 的下降，进而导致输出电压 V_{OUT} 的下降。这意味着单独使用共源放大器输出级来驱动负载电路时，一旦负载电流发生了变化，输出电压就无法维持恒定。为了解决这个问题，就需要给输出级增加一个反馈系统，最终形成如图 6.3.1 所示的闭合环路。

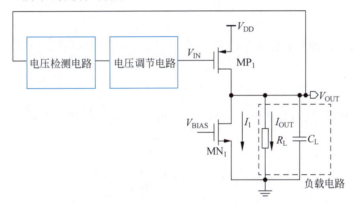

图 6.3.1 带反馈的共源放大器输出级

当图中的电压检测电路检测到 V_{OUT} 的变化时，电压调节电路能够调节 V_{IN}，进而调节 MP_1 的电流，从而使 V_{OUT} 向相反方向变化。因此，在具有此反馈系统的情况下，即使负载电流在工作中出现变化，V_{OUT} 也能够保持稳定。由于 V_{OUT} 被反馈系统调节的方向与其本身变化的方向相反，这种反馈被称为负反馈。放大器在许多情况下都需要工作在这种带负反馈的闭合环路中，例如图 6.1.2 所示的电压跟随器。利用电压跟随器来驱动某负载电路时，若负载电路需要抽取更多的电流，V_{OUT} 便会降低，反馈电压与放大器的负输入级相连，反馈电压的降低又会使 V_{OUT} 升高，最终保持 V_{OUT} 的稳定。

> 小 Spark ✦: 反馈机制无处不在，这是因为我们生活在一个充满未知因素的现实世界中。在面对这些复杂性时，人们经常需要做出决策，然后根据系统的实际表现不断调整和修正策略，这构成了一个不断反馈和适应的过程。人类文明的进步、社会的发展以及科学技术的创新都与这种自我适应的反馈过程密切相关。正如控制论的奠基人维纳所指出的，反馈机制实际上贯穿于所有具有目标的行为中，无论是动物还是机器。

工程问题 6.3.1

如图 6.3.2 所示的电压跟随器，假设放大器的直流电压增益为 A，放大器本身输出电阻

为 R，输出电容为 C，要求计算此电压跟随器的直流电压增益（不得使用虚短和虚断原理），以及其 3dB 带宽。

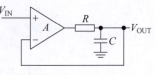

图 6.3.2　电压跟随器

计算：

根据电路图可得输出电压 V_{OUT} 是放大器输出电压在电容上的分压，即

$$V_{\text{OUT}} = A(V_{\text{IN}} - V_{\text{OUT}}) \frac{\frac{1}{sC}}{R + \frac{1}{sC}} \tag{6.3.1}$$

化简之后可得：

$$\frac{V_{\text{OUT}}}{V_{\text{IN}}} = \frac{A}{1 + A + sRC} = \frac{A/(1+A)}{1 + \frac{RC}{1+A}s} \tag{6.3.2}$$

由于 $s = j\omega$，且计算直流电压增益时 $\omega = 0$，则可得：

$$\frac{V_{\text{OUT}}}{V_{\text{IN}}} = \frac{A}{1+A} \tag{6.3.3}$$

可以看出只要 $A \gg 1$，则其直流电压增益为

$$\frac{V_{\text{OUT}}}{V_{\text{IN}}} \approx 1 \tag{6.3.4}$$

回顾第 4.2.3 节的描述，可知式 (6.3.2) 存在一个极点 $-\frac{1+A}{RC}$，因此其极点频率或 3dB 带宽为

$$f = (1+A) \frac{1}{2\pi RC} \tag{6.3.5}$$

总结：

从上述计算结果中可知，只要放大器的直流电压增益 A 足够大，电压跟随器的直流电压增益将会约等于 1。可以看出，把放大器接成图中的闭环结构（之后统称为闭环放大器），虽然付出了直流电压增益下降的代价，但却获得了良好的增益稳定性和线性度。

> 小 Tips：与闭环放大器相对应，未接入闭合环路的放大器，之后将统称为开环放大器。

同时，其 3dB 带宽为 $\frac{1+A}{2\pi RC}$，是放大器自身 3dB 带宽的 $1+A$ 倍，因此其响应速度也比开环使用放大器要快得多。

6.3.2　闭环放大器的振荡

闭环放大器能够稳定输出电压，且具有增大带宽、保持增益线性度等诸多优点。然而，具有输入级和输出级等两级以上的闭环放大器却有可能出现振荡的问题，即在输入信号不变的情况下出现不稳定的输出信号。图 6.3.3 是贯穿项目的一个半成品电路，可以看到电流偏置、输入级和输出级等关键部分都已经设计完毕，且反馈电压 V_{FB} 连接到了放大器的负输入端，构成了一个闭环放大器。

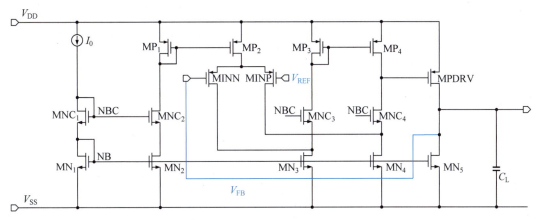

图 6.3.3　贯穿项目的半成品电路

其瞬态仿真的结果如图 6.3.4 所示,可以看到在输入信号已经稳定的情况下,放大器的输出电压 $V_{OUT}=V_{IN}$ 出现了振荡的情况。

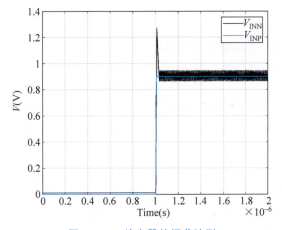

图 6.3.4　放大器的振荡波形

造成这种现象的原因是什么呢?如图 6.3.5 所示,可以用放大器的等效电路来描述图 6.3.3 中的半成品电路,其中,R_1 和 C_1、R_2 和 C_2 分别是输入级和输出级的输出电阻和输出电容。为了方便后续分析,将环路从 V_{FB} 处断开,V_{FBI} 和 V_{FBO} 分别作为环路输入和输出信号,把 V_{FBO}/V_{FBI} 定义为环路增益(从定义可以看出,环路增益是在开环的条件下得到的)。当输入信号 V_{FBI} 通过此环路时,会受到三方面的影响:①由于环路增益的存在,其幅度会被放大;②由于负反馈的作用,V_{FBI} 会被此环路反相,即产生-180°的相移;③如果 V_{FBI} 是一个频率为 f 的交流信号,当其经过 R_1C_1、R_2C_2 后会产生相位移动。信号通过每个 RC 网络产生的最大相移为-90°,所以通过全部 RC 网络之后会产生最大为-180°的总相移。

输出信号 V_{FBO} 将是上述三部分影响结果的叠加,即是一个幅度被放大且总相移为-360°(与 V_{FBI} 同相)的信号。由于此环路实际上是闭合的,V_{FBO} 又会重新进入输入端,从而再次经历上述被同相放大的过程。如此循环往复,信号不断被放大,整个环路就会产生振荡的效果。在实际电路中,白噪声是时刻存在的,由于白噪声是一种包含了任意频率的噪声

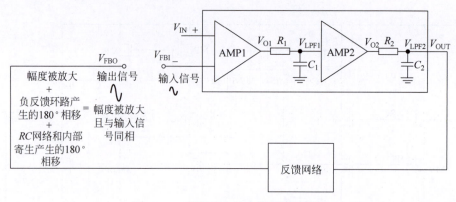

图 6.3.5　两级闭环放大器的等效模型

信号,所以不可避免地会有某个频率的噪声信号正好产生$-360°$的总相移。因此,即使在没有任何输入信号的情况下,图 6.3.3 所示的闭环放大器也会将某个频率的噪声信号不断放大,从而产生振荡。

工程问题 6.3.2

计算如图 6.3.5 所示电路的环路增益和极点频率,假设 AMP1 和 AMP2 的开环增益分别为 A_1 和 A_2,反馈网络的增益为 β。

计算:

在拉氏变换域,C_1 和 C_2 的阻抗分别为 $1/sC_1$ 和 $1/sC_2$,因此 R_1C_1 和 R_2C_2 的传输函数分别为

$$H_1(s) = \frac{V_{\text{LPF1}}}{V_{\text{O1}}} = \frac{1}{sR_1C_1 + 1} \tag{6.3.6}$$

$$H_2(s) = \frac{V_{\text{LPF2}}}{V_{\text{O2}}} = \frac{1}{sR_2C_2 + 1} \tag{6.3.7}$$

然后,将 V_{FBI} 和 V_{FBO} 分别作为环路输入和输出信号,则有

$$V_{\text{FBO}} = V_{\text{FBI}} A_1 H_1(s) A_2 H_2(s) \beta \tag{6.3.8}$$

根据定义,环路增益 $A_V(s)$ 为

$$A_V(s) = \frac{V_{\text{FBO}}}{V_{\text{FBI}}} = \beta A_1 A_2 H_1(s) H_2(s) \tag{6.3.9}$$

将 $s = j2\pi f$ 代入式(6.3.9),可得环路增益 $A_V(f)\beta$ 为

$$A_V(f)\beta = \beta A_1 A_2 \frac{1}{j2\pi R_1 C_1 f + 1} \frac{1}{j2\pi R_2 C_2 f + 1} \tag{6.3.10}$$

从式(6.3.10)中可以看出 $A_V(f)$ 存在两个极点,极点频率分别为 $f_1 = 1/(2\pi R_1 C_1)$ 和 $f_2 = 1/(2\pi R_2 C_2)$。同时,由于 $A_V(f)$ 为复数,因此可以将其表示成为幅值和相位的形式,即

$$A_V(f)\beta = |A_V(f)\beta| \varphi \tag{6.3.11}$$

其中,$|A_V(f)\beta|$ 和 φ 分别代表环路增益的幅值和相位。

6.3.3 通过波特图判定闭环放大器振荡的方法

根据 6.3.2 节所述,闭环放大器如果要产生振荡,需要有足够的环路增益来放大某个频率的噪声信号且此频率下信号的总相移要为 $-360°$。由于所有通过负反馈环路的信号都必然会产生 $-180°$ 的相移,所以只需要关心信号通过所有 RC 网络产生的相移是否为 $-180°$ 即可。因此可以总结出闭环放大器在频率 f 处振荡的必要条件如下:

(1) 此频率处的环路增益大于 1;
(2) 此频率处 RC 网络产生的信号相移为 $-180°$。

通常,判断闭环放大器是否满足振荡的两个必要条件,是通过观察环路增益的波特图得出的。可以将式(6.3.11)绘制成波特图,如图 6.3.6 所示,其中横轴采用对数坐标,幅值经过 20lg 变换,以分贝(dB)为单位表示。

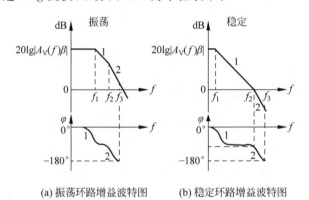

(a) 振荡环路增益波特图　　(b) 稳定环路增益波特图

图 6.3.6　不同情况环路增益波特图对比

小 Tips:如果一个放大器只有两个极点,那么在理论上是不会发生振荡的。这是因为两个极点代表两个 RC 网络,在无穷大的频率处才能达到其最大相移 $-180°$,不满足振荡的必要条件。然而在实际的两级放大器中,除了正文提到的 R_1C_1 和 R_2C_2 之外,必然还存在着其他更小的寄生电容和电阻,这些电容和电阻产生的相移足以让放大器的最大相移超过 $-180°$,因此仍然可以认为一个两级放大器是有可能发生振荡的。

从图 6.3.6 中可以看出,幅值曲线经历了两次下降的过程,下降时的转折点为闭环放大器的极点,所对应的频率 $f_1=1/(2\pi R_1 C_1)$ 和 $f_2=1/(2\pi R_2 C_2)$。同样,相位曲线也经历了两次下降,这是由于每个 RC 网络都会带来 $-90°$ 的最大相移。在图 6.3.6(a)中可以看到频率 f_3 处的环路增益的相位为 $-180°$ 且幅值大于 0dB(即增益大于 1),满足上述振荡的必要条件,所以此闭环放大器会发生振荡。而在图 6.3.6(b)中,频率 f_2 处的环路增益已经下降到 0dB,但此时的相位依然未到 $-180°$,等到相位下降至 $-180°$ 后,f_3 处的环路增益已经小于 0dB,不满足上述振荡的必要条件,所以此闭环放大器是稳定的。

采用稳定性(Stability,STB)仿真可以仿真出图 6.3.3 中闭环放大器的环路增益的波特图,仿真结果如图 6.3.7 所示。可以看出在 77MHz 附近,环路的相位下降到 0°,所以环路的总相移为 $-360°$(由于环路本身是负反馈环路,相位是从 180° 开始下降的)。而此时的环路增益约为 7.8dB,这意味着噪声信号会被不断放大,从而产生振荡。

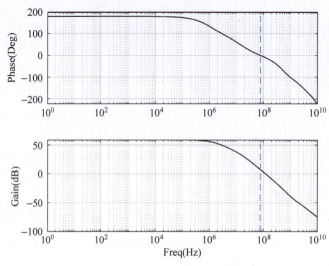

图 6.3.7　环路增益的波特图的仿真结果

6.4　米勒电容

6.4.1　用米勒电容防止闭环放大器的振荡

如何才能避免闭环放大器振荡呢？观察图 6.4.1 所示的环路增益的波特图，如果能够将极点频率 f_1 移动到更低频处，并且将 f_2 移动到更高频处，那么如图中的蓝线所示，环路增益的幅值将会更早开始下降，而第二极点所造成的相移将会更晚出现，这样就更容易保证幅值下降到 0dB 之前，总相移不会超过 $-180°$，这种通过移动极点频率避免闭环放大器振荡的行为被称为频率补偿。通常，环路增益下降到 0dB 处的频率 f_u 被称为单位增益频率，f_u 对应的相位与 $-180°$ 之间的相位差被称为相位裕度。

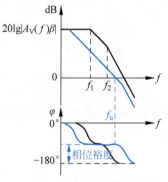

图 6.4.1　频率补偿的效果

进行频率补偿常用的方式之一是在放大器输出级的输入端和输出端跨接一个电容 C_C，如图 6.4.2 所示。当输出级的输入端电压变化 ΔV_{IN} 时，由于直流电压增益 $-A$ 的影响，其输出端电压变化的幅度为 $-A\Delta V_{IN}$。因此，C_C 中存储的电荷的变化量为 $\Delta V_{IN}(1+A)C_C$。与 C_C 单端接地的情况相比，存储的电荷的变化量变为了 $(1+A)$ 倍，相当于从 V_{IN} 端看到的有效电容的大小变为了 $(1+A)C_C$。这种电容倍增的效应被称为米勒效应，C_C 也被称为米勒电容。

如图 6.4.3 所示，当存在米勒电容 C_C 时，放大器输出级的输入端相当于并联了一个大小为 $(1+A)C_C$ 的电容，因此其极点频率 f_1 会向低频处移动，变为 $1/\{2\pi R_1[(1+A)C_C+C_1]\}$。而 C_C 对极点频率 f_2 又会产生什么影响呢？为了避免复杂的公式计算，可以使用一个不太严谨的方式去分析，由于 f_2 一般较大，电容 C_C 在 f_2 处产生的阻抗是相对较小的，因此可以忽略 C_C 的阻抗，即在 f_2 处将 M_1 的栅极和漏极看作短路。于是 M_1 就变成了一个二极

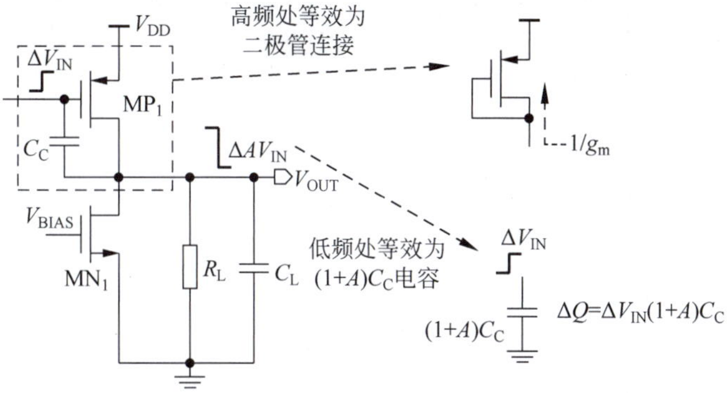

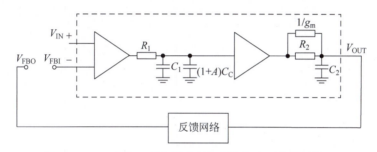

图 6.4.2 利用米勒电容进行频率补偿

管连接的结构,其等效阻抗约为 $1/g_m$,是一个相对较小的值。因此,放大器输出级的输出端相当于并联了一个大小为 $1/g_m$ 的电阻,其 f_2 会向高频处移动,变为 $1/\{2\pi[R_2 \parallel (1/g_m)]C_2\}$。综上所述,在加入了米勒电容 C_C 之后,极点频率 f_1 被推向更低频,而极点频率 f_2 被推向更高频,产生了极点分裂的效果,从而能够实现图 6.4.1 中频率补偿的效果。

图 6.4.3 两级闭环放大器在加入米勒电容后的等效模型

选择多大的补偿电容才能保证闭环放大器的稳定呢?在工程设计中,一个比较通用的标准是要保证在所有 PVT 条件下,最小的相位裕度要大于 45°。这样既能够让闭环放大器在任何条件下都保持稳定,又会使其具有较快的响应速度。与设计其他部分电路的方式类似,可以从相位裕度的要求出发,通过计算得到补偿电容的初始值,再通过 EDA 仿真对电容值进行验证优化。然而,由于涉及频率响应的计算通常会较为复杂,且补偿电容并不会对放大器的直流特性造成影响,可以考虑跳过计算的步骤,直接采用 EDA 来辅助设计。因此,补偿电容的设计主要包括以下两个步骤:

(1)选定一个任意的初始电容值,例如 100fF,仿真放大器的相位裕度;

(2)如果相位裕度小于 45°,即可适当增大电容,反之则可以适当减小电容。

图 6.4.4 中所显示的是贯穿项目的半成品电路在加入了 5pF 米勒电容后的波特图。从图中可以看出,环路增益的幅值为 0dB 时,相位裕度约为 94°,图 6.4.5 是瞬态仿真的结果,可以看出在输入信号稳定之后,输出信号也随之很快地稳定下来。但相位裕度偏大,可适当减小电容。

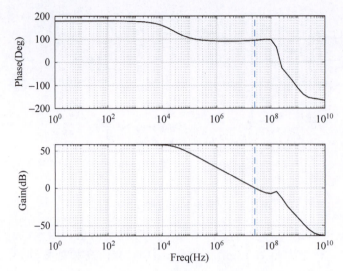

图 6.4.4　贯穿项目的半成品电路在加入了米勒电容后的波特图

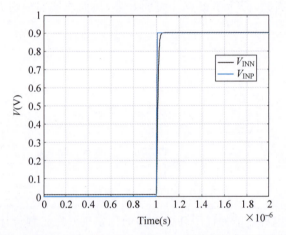

图 6.4.5　贯穿项目的半成品电路在加入了米勒电容后的瞬态仿真结果

6.4.2　共源共栅频率补偿

从图 6.4.6(a)中可以看到,在米勒电容补偿中,输入信号可以经过 C_C 前馈到 V_{OUT},形成信号的前馈通路 P2。此前馈通路会减缓环路增益的幅值的下降速度并使其相位更早下降到 $-180°$,因此对放大器的频率补偿是不利的。然而,贯穿项目中采用的频率补偿方式与米勒电容的补偿方式略有不同,补偿电容 C_C 的一端连接在折叠共源共栅放大器的共栅极输入端,如图 6.4.6(b)所示。由于 MNC_1 源端的输入阻抗较小(约为 $1/g_m$),信号可以从 V_{OUT} 顺畅地经过 C_C 和 MNC_1 的源漏极,最终反馈到 MP_2 的栅极,这与米勒电容补偿中的反馈通路 P1 几乎没有什么差别,因此,C_C 依然可以起到极点分裂的效果。同时,由于共栅极可屏蔽漏极的变化,信号从 MNC_1 的漏极传递到源极大幅衰减,可以忽略前馈通路 P2 的影响,所以在采用同样大小的补偿电容的情况下,共源共栅频率补偿通常会比米勒电容补偿获得更大的相位裕度。因此,在两级放大器中,如果输入级采用了共源共栅结构,那么共源共栅的频率补偿方式会更为常见。

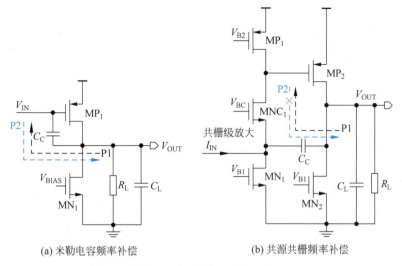

(a) 米勒电容频率补偿　　　　(b) 共源共栅频率补偿

图 6.4.6　补偿方式的比较

6.5　放大器输出级 DC 仿真

本节对工程问题 6.2.1 中涉及的共源放大器输出级的 DC 仿真验证方法进行详细的说明。表 6.5.1 中列出了需要进行 DC 仿真验证的项目。具体仿真步骤如下：

表 6.5.1　共源放大器输出级 DC 仿真验证项目

验证项目	设计目标 tt,25℃		计算结果 tt,25℃		仿真结果 tt,25℃	
	MIN	MAX	MIN	MAX	MIN	MAX
静态电流 $I_1/\mu A$	10		10			
输出电压 V_{OUT}/V	0.9		0.9			
输入电压 V_{IN}/V	0.7	1.6	0.9	1.33		
$\lvert V_{\text{GS,MP1}} \rvert - \lvert V_{\text{TH,MP1}} \rvert/V$	0	—	0.02	0.55		
$\lvert V_{\text{DS,MP1}} \rvert - \lvert V_{\text{DSAT,MP1}} \rvert/V$	0.2		0.35	0.88		
$V_{\text{GS,MN1}} - V_{\text{TH,MN1}}/V$	0.2		0.2	0.2		
$V_{\text{DS,MN1}} - V_{\text{DSAT,MN1}}/V$	0.7	—	0.7	0.7		

第 10 集 微课视频

（1）在 EDA 软件中绘制共源放大器输出级的电路图并搭建 DC 仿真环境。如图 6.5.1 所示，首先增加了 MN_0，与 MN_1 一起构成了简单电流镜，为 MN_1 的栅极提供电压偏置，并保证静态电流为 $10\mu A$。为了重点关注输出级仿真，采用了压控电压源 E_0 作为两级放大器的输入级并构建了负反馈环路。这里需要特别指出的是，在使用 amslib 中的 VCVS（电压控制电压源）时，必须确保输出电压范围设定得当。不宜选用 analog 库中的 VCVS，因为此电压控制电压源无法设置输出电压范围，这可能导致工作点偏离合理区间。在应用理想元器件进行仿真的过程中，应格外留意节点电压是否保持在合理水平。图中各元器件的参数记录于表 6.5.2 中。

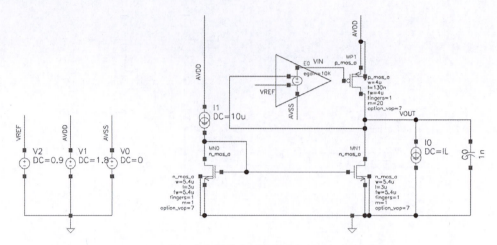

图 6.5.1　共源放大器输出级的电路图及 DC 仿真环境

表 6.5.2　图 6.5.1 中的器件参数

器件名	$W/\mu m$	$L/\mu m$	Finger Number	Multiplier	Capacitance/nF	DC 电压/V	DC 电流/μA	Voltage gain
MP_1	4	0.13	1	20	—	—	—	—
MN_0	5.4	3	1	1	—	—	—	—
MN_1	5.4	3	1	1	—	—	—	—
E_0	—	—	—	—	—	—	—	10000
I_0	—	—	—	—	—	—	IL	—
I_1	—	—	—	—	—	—	10	—
V_0	—	—	—	—	—	0	—	—
V_1	—	—	—	—	—	1.8	—	—
V_2	—	—	—	—	—	0.9	—	—
C_L	—	—	—	—	1	—	—	—

(2) 配置仿真模式为 DC 模式。

(3) 配置输出参数。所有输出参数的名称以及计算公式信息如表 6.5.3 所示。

表 6.5.3　输出参数的名称以及计算公式

验 证 项 目	参 数 名 称	计 算 公 式
静态电流 I_R	IR	OP("MN1","id")
输出电压 V_{OUT}	VOUT	VDC(VOUT)
输入电压 V_{IN}	VIN	VDC(VIN)
$\|V_{GS,MP1}\|-\|V_{TH,MP1}\|$	MP1_|VGS|_|VTH|	abs(OP("MP1","vgs"))−abs(OP("MP1","vth"))
$\|V_{DS,MP1}\|-\|V_{DSAT,MP1}\|$	MP1_|VDS|_|VDSAT|	abs(OP("MP1","vds"))−abs(OP("MP1","vdsat"))
$V_{GS,MN1}-V_{TH,MN1}$	MN1_VGS_VTH	OP("MN1","vgs")−OP("MN1","vth")
$V_{DS,MN1}-V_{DSAT,MN1}$	MN1_VDS_VDSAT	OP("MN1","vds")−OP("MN1","vdsat")

(4) 配置变量。将图 6.5.1 中负载电流源 I_0 的 DC current 设置成名为 IL 的变量，并在 MDE L2 中设置 IL 的变量的名称和初始值。这一步骤是为了灵活控制负载电流，从而能够在不同的电流条件下进行仿真分析。

(5) 配置仿真条件，包括工艺库、工艺角及温度等。

(6) 运行 DC 仿真。需要注意的是，由于输出电流存在最大和最小（10mA 和 0）两个值,因此要对 IL 的值进行两次设置并分别进行仿真。这一步骤是为了全面评估电路在不同负载条件下的性能表现,确保设计的可靠性和稳定性。

6.6 本章总结

- 三种输出级的特性比较如表 6.6.1 所示。

表 6.6.1 三种输出级的特性比较

特　　性	共源放大器输出级	源跟随器输出级	AB 类放大器输出级
电路复杂度	简单	简单	复杂
输出电压范围	宽	窄	宽
增益	高	低	高
带宽	低	高	低
静态电流	高	高	低

- 电流源负载共源放大器输出级的设计步骤如下:

(1) 根据静态电流设计共源放大器电流源负载部分;

(2) 根据前一级输出范围和本级 MOS 管饱和条件给 MOS 管最大电流值选取合适的过驱动电压,计算 W/L;

(3) 计算 MOS 管最小电流时的过驱动电压;

(4) 验证(3)条件下的输入电压是否位于前一级的输出电压范围内;

(5) 采用工艺允许的最小 L 值,计算出 MOS 管的 W。

- 振荡的闭环放大器满足以下两个条件:

(1) 频率 f 处的环路增益大于 1;

(2) 频率 f 处 RC 网络产生的信号相移为 $-180°$。

- 采用米勒电容进行频率补偿,会产生极点分裂的效果,从而改善闭环放大器稳定性。
- 如果输入级采用了共源共栅结构,建议采用共源共栅的频率补偿方式。

6.7 本章习题

1. 源跟随器输出级为什么会有较窄的输出电压范围?为何具有高带宽的特性?

2. AB 类放大器的输出级在静态电流方面为何优于共源放大器和源跟随器?

3. 为什么要在放大器设计中考虑信号相移?

4. 请查找文献,调研还有哪些输出级的结构。这些结构有什么优点,付出的代价是什么?

5. 假设某两级放大器的 V_{DD} 为 1.8V,输出电压范围要求 0.25V 到 $V_{DD}-0.25$V,对静态电流的要求不高,请问在设计输出级时应该选择哪种电路结构并说明理由。可选的结构有共源放大器、源跟随器、AB 类放大器三种。

6. 归纳总结共源、共栅、共漏结构的输入输出阻抗、增益表达式。

7. 在图 6.7.1 中,假设负载电容为 C_L,电阻负载为 R,分析此共源放大器的输出带宽。如果要增大 3dB 带宽,则如何调整参数?

8. 假设 V_{DD} 为 1.8V,前一级放大器的输出范围是 0.3V 到 1.3V,反馈电压 V_{FB} 为 1.2V,输出电压 V_{OUT} 为 0.9V,静态电流 I_R 为 5μA,输出电流(流过负载电阻 R_L)的最小值 I_{OUT_MIN} 为 0,最大值 I_{OUT_MAX} 为 10mA,要求完成图 6.7.2 中共源放大器输出级的电路设计并进行仿真验证。

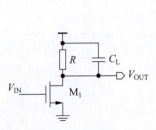

图 6.7.1　计算共源放大器的 3dB 带宽

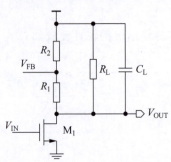

图 6.7.2　设计共源放大器输出级

9. 推导如图 6.7.3 所示的源跟随器的输出电阻表达式。

10. 对于如图 6.7.4 所示的源跟随器,假设 $W/L=10,\lambda=0$,计算直流输出电压 V_{OUT} 和小信号增益。

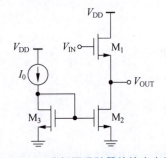

图 6.7.3　分析源跟随器的输出电阻

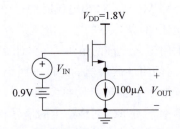

图 6.7.4　分析源跟随器的输出电压和小信号增益

11. 根据图 6.7.5 中环路增益的波特图,判断负反馈放大器所处的状态。

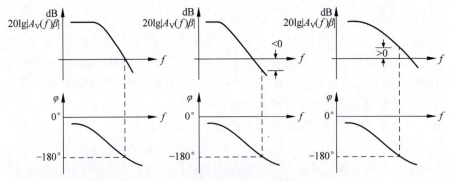

图 6.7.5　根据波特图分析稳定性

12. 分析图 6.7.6 中的 RC 网络,$R=2\text{k}\Omega,C=5\text{pF}$。

(1) 写出传递函数 $V_{OUT}(S)/V_{IN}(S)$;

(2) 如果要提高 3dB 频率点,则如何调整参数?

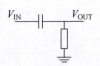

图 6.7.6　分析简单系统带宽

13. 将下面的增益值转化为 dB 值：

(1) $A_V = 50$；

(2) $A_V = 0.707$；

(3) $A_V = -5000$。

14. 图 6.7.7 所示电路的增益是多少？分析哪部分是反馈网络？试写出它的环路增益表达式。

15. 请描述米勒补偿。通过米勒补偿，原先的主极点有什么变化？次极点有什么变化？请解释为什么会出现这样的情况？

16. 请用小信号分析的方法，求如图 6.7.8 中所示电路的传输函数、直流增益和极点频率。

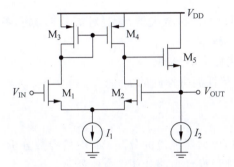

图 6.7.7　计算电路的环路增益

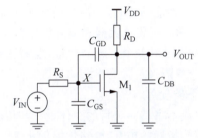

图 6.7.8　计算电路的传输函数

第 7 章 放大器的工程分析与设计

CHAPTER 7

学习目标

本章的主要目标是设计和仿真本书贯穿项目的两级放大器，通过对指标的分析，参数的修改以及性能的仿真，加深对前面 6 章知识点的理解。

- 理解理想放大器和实际放大器在性能指标上的异同。
- 通过对多个参数的调整，理解设计参数与性能指标间的关系。
- 掌握放大器整体设计与仿真方法。

任务驱动

完成本书贯穿项目的总体设计与仿真，包括放大器电流的分配、MOS 管参数分析、电路总体性能指标的仿真、电路性能优化等。贯穿项目设计电路如图 7.0.1 所示。

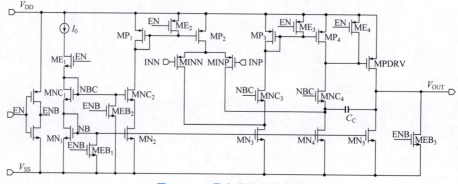

图 7.0.1 贯穿项目设计电路

知识图谱

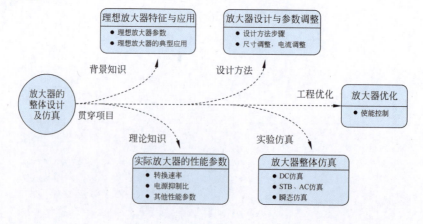

7.1 预备知识

7.1.1 理想放大器特征

理想放大器是一种具有完美特征指标的假设模型。输入阻抗是放大器的一个关键特征。它反映了放大器对输入信号源的负载效应。在理想情况下,输入阻抗无穷大,即完全不影响输入信号源,同时放大器不会吸收任何输入信号的能量。输出阻抗是另一个重要的特征,体现了放大器对负载的输出能力。在理想情况下,输出阻抗应该是零,意味着它可以提供任何负载所需的电流或功率,可以确保最大功率传输,并且不会导致信号衰减或失真。

输入信号范围是指放大器可以有效处理的输入信号幅度范围,表示放大器能够接受的最小和最大输入信号幅度。输出信号范围是指放大器可以生成的输出信号幅度范围,表示放大器能够产生的最小和最大输出信号幅度。理想放大器具备无限的输入输出信号范围,即可以处理任意大小的输入信号,并将其放大到与输入信号成比例的输出信号。

增益是放大器的核心指标之一,表示输出信号与输入信号之间的倍数关系。在理想情况下,放大器应具有无限大的增益,以实现无限制的信号放大。然而,在实际应用中,通常通过负反馈使放大器具有特定的有限增益,以满足特定需求。例如,在音频放大器中,希望提供足够的增益来放大微弱的音频信号,使其可以驱动扬声器产生适当的音量,但又要避免过高增益导致声音失真。

速度是衡量理想放大器响应的一个重要指标。它描述了放大器对输入信号变化的快速响应能力。在理想情况下,放大器应具有无限大的带宽,能够立即响应输入信号的变化。这可以确保高频信号的准确传输,保持信号的完整性。速度指标在高速数据传输和信号处理应用中至关重要。

噪声是非期望的信号成分,可由放大器引入,导致输出信号中出现随机波动或干扰。理想放大器不会引入任何噪声,能够准确地放大输入信号,没有额外的噪声干扰,使得放大后的信号能够忠实地反映原始信号。然而,在实际应用中,放大器存在各种噪声源,包括热噪声、$1/f$ 噪声等。这些噪声可以通过适当的技术手段进行抑制和降低,以提高放大器的信噪比和信号质量。

7.1.2 用理想放大器实现数学运算

理想放大器常被提及的虚短和虚断可以简化对理想放大器的分析。所谓虚断是由于在理想放大器中,输入电阻被假设为无穷大,输入端表现为开路。虚短指输入端和输出端之间几乎没有电压差,即同相输入端与反相输入端电压相等。但需要注意的是,虚短只有当待分析电路被正确连接成负反馈时才有意义。利用理想放大器的虚短和虚断的特性就可以推导出许多数学运算的功能,例如:同相比例放大、反相比例放大、对数运算、积分运算和微分运算等。

图 7.1.1(a)是利用理想放大器组成的同相比例放大电路,其输出与输入信号成比例,且具有相同的符号。输入输出关系利用虚短和虚断性质可以很容易得到。

假设输入信号为 V_{IN},连接到放大器正向输入端,由于理想放大器的虚短性质,可以认为负向输入端电压 V_- 等于 V_{IN}。考虑到理想放大器的差分输入电流为零,即虚断,可以得

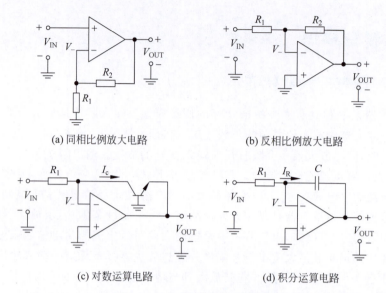

(a) 同相比例放大电路 (b) 反相比例放大电路

(c) 对数运算电路 (d) 积分运算电路

图 7.1.1　理想放大器常见应用

到 $V_-/R_1=(V_{OUT}-V_-)/R_2$，即 $V_{OUT}/V_{IN}=V_{OUT}/V_-=(R_1+R_2)/R_1$。

反相比例放大电路将输入信号按照放大倍数的负值进行放大，并保持精确的比例关系。如图 7.1.1(b)所示，其关系推导和同相比例放大器类似。根据虚短性质，可以认为负向输入端电压 V_- 等于 0。考虑虚断，可以得到 $(V_{IN}-V_-)/R_1=(V_--V_{OUT})/R_2$，即 $V_{OUT}/V_{IN}=-R_2/R_1$。比例放大器广泛应用于音频放大器或传感器信号放大，能够将小信号放大到适当的幅度。通过调整反馈电阻的值，可以创建可变增益放大器，以实现可调的放大倍数。

除了进行线性计算，放大器还能组成非线性运算，如图 7.1.1(c)所示，将反馈电阻 R_2 替换成一个三极管，利用三极管电压和电流间的非线性关系，可以实现非线性运算。那这是一个什么运算呢？由于负向输入端电压 V_- 等于 0，电阻上的电流为 V_{IN}/R_1，此电流为流过三极管集电极的电流 I_C，根据三极管的电压电流公式，此电流约等于 $I_s\exp(V_{be}/V_{TH})$。同时，注意到 $V_{be}=-V_{OUT}$，因此，$V_{IN}/R_1=I_s\exp(-V_{OUT}/V_{TH})$，即 $V_{OUT}=-V_{TH}\ln[V_{IN}/(I_sR_1)]$。可见，这是一个对数运算。对数运算器常用于测量和处理非线性信号，例如声音和光强度。它们可以将动态范围压缩到较小的范围内，以适应后续处理或记录需求。

如果在反馈网络中使用电容，如图 7.1.1(d)所示，则电阻上的电流 V_{IN}/R_1，该电流流入电容，并在电容上积累电荷，形成电压，此电压代表电流在时间上的积分，换而言之，此电路能够实现积分运算。在信号处理中，可以使用积分电路对信号进行滤波，以去除噪声等干扰。在 PID 控制器中，积分功能使得输出与输入误差信号的积分成正比，从而能够消除系统的稳态误差。

然而，需要强调的是，上述的分析与推导均基于理想放大器这一前提。而利用前几章所述知识点设计出来的放大器实际上并非理想放大器。接下来，将对非理想放大器的特性进行分析，以帮助读者将之前所学的知识进行串联与整合。

7.2 贯穿项目放大器特征分析

7.2.1 输入输出电阻与信号范围

贯穿项目放大器采用折叠共源共栅电路作为输入级,如图 7.2.1 所示。输入级使用 PMOS 管 MINN 和 MINP 作为输入对管。由于 MOS 管的栅极和沟道之间存在栅氧化层,当输入信号频率不太高时,输入电阻非常大,接近理想放大器的输入特性。这也是 MOS 管相比三极管具有的优势之一。

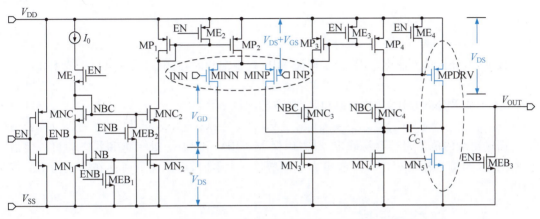

图 7.2.1　贯穿项目放大器输入输出电阻、输入输出范围

输出级使用 PMOS 管 MPDRV 作为放大管,MN_5 作为负载管。输出电阻为

$$r_{\text{OUT}} = r_{\text{O,MPDRV}} \parallel r_{\text{O,MN5}} \tag{7.2.1}$$

其中,$r_{\text{O,MPDRV}}$ 为 MPDRV 的小信号漏源电阻,$r_{\text{O,MN5}}$ 为 MN_5 的小信号漏源电阻,根据小信号漏源电阻公式

$$r_{\text{O}} = \frac{1}{\frac{1}{2}\mu_n C_{\text{OX}} \frac{W}{L}(V_{\text{GS}} - V_{\text{TH}})^2 \lambda} \approx \frac{1}{\lambda I_{\text{D}}} \tag{7.2.2}$$

若 MOS 管沟道长度 L 越短,沟道长度调制系数 λ 越大,从而导致电阻 r_O 减小。如果流过 MOS 管的漏源电流增大,也会使得电阻减小。但整体而言贯穿项目 r_OUT 并不小,与理想放大器输出电阻为 0 相差甚远。此外,在利用贯穿项目的电路实现图 7.1.1(a) 和图 7.1.1(b) 所需功能时,反馈网络的总电阻 $R_2 + R_1$ 与 r_OUT 是并联关系,这会降低放大器的输出电阻。由于此放大器的输出电阻与其增益直接相关,因此反馈网络中的电阻会导致放大器增益的下降,使 V_OUT 和 V_IN 的比例关系出现偏差。

工程问题 7.2.1

为了避免反馈网络中的电阻影响放大器的增益,是否可以将图 7.1.1(b) 中的反馈电阻改用电容替代? 直接替代会存在什么问题?

讨论:

如图 7.2.2 所示,流过电容 C_2 的电流等于流过电容 C_1 的电流:

$$\frac{V_{IN}-0}{1/sC_1} = \frac{0-V_{OUT}}{1/sC_2}, 即 \frac{V_{OUT}}{V_{IN}} = -\frac{C_1}{C_2} \quad (7.2.3)$$

改变电容比值可以改变输入输出电压的比值,但是由于 V_- 被电容以及高阻环绕,其直流偏置电压无法设置。因此,如果采用电容作为反馈网络,需要附加额外的开关电容电路。

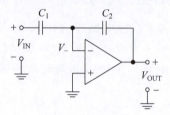

图 7.2.2 采用电容作为反馈的反相比例放大器

接下来,分析输入输出范围,为了保证 MP_2 处于饱和区,此电路输入电压不能太高:

$$V_{IN,MAX} < V_{DD} - |V_{GS,MP2} - V_{TH,MP2}| - |V_{GS,MINN}| \quad (7.2.4)$$

同时,为了使 MINN,MINP 处于饱和区,要满足:

$$V_{IN,MIN} > V_{GS,MN3} - V_{TH,MN3} - |V_{TH,MINN}| \quad (7.2.5)$$

而输出级的范围相对容易确定,只需确保 MPDRV 和 MN_5 处于饱和状态即可。但需注意的是,当输入输出短接在一起组成单位增益放大器时,电压需同时落在输入输出的范围内。

7.2.2 增益与速度

1. 增益分析

注意到第一级折叠共源共栅的负载是单边的共源共栅结构。因此,第一级的输出电阻约为

$$[g_{m,MNC4} r_{O,MNC4} (r_{O,MN4} \| r_{O,MINP})] \| r_{O,MP4} \approx r_{O,MP4} \quad (7.2.6)$$

导致增益并不太高,只有 $g_{m,MINP} r_{O,MP4}$。有些读者可能会采用积木法的思想,将第一级折叠共源共栅的增益与后续共源极放大器的增益相乘,从而得到整个放大器的总增益:

$$A = g_{m,MINP} r_{O,MP4} \times g_{m,MPDRV} (r_{O,MPDRV} \| r_{O,MN5}) \quad (7.2.7)$$

在分析本电路时,这种做法是可行的。然而,需要指出的是,在进行多级增益计算时,必须考虑下一级对本级输出电阻的影响。如果下一级的输入电阻较小,可能会对本级的增益产生影响。在计算时需要考虑这些因素。对于本电路而言,由于下一级是共源放大器,其输入电阻非常大,不会影响本级输出电阻。因此,可以直接将两个增益相乘进行计算。

采用式(7.2.7),再次分析图 7.1.1 中的同相比例放大器,由于放大器输入输出之间的增益有限,两者的关系为

$$V_{OUT} = (V_{IN} - V_-) \times g_{m,MINP} r_{O,MP4} \times g_{m,MPDRV} (r_{O,MPDRV} \| r_{O,MN5}) = (V_{IN} - V_-) \times A \quad (7.2.8)$$

为了便于分析,放大器增益用 A 表示。考虑到放大器输入电阻非常大,放大器输入端没有电流:

$$V_{OUT} \frac{R_1}{R_1 + R_2} = V_- \quad (7.2.9)$$

将式(7.2.9)代入式(7.2.8),得到:

$$\frac{V_{\text{OUT}}}{V_{\text{IN}}} = \frac{R_1 + R_2}{R_1} \frac{1}{\frac{1}{AR_1/(R_1+R_2)} + 1} \quad (7.2.10)$$

可以观察到,当增益 A 很大时,电路的输入输出关系近似为理想同相比例放大器,两者的误差约为 $\frac{1}{AR_1/(R_1+R_2)}$,其中,$AR_1/(R_1+R_2)$ 就是 6.3.2 节提到的环路增益。增加环路增益可以降低系统的误差,但在图 6.3.6(a) 的环路增益波特图中显示,环路增益如果过大,系统的稳定性可能会变差。

2. 速度分析

速度指标与带宽和压摆率密切相关。在本项目中,如图 7.2.3 所示,有两个极点频率较低的节点需要考虑:(1) 第一级的输出,即 MP_4 的漏端,为了方便分析,标记为 X;(2) 第二级的输出,即 MPDRV 的漏端,标记为 Y。假设 X 电压变化 ΔV,由于第二级的共源极放大作用,Y 电压变化为 $A_2 \Delta V = g_{m,\text{MPDRV}}(r_{O,\text{MPDRV}} \parallel r_{O,\text{MN5}}) \Delta V$。因此,$Y$ 和 X 之间的电压差为 $(1+A_2)\Delta V$。

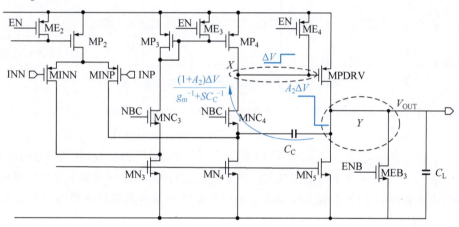

图 7.2.3　贯穿项目放大器第一级极点分析

又留意到 MNC_4 从源端往漏端望去,看到的等效电阻是 $g_{m,\text{MNC4}}^{-1}$,相对电容阻抗较小,因此流过电容上的电流为

$$I_{C_C} = \frac{1 + A_2 \Delta V}{g_{m,\text{MNC4}}^{-1} + \frac{1}{SC_C}} \approx \frac{A_2 \Delta V}{\frac{1}{SC_C}} = \frac{\Delta V}{\frac{1}{SA_2 C_C}} \quad (7.2.11)$$

即电容看起来变大了 A_2 倍。由于第一级的输出极点为第一级输出端看到的电阻电容乘积:

$$\omega_{P1} = \frac{1}{r_{\text{OUT1}} A_2 C_C} = \frac{1}{r_{O,\text{MP4}} \times g_{m,\text{MPDRV}}(r_{O,\text{MPDRV}} \parallel r_{O,\text{MN5}}) C_C} \quad (7.2.12)$$

这个极点频率比较低,是系统的主极点。读者可以利用小信号等效电路图分析,也可以得出类似的结论,并同时得到第二级的输出极点为

$$\omega_{P2} = \frac{g_{m,\text{MPDRV}} g_{m,\text{MNC4}}(r_{O,\text{MNC4}} \parallel r_{O,\text{MP4}})}{C_L} \quad (7.2.13)$$

从式(7.2.13)可以看出,第二级高频时的输出电阻仅为 $\dfrac{1}{g_{\mathrm{m,MPDRV}}g_{\mathrm{m,MNC4}}(r_{\mathrm{O,MNC4}}\|r_{\mathrm{O,MP4}})}$。换句话说,这种补偿方法具有更好的极点分裂效果,可以得到更好的补偿结果。

回顾对图 6.4.2 进行的分析(这里将图 6.4.2 中的部分重画于图 7.2.4)。由于图 6.4.2 中第二个极点频率通常较高,电容 C_{C} 在第二个极点处产生的阻抗相对较小,因此可以忽略 C_{C} 的阻抗,即将 MPDRV 的栅极和漏极在 C_{C} 处视为短路。这样,MPDRV 就变成了一个二极管连接的结构,其等效阻抗约为 $g_{\mathrm{m,MPDRV}}^{-1}$。但为何贯穿项目有更好的极点分裂效果?下面将用一种近似的方法分析为何会出现这么小的电阻。

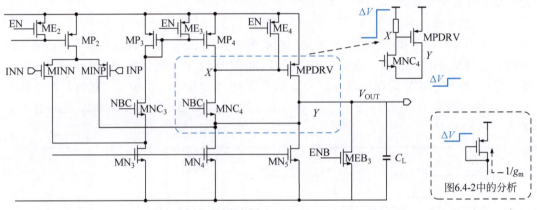

图 7.2.4 贯穿项目放大器第二级极点分析

为了求图 7.2.4 Y 处的电阻,在 Y 处加入一个电压 ΔV,此时 MNC_4 可以看成一个共栅放大器,因此 X 电压变化为 $g_{\mathrm{m,MNC4}}(r_{\mathrm{O,MNC4}}\|r_{\mathrm{O,MP4}})\Delta V$,进而在 Y 处产生一个较大的电流 $g_{\mathrm{m,MPDRV}}g_{\mathrm{m,MNC4}}(r_{\mathrm{O,MNC4}}\|r_{\mathrm{O,MP4}})\Delta V$,因此,产生了一个远小于图 6.4.2 中等效电阻的阻值。

上面的分析主要侧重于与带宽有关的极点情况,然而放大器的速度不仅与带宽相关,还与摆率(Slew Rate,SR)密切相关。摆率表示放大器输出信号在单位时间内的最大变化率,受放大器的偏置电流限制,属于大信号响应。

对于不考虑摆率限制的一阶放大器,其阶跃响应为

$$V_{\mathrm{O}} = V_{\mathrm{H\text{-}STEP}}(1 - e^{-\frac{t}{\tau}}) \tag{7.2.14}$$

其中,$\tau = RC$,是此放大器的输出电阻和电容的乘积。则其斜率为

$$\frac{\mathrm{d}V_{\mathrm{O}}}{\mathrm{d}t} = \frac{V_{\mathrm{H\text{-}STEP}}}{\tau}e^{-\frac{t}{\tau}} \tag{7.2.15}$$

斜率的最大值出现在 $t = 0$ 的时刻,即

$$\frac{\mathrm{d}V_{\mathrm{O}}}{\mathrm{d}t}\bigg|_{\max} = \frac{V_{\mathrm{H\text{-}STEP}}}{\tau} \tag{7.2.16}$$

然而,当一个大的阶跃信号输入到放大器时,由于放大器的偏置电流的限制,放大器的摆率一般不会达到式(7.2.16)中的值。因此,输出信号的变化速度会受到限制,最多只能达到摆率的上限。如图 7.2.5 所示,在一阶系统中输出信号不再呈指数增长,而是在前半段以恒定斜率均匀上升。这将导致需要更长的时间才能稳定到最终值。如图 7.2.5 中虚线所示。

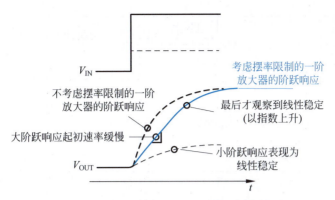

图 7.2.5　大输出信号的变化速度受到摆率限制

工程问题 7.2.2

假设图 7.1.1(a)所示的电路中放大器是一个一阶电路,它的时间常数 $\tau=0.01\mu s$,放大器的摆率为 $1.5V/\mu s$,而且 $R_1=R_2$,如果输入一个 5mV 的阶跃信号,需要多长时间才能稳定在 0.1mV 的误差内? 如果输入的是一个 50mV 的阶跃信号又需要多长时间?

讨论:

当输入一个 5mV 的阶跃信号,输出最终会稳定在 10mV,由于 $SR=1.5V/\mu s$ 大于 $\dfrac{V_{\text{H-STEP}}}{\tau}=\dfrac{10\times 10^{-3}}{0.01\times 10^{-6}}=1V/\mu s$,所以不会出现摆率限制,整个响应过程都满足式(7.2.14),稳定时间仅需 $-\ln(0.1/10)\tau=4.6\tau=0.046\mu s$。

当输入一个 50mV 的阶跃信号,输出最终会稳定在 100mV。然而,此时整个变化过程分成两部分。首先,放大器的输出会缓慢上升直到与最终值相差 15mV,然后按照式(7.2.14)稳定。第一部分从 0 到 85mV,需要 $0.085/1.5=0.057\mu s$。第二部分,需要 $-\ln(0.1/15)\tau=5\tau=0.05\mu s$。

可见,超过一半的阶跃响应稳定时间受到摆率的限制。除了影响阶跃响应之外,摆率还会对高频大幅度的正弦响应产生影响。假设输入信号为 $V_i\sin(\omega t)$,对信号求导可以得到变化率为 $\omega V_i\cos(\omega t)$。当最大变化率 ωV_i 大于摆率时,输出正弦波就会出现失真。

因此,在考虑放大器的速度时,不仅需要关注带宽,还需要考虑输入信号的摆率对输出变化的影响,以确保在面对快速变化的输入信号时,能够准确、稳定地响应。

贯穿项目中放大器的摆率分析过程如下: 当放大器处于平衡状态时,电流的分配如图 7.2.6(a)所示。假设一个大的正阶跃信号加在贯穿项目电路的 INN 端,同时一个大的负阶跃信号加在 INP 端,MINN 被关断,MP_2 上的尾电流(命名为 I_{SS})全部流经 MINP,如图 7.2.6(b)所示。由于 MN_3 的静态电流为 I_{SS},此时流入 MN_3 漏端的电流只能全部由 MP_3 提供,因此,二极管连接的 MP_3 自动调节栅压以产生大小为 I_{SS} 的电流。由于 MP_4 的栅端和 MP_3 的栅端电压相同,MP_4 也产生大小为 I_{SS} 的电流。此外,由于 MN_4 的静态电流为 I_{SS},而 MINP 已经提供了电流 I_{SS},因此给电容 C_C 充电的最大电流为 I_{SS},变化斜率为 I_{SS}/C_C。

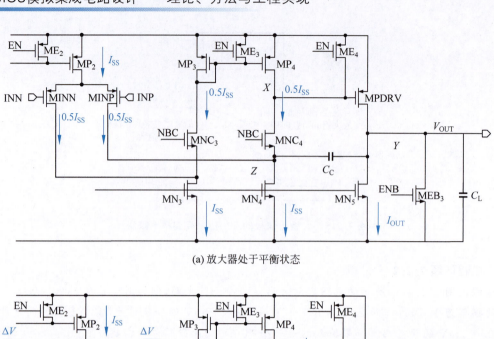

(a) 放大器处于平衡状态

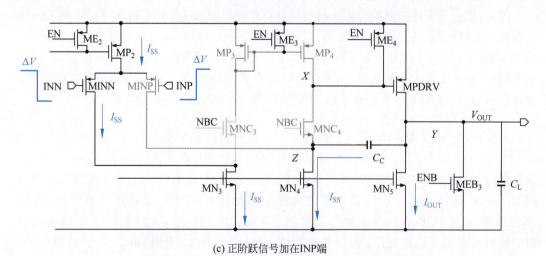

(b) 正阶跃信号加在INN端

(c) 正阶跃信号加在INP端

图 7.2.6 贯穿项目放大器摆率分析

同时将MN$_5$的静态电流命名为I_{OUT}，如果I_{OUT}比较大，能够充足供给C_C和C_L电流，即$I_{OUT}>I_{SS}+(C_L/C_C)I_{SS}$。此时，由于各个管子处于饱和区，正常放大，相较于输出节点Y，可以认为节点Z电压基本不变，那么节点Y电压的变化斜率为I_{SS}/C_C。但是如果$I_{OUT}<I_{SS}+(C_L/C_C)I_{SS}$，那么不单MPDRV会截止，节点Y电压的变化斜率也会变小。

假设一个大的负阶跃信号加在贯穿项目电路的INN端，同时一个大的正阶跃信号加在INP端，MINP被关断，MP$_2$上的尾电流I_{SS}全部流经MINN，如图7.2.6(c)所示。由于MN$_3$的静态电流为I_{SS}，此时MINN的电流就足以保证供给MN$_3$所需的全部电流。因此，二极管连接的MP$_3$自动调节栅压产生0电流。由于MP$_4$的栅端和MP$_3$的栅端电压相同，MP$_4$也无电流。此外，由于MN$_4$的静态电流为I_{SS}，因此给电容C_C放电的最大电流为I_{SS}，节点Y电压的变化斜率也为I_{SS}/C_C。综上分析，若$I_{OUT}>I_{SS}+(C_L/C_C)I_{SS}$，那么最终电路的摆率为$I_{SS}/C_C$。

7.3 贯穿项目放大器的设计

本节将实现本书贯穿项目所示的两级放大器设计与仿真。表7.3.1为本次放大器设计规格（specification，spec）。

表7.3.1 放大器设计规格（spec）

符号	描述	测试条件	范围			单位
			最小	典型	最大	
V_{DD}	电路供电电压		—	1.8	—	V
T_j	芯片工作温度		−40	25	125	℃
$V_{IN,CM}$	输入共模电压范围		0.2	—	1	V
V_{OUT}	输出摆幅		0.2	—	1.6	V
GBW	增益带宽积		5	—	—	MHz
A_{open_loop}	开环增益	$C_L=50pF$	50	—	—	dB
PM	相位裕度	$C_L=50pF$	60	—	—	°
SR	摆率	$C_L=50pF$	8	—	—	V/μs
I_{TOTAL}	整体电流		—	—	2	mA

本次设计实例将使用0.13μm工艺来实现。为了确保设计质量，在工程中经常会在开始设计前制定验证计划书。计划书中会明确罗列需验证的项目、设置、覆盖面以及计划进度等事项。这里根据放大器的电路特性表7.3.1，制定如表7.3.2所示的验证计划（注：完成进度等项略）。下面将根据这两个表格设计放大器。

表7.3.2 放大器验证计划

符号	测试描述	测试条件	单位
DC	DC工作点、静态电流	−40～125℃	TT,FF,SS
STB	低频增益、相位裕度	−40～125℃	TT,FF,SS
TRAN	摆率	−40～125℃	TT,FF,SS

这里的设计和前几章一样从电流分配入手。在前几章中,为了便于读者理解,对电流的分配采用了简单的平均分配。但这里从摆率以及增益带宽积 GBW 指标入手求出所需的电流。

(1) 首先从摆率出发,如图 7.2.6(b)和图 7.2.6(c)所示,需要同时满足:

$$I_{SS}/C_C > 8 \times 10^6, \quad I_{OUT} > I_{SS} + (C_L/C_C)I_{SS} \tag{7.3.1}$$

从规格说明知 $C_L = 50\text{pF}$,为了留有裕量,在设计初期放大 1.3 倍。设 $C_L = 65\text{pF}$。另外,暂时选取 $C_C = 0.3 C_L \approx 20\text{pF}$,7.5.2 节会详细讨论这个电容的取值。

从这些已知值与工程经验参数出发,可以得到 MP₂ 上的电流 I_{SS},以及 MN₅ 的电流 I_{OUT} 需要满足:

$$I_{SS} \geqslant 160\mu\text{A}, \quad I_{OUT} \geqslant 680\mu\text{A} \tag{7.3.2}$$

参数初定:$C_C = 20\text{pF}, I_{SS} \geqslant 160\mu\text{A}, I_{OUT} \geqslant 680\mu\text{A}$。

(2) 接着从增益带宽积分析电流还需同时满足的条件。根据式(7.2.7)的增益表达式和式(7.2.12)的带宽表达式,可以得到贯穿项目放大器的 GBW 为

$$\begin{aligned}
\text{GBW} &= A \times \text{BW} \approx A\omega_{P1}/2\pi \\
&= g_{m,\text{MINN}} r_{O,\text{MP4}} \times g_{m,\text{MPDRV}}(r_{O,\text{MPDRV}} \| r_{O,\text{MN5}}) \times \\
&\quad \frac{1}{2\pi r_{O,\text{MP4}} \times g_{m,\text{MPDRV}}(r_{O,\text{MPDRV}} \| r_{O,\text{MN5}})C_C} \\
&= g_{m,\text{MINN}}/2\pi C_C
\end{aligned} \tag{7.3.3}$$

$g_{m,\text{MINN}}$ 的表达式有三种,为了得到电流和增益带宽积的关系,同时又不涉及过多的工艺参数,这里选择一种合适的表达式改写式(7.3.3):

$$\text{GBW} = g_{m,\text{MINN}}/2\pi C_C = \frac{2I_{\text{MINN}}}{2\pi(V_{GS} - V_{TH})C_C} = \frac{I_{SS}}{2\pi(V_{GS} - V_{TH})C_C} \tag{7.3.4}$$

为了满足 GBW 大于 5MHz 的规格要求,

$$I_{SS} > 2\pi \times \text{GBW} \times (V_{GS} - V_{TH})C_C \tag{7.3.5}$$

过驱动电压$(V_{GS} - V_{TH})$,一般记作 V_{OV},如果电流不变,V_{OV} 越小,则跨导越大。因此,作为放大管的 V_{OV} 在 100mV 到 200mV,可以达到面积、速度、功耗直接较好的折中。这里取 V_{OV} 为 200mV。

$$I_{SS} > 2\pi \times 5\text{M} \times 0.2 \times 20\text{p} \approx 125\mu\text{A} \tag{7.3.6}$$

参数初定:结合式(7.3.2)的要求,I_{SS} 选取 $160\mu\text{A}$,I_{MINN} 选取 $80\mu\text{A}$,MINN 和 MINP 的 V_{OV} 为 200mV。

(3) 从规格说明知相位裕度要求大于 60°,要求次极点大概为 2.2 倍的 GBW,读者可以自行推导,这里直接给出结论。这个数值可以作为经验值记住,适当增加或减少即可得到不同的相位裕度。同时留意到输出最高电压要达到 1.6V,此时 MPDRV 管子的过驱动电压 $(V_{GS} - V_{TH})$ 最多只能为 200mV,为了留有裕度,$(V_{GS} - V_{TH})$ 取 100mV。

$$\frac{\omega_{P2}}{2\pi} = \frac{g_{m,\text{MPDRV}} g_{m,\text{MNC4}}(r_{O,\text{MNC4}} \| r_{O,\text{MP4}})}{2\pi C_L} > 2.2\text{GBW}$$

$$I_{OUT} > 2.2 \times 2\pi \times \text{GBW} \times 0.5 \times (V_{GS} - V_{TH}) \times C_L/g_{m,\text{MNC4}}(r_{O,\text{MNC4}} \| r_{O,\text{MP4}})$$

$$I_{OUT} > 2.2 \times 2 \times 3.14 \times 5\text{M} \times 0.5 \times 0.1 \times 65\text{p}/g_{m,\text{MNC4}}(r_{O,\text{MNC4}} \| r_{O,\text{MP4}})$$

$$I_{\text{OUT}} > 225/g_{\text{m,MNC4}}(r_{\text{O,MNC4}} \| r_{\text{O,MP4}})\mu\text{A} \tag{7.3.7}$$

参数初定：结合式(7.3.2)的要求，I_{OUT} 暂时选取 $680\mu\text{A}$，MPDRV 的 V_{OV} 为 100mV。

(4) 从 MINN、MINP 电流要求出发，利用饱和区电流公式，确定输入对管的尺寸。

$$\frac{W}{L} = \frac{2I_{\text{MINN}}}{\mu_{\text{p}} C_{\text{OX}}(V_{\text{GS}} - V_{\text{TH}})^2} = \frac{160}{80 \times 0.2 \times 0.2} = 50 \tag{7.3.8}$$

参数初定：为保证增益，MINN 和 MINP 的 L 初步选择为 $1\mu\text{m}$，W 为 $50\mu\text{m}$。

(5) 从 MPDRV 电流要求出发，同样利用饱和区电流公式，确定第二级放大管 MPDRV 的尺寸。

$$\frac{W}{L} = \frac{2I_{\text{OUT}}}{\mu_{\text{p}} C_{\text{OX}}(V_{\text{GS}} - V_{\text{TH}})^2} = \frac{1360}{80 \times 0.1 \times 0.1} = 1700 \tag{7.3.9}$$

参数初定：为减小 W 的尺寸，MPDRV 的 L 初步选择为 $0.13\mu\text{m}$，W 为 $220\mu\text{m}$。

(6) 确定电流镜管 MN_1、MN_2、MN_3、MN_4、MN_5 的尺寸。电流镜精度高度依赖于器件匹配，长度不宜过小，选取 $L = 0.5\mu\text{m}$。其中，MN_1 和 MN_2 是为了产生合适的电压提供给差分放大器，MN_1 和 MN_2 不直接参与放大功能，因此，两个管子的电流可以取得较小，这里选取图 7.2.6(a) 中 I_{SS} 的 1/20。此外，输出最低电压要达到 0.2V，为了留有裕度 $(V_{\text{GS}} - V_{\text{TH}})$ 取 100mV。基于这些考虑，得到以下尺寸：

MN_1 和 MN_2：
$$\frac{W}{L} = \frac{2I_{\text{SS}}/20}{\mu_{\text{n}} C_{\text{OX}}(V_{\text{GS}} - V_{\text{TH}})^2} = \frac{16}{280 \times 0.1 \times 0.1} \approx 5.7 \tag{7.3.10}$$

MN_3 和 MN_4：
$$\frac{W}{L} = \frac{2I_{\text{SS}}}{\mu_{\text{n}} C_{\text{OX}}(V_{\text{GS}} - V_{\text{TH}})^2} = \frac{320}{280 \times 0.1 \times 0.1} \approx 114 \tag{7.3.11}$$

MN_5：
$$\frac{W}{L} = \frac{2I_{\text{OUT}}}{\mu_{\text{n}} C_{\text{OX}}(V_{\text{GS}} - V_{\text{TH}})^2} = \frac{1360}{280 \times 0.1 \times 0.1} \approx 486 \tag{7.3.12}$$

参数初定：MN_1、MN_2、MN_3、MN_4、MN_5 的 L 为 $0.5\mu\text{m}$，W 分别为 $2.9, 2.9, 58, 58, 243.6\mu\text{m}$。其中，$\text{MN}_3$、$\text{MN}_4$ 的 W 取 58 是考虑到版图上方便和 MN_1、MN_2 匹配。作为电路设计者，不仅需要考虑电路各个维度的权衡也需考虑到版图上的需求。MN_5 的 W 取 $243.6\mu\text{m}$ 也是出于相同的考虑。

(7) 确定 MP_1、MP_2、MP_3、MP_4 的尺寸。MP_1、MP_2 为 PMOS 电流镜，MP_3、MP_4 为 PMOS 管电流镜负载，精度高度依赖于器件匹配，因此长度不宜过小，选取 $L = 0.5\mu\text{m}$。MP_1 不直接参与放大功能，也取 I_{SS} 的 1/20。

MP_1：
$$\frac{W}{L} = \frac{2I_{\text{SS}}/20}{\mu_{\text{p}} C_{\text{OX}}(V_{\text{GS}} - V_{\text{TH}})^2} = \frac{16}{80 \times 0.2 \times 0.2} = 5 \tag{7.3.13}$$

MP_2：
$$\frac{W}{L} = \frac{2I_{\text{SS}}}{\mu_{\text{p}} C_{\text{OX}}(V_{\text{GS}} - V_{\text{TH}})^2} = \frac{320}{80 \times 0.2 \times 0.2} = 100 \tag{7.3.14}$$

MP_3 和 MP_4：
$$\frac{W}{L} = \frac{2I_{\text{SS}}/2}{\mu_{\text{p}} C_{\text{OX}}(V_{\text{GS}} - V_{\text{TH}})^2} = \frac{160}{80 \times 0.2 \times 0.2} = 50 \tag{7.3.15}$$

参数初定：MP_1、MP_2、MP_3、MP_4 的 L 为 $0.5\mu\text{m}$，W 分别为 $2.5, 50, 25, 25\mu\text{m}$。

(8) 确定 MNC_1、MNC_2、MNC_3、MNC_4 的尺寸。它们为 cascode 管，出于节省芯片面积考虑，沟道长 L 不需要大，取 $L = 0.13\mu\text{m}$。但又为了版图匹配和摆放方便，宽度需要和

$MN_1 \sim MN_4$ 中的设置保持一致。

参数初定：MNC_1、MNC_2、MNC_3、MNC_4 的 L 为 $0.13\mu m$, W 分别为 2.9、2.9、29、$29\mu m$。

7.4 贯穿项目放大器的仿真

7.4.1 放大器的 DC 仿真

本节对贯穿项目放大器的 DC 仿真方法进行详细的说明。表 7.4.1 中列出了需要进行 DC 仿真验证的项目。除了表中所列条目还需特别留意每个管子的工作区是否合理，管子的过驱动电压是否合理，以及每个节点电压是否合理。具体仿真步骤如下。

表 7.4.1 贯穿项目放大器 DC 仿真验证项目

验证项目	设计目标 tt,25℃		计算结果 tt,25℃		仿真结果 tt,25℃	
	MIN	MAX	MIN	MAX	MIN	MAX
整体电流 I_{TOTAL}（A）	2		1			
输出电流 I_{OUT}（mA）	—		0.68			
输入电压 V_{IN}（V）	0.2	1	0.1	1.05		
输出电压 V_{OUT}（V）	0.2	1.6	0.1	1.7		

（1）仿真输入电压范围。在 EDA 软件中绘制贯穿项目的电路图并搭建 DC 仿真环境，如图 7.4.1 所示。图中各元器件的参数记录于表 7.4.2 中。为了使输出偏置在合适的范围，将输出连接到反向输入端。

第 11 集
微课视频

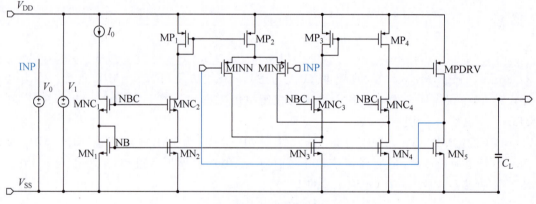

图 7.4.1 贯穿项目的电路图及 DC 仿真环境

表 7.4.2 图 7.3.1 中的器件参数

器件名	W/μm	L/μm	Finger Number	Multiplier	Capacitance/pF	DC 电压/V	DC 电流/μA	Resistor/Ω
MN_1	1.45	0.5	1	2	—	—	—	—
MNC_1	1.45	0.13	1	2	—	—	—	—
MN_2	1.45	0.5	1	2	—	—	—	—
MNC_2	1.45	0.13	1	2	—	—	—	—
MP_1	2.5	0.5	1	1	—	—	—	—
MP_2	2.5	0.5	1	20	—	—	—	—

续表

器件名	$W/\mu m$	$L/\mu m$	Finger Number	Multiplier	Capacitance/pF	DC 电压/V	DC 电流/μA	Resistor/Ω
MINN	2.5	1	1	20	—	—	—	—
MINP	2.5	1	1	20	—	—	—	—
MP_3	2.5	0.5	1	10	—	—	—	—
MP_4	2.5	0.5	1	10	—	—	—	—
MN_3	1.45	0.5	1	40	—	—	—	—
MNC_3	1.45	0.13	1	20	—	—	—	—
MN_4	1.45	0.5	1	40	—	—	—	—
MNC_4	1.45	0.13	1	20	—	—	—	—
MPDRV	2.5	0.13	1	88	—	—	—	—
MN_5	1.45	0.5	1	168	—	—	—	—
I_1	—	—	—	—	—	—	8	—
V_0	—	—	—	—	—	Vin	—	—
V_1	—	—	—	—	—	1.8	—	—
V_2	—	—	—	—	—	inx	—	—
R_1	—	—	—	—	—	—	—	1Meg
R_2	—	—	—	—	—	—	—	1G
C_L	—	—	—	—	50	—	—	—

(2) 配置 DC 仿真参数。在 $0 \sim V_{DD}$ 对正输入端电压进行直流扫描,并观察输出端电压的变化曲线,可以确定该单位缓冲器的线性范围。

在放大器可承受的输入范围内,扫描曲线呈现为 45°斜率的直线,表明输出能够良好跟随输入。而在放大器可承受的输入范围之外,曲线则呈现弯曲,如图 7.4.2 所示。然而,需要注意的是,这种连接与仿真方法得到的线性范围实际上同时受到输入共模范围和输出摆幅的限制。尽管如此,本项目中的放大器具有输出摆幅范围大于输入共模范围的特点,因此,这种方法仍可用于大致估算输入共模范围。

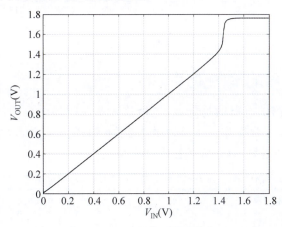

图 7.4.2 输入范围仿真曲线

(3) 仿真以获取输出范围。按照图 7.4.3 的配置,将放大器配置为增益为 -10 的反相电压放大器。正输入端连接至 0.9V,在电源轨的中间位置提供一个共模输出电平给放大器,在 0 到 V_{DD} 对负输入端电压进行直流扫描。为了避免影响放大器的输出阻抗,电阻 R_1

和 R_2 被设置得尽可能大。这有助于维持放大器原本的增益。V_2、R_1、R_2 的具体值记录于表 7.4.2 中。图 7.4.4 中 DC 扫描曲线的线性部分即为该供电条件下的输出电压摆幅。

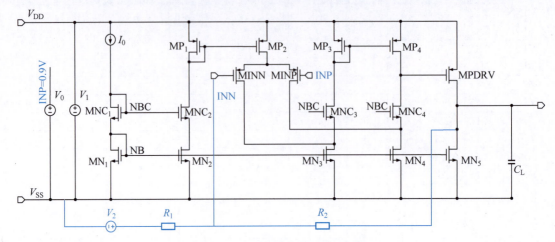

图 7.4.3 测试输出范围的原理图

第 12 集
微课视频

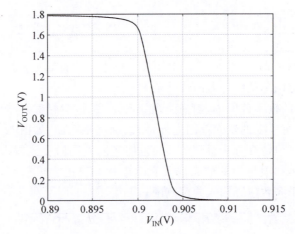

图 7.4.4 输出范围仿真曲线

7.4.2 放大器的 STB 仿真

STB 仿真主要是测试电路的稳定性,包括放大器在闭环电路中的增益和相位裕度的值,从而判别电路是否正常工作。本节对放大器的 STB 仿真验证方法进行详细的说明。表 7.4.3 中列出了需要进行 STB 仿真验证的项目。

表 7.4.3 闭环两级放大器的 STB 仿真验证项目

验证项目	仿真结果 tt, 25℃
波特图的幅值图	
波特图的相位图	
单位增益带宽 f_u	
相位裕度 PM	

(1) 在 EDA 软件中利用 iprobe 连接放大器的输出与反向输入端电路图并搭建仿真环境,使用 iprobe 时须留意器件中的箭头标识确定接入电路的方法,箭头起点端连接放大器的输出端。iprobe 器件连入电路后相当于理想导线,如图 7.4.5 所示。

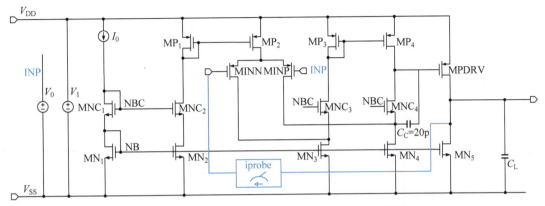

图 7.4.5 闭环两级放大器的电路图及 STB 仿真环境

(2) 配置 STB 仿真参数。同 DC 仿真一样打开分析方式选择页面,然而此处选择 STB 分析并配置相应的仿真参数。Probe Instance 填入所使用的 iprobe 器件名字,也可通过 "Select" 按钮在 schematic 上选择 iprobe 自动填入。而 Sweep Range 填入 1-10G。

(3) 配置输出参数。所有输出参数的名称以及计算公式信息如表 7.4.4 所示。

表 7.4.4 输出参数的名称以及计算公式

验证项目	参数名称	计算公式
波特图的幅值图	Loop_Gain_dB20	db20(mag(getData("loopGain",result="stb")))
波特图的相位图	Loop_Gain_Phase	phase(getData("loopGain",result="stb"))
单位增益带宽 f_u	fu	getData("phaseMarginFreq",result="stb_margin")
相位裕度 PM	PM	getData("phaseMargin",result="stb_margin")

(4) 配置仿真模型与工艺角。

(5) 运行 STB 仿真。运行仿真后将会自动弹出波特图并将单位增益带宽和相位裕度显示在 MDE L2 界面 Results 栏中。请读者对比分析不同米勒补偿电容值时的波特图。

7.4.3 放大器的瞬态仿真

仿真的主要目的是通过获取时域波形图来详细观察和分析放大器在大信号条件下的动态特性。这种分析能够帮助我们理解放大器在处理大信号输入时的行为。

(1) 将图 7.4.5 中的 DC 电压源 V_0 上方叠加一个 vsin,并进行参数配置。使 vsin 的 VA 为 0.7,FREQ 为 1000。V_0 的直流电压设为 0.8,其余元器件和参数保持不变。

(2) 配置瞬态仿真参数。打开分析方式选择页面,选择 TRAN 分析并配置相应的仿真参数。

(3) 配置输出参数。在 MDE L2 中单击 Outputs→Selected From Design 选项,在弹出的电路图界面中单击 OUT 以及 INP 的电气连线。如果设置成功,在 MDE L2 界面中 Outputs 栏中将能看到相应的输出信息。

(4) 配置仿真模型与工艺角。

(5) 运行瞬态仿真。运行仿真后将会自动弹出图 7.4.6 所示的时域瞬态波形图。由于超出了容许的输入范围，图中瞬态波形出现了畸变。

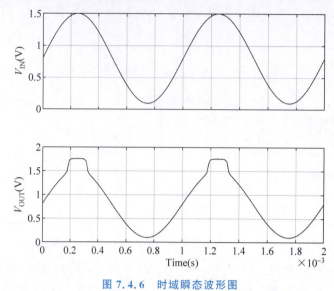

图 7.4.6　时域瞬态波形图

7.5　放大器的参数调整

7.5.1　满足增益带宽积的前提下提升增益

开环放大器的增益随工作点的变化而显著改变，这导致输出信号存在显著的非线性现象。为了降低这种非线性，多数系统会选择使用闭环形式。按照式(7.2.10)，通过提升环路增益，可以有效降低闭环系统的误差，满足许多应用对高精度放大的需求。其中一个典型应用场景是模数转换器，它需要精确地维持或比例放大已采样的信号，这便要求放大器具备高增益。

在一个两级放大器中，总增益等于第一级增益和第二级增益的乘积。要提升总增益，可以提高第一级或第二级的增益。每一级的增益取决于该级的跨导和输出电阻的乘积。

增益带宽积，$GBW = g_{m,MINN}/2\pi C_C = 2I/2\pi(V_{GS}-V_{TH})C_C$，与所需的电流直接相关。如果想提高增益带宽积，会增加系统的功耗。因此，下面在满足增益带宽积的前提下，分四种情况探讨如何提升增益，以及增益提升的同时对电路其他性能的影响。

1. 提高第二级的跨导

由于跨导可以表示成 $2I_{OUT}/(V_{GS}-V_{TH})$，同时为了不增加功耗，第二级的 MPDRV 和 MN_5 电流 I_{OUT} 保持不变，若要增加跨导，需要减少 $(V_{GS}-V_{TH})$，换而言之，根据饱和区电流公式需要成平方倍地增加 MPDRV 的尺寸。增加 MPDRV 的跨导似乎可以略微降低主极点的频率，提高次极点的频率改善相位裕度，但需要留意的是 MPDRV 的尺寸已经很大，进一步增加其尺寸可能会导致芯片面积的增加以及更大的寄生电容。因此，当 MPDRV 的 W 增加到 $2500\mu m$ 时，vdsat 减少到 $50mV$，相位裕度并未改善，甚至略微变差。通过仿真可以发现，增益改善的效果也不明显，而代价却相当高，导致整体性能不佳。

2. 提高第二级的电阻

在不减少输出摆幅的前提下,不能增加共栅管。由于 MOS 管小信号电阻可以表示成 $1/\lambda I$,看起来可以减少电流或者 λ,提高第二级电阻值。

若减少电流,为了不影响跨导 $g_{m,MPDRV} = 2I_{OUT}/(V_{GS}-V_{TH})$,以至于影响次极点频率,需要等比例减少 $(V_{GS}-V_{TH})$,并等比例增加 MPDRV 的尺寸。电流的减少会降低摆率,尺寸的增加会增加寄生电容,减少相位裕度。

若减少 λ,需要增加 L,W 也需等比例增加。然而,如果 MPDRV 的尺寸已经很大,进一步增加尺寸可能会导致芯片面积和寄生电容过大。

3. 提高第一级的跨导

第一级跨导 $g_{m,MINN}$ 可以表示为 $I_{SS}/(V_{GS}-V_{TH})$,在不增加电流、功耗的前提下,提升跨导,可以减少 $(V_{GS}-V_{TH})$。但同样需要增加 MINN 的尺寸,带来额外的面积和寄生电容。考虑 $GBW = g_{m,MINN}/2\pi C_C$,提升 $g_{m,MINN}$,还可以提升增益带宽积。那是不是带来了额外的好处?需留意的是二级放大器的增益带宽积 $GBW = g_{m,MINN}/2\pi C_C$ 是基于次极点远离主极点时的近似。而且为了保证相位裕度,要求次极点大概为 2.2 倍的 GBW。因此,在主极点变大,次极点不变时,理论上相位裕度应当变小。为了保持相位裕度不变,当 GBW 变大时,第二级的跨导也须变大,带来的一系列变化参考第一部分"提高第二级的跨导"中的分析。

有趣的是,如图 7.5.1 所示,若 MINN 的 W 增加到 $200\mu m$,增加第一级的跨导 $g_{m,MINN}$,增益从 58.8dB 提高到 63.6dB,同时在幅度为 0 附近的地方出现了一个零点,导致出现两个过零点,这对瞬态响应将会产生不好的影响。可见,在设计过程中理论分析和仿真分析需要相互搭配。

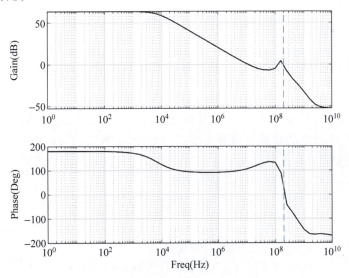

图 7.5.1 提高第一级的跨导后的波特图

4. 提高第一级的电阻

第一级的摆幅对第二级最终输出的摆幅影响较小,可以考虑增加共栅管,如图 7.5.2 所示。此时第一级的输出电阻大幅增加为 $g_{m,MNC4}r_{O,MNC4}r_{O,MN4} \parallel g_{m,MPC4}r_{O,MPC4}r_{O,MP4}$。

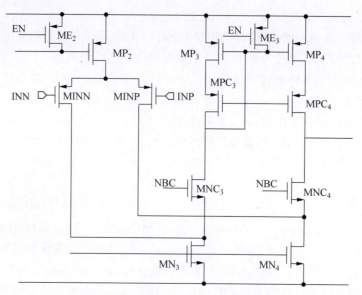

图 7.5.2　增加共栅 PMOS 管提升增益

若不改变结构,根据 MOS 管小信号电阻表达式,可以减少电流或者 λ。可以参考第二部分"提高第二级的跨导"中的分析。

7.5.2　调整米勒补偿电容

在贯穿项目放大器中,第一级的输出电阻较大,并且由于米勒补偿的等效作用,对电容 C_C 进行了放大。因此,主极点 $\omega_{P1} = (r_{OUT1}A_2C_C)^{-1}$ 位于第一级。C_C 不仅和带宽 $\omega_{P1}/2\pi = (2\pi r_{OUT1}A_2C_C)^{-1}$ 相关,也和增益带宽积 $GBW = g_{m,MINN}/2\pi C_C$ 密切相关。如果降低补偿电容 C_C 值,会如何影响电路性能?

1. 仅调整补偿电容 C_C

如果降低补偿电容 C_C 值,似乎可以同时增加带宽与增益带宽积。然而,在这种情况下需要注意相位裕度的变化。如图 7.5.3 所示,单纯降低补偿电容到 1pF 时,会导致相位裕度减小到 36°。为了保持相位裕度不变,次极点的频率应大约为 2.2 倍的 GBW。换言之,为了达到这个要求,第二级的跨导需要同步增加。然而,增加第二级的跨导是非常困难的,可能需要大量的电流或相当大的面积。

2. 减少补偿电容 C_C 并降低第一级电流值

等比例减少补偿电容 C_C 与第一级电流值,在过驱动电压不变的情形下,可以使增益带宽积 $GBW = g_{m,MINN}/2\pi C_C = I_{SS}/[2\pi C_C(V_{GS} - V_{TH})]$ 保持不变。即电路的电流、功耗和面积都减少的情形下,获得了不变的增益带宽积。

此外,前面提到电路的摆率为 I_{SS}/C_C。等比例减少补偿电容 C_C 与第一级电流值也不会改变放大器的摆率。减少补偿电容 C_C 似乎百利而无一害。当 $C_C = 0.2$pF 时,重复 7.3 节的分析,可以得到如表 7.5.1 所示的参数。由于此时第一级放大器的电流较小,因此,电流镜 M_1 和 M_2 的电流设置成与 M_3 和 M_4 一致。

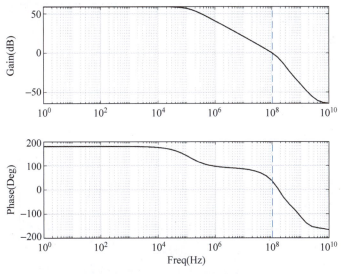

图 7.5.3　当 $C_C = 1\text{pF}$ 时的波特图

表 7.5.1　当 $C_C = 0.2\text{pF}$ 时的电路参数表

参　　数	取　　值	参　　数	取　　值
I_{SS}	$1.6\mu A$	$W, L(\text{MN}_5)$	$142\mu m, 0.5\mu m$
I_{OUT}	$400\mu A$	$W, L(\text{MP}_1)$	$0.5\mu m, 0.5\mu m$
$W, L(\text{MINN}, \text{MINP})$	$0.5\mu m, 1\mu m$	$W, L(\text{MP}_2)$	$0.5\mu m, 0.5\mu m$
$W, L(\text{MPDRV})$	$130\mu m, 0.13\mu m$	$W, L(\text{MP}_3, \text{MP}_4)$	$0.25\mu m, 0.5\mu m$
$W, L(\text{MN}_1, \text{MN}_2)$	$0.57\mu m, 0.5\mu m$	$W, L(\text{MNC}_1, \text{MNC}_2)$	$0.57\mu m, 0.13\mu m$
$W, L(\text{MN}_3, \text{MN}_4)$	$0.57\mu m, 0.5\mu m$	$W, L(\text{MNC}_3, \text{MNC}_4)$	$0.285\mu m$

如图 7.5.4 所示，放大器的增益为 59dB，单位增益带宽为 6.12M，相位裕度为 82.6°。那么，是否可以不断减少 C_C，甚至将其取为 0 呢？当然不行。这是因为前面的分析是基于以下假设：第一级的极点是主极点，其值远远小于第二级的极点。然而随着 C_C 减小，那么两个极点将逐渐靠近，甚至主次互换。需要谨记电路设计是一个权衡的过程。而我们在生活中面临决策时，也需要进行权衡和考虑各种因素，盲目追求短期的利益或满足感，而忽视了其他重要的方面，可能会带来负面的后果。

7.5.3　调整过驱动电压

在前面对贯穿项目进行设计时，选取过 MINN 和 MINP 的驱动电压 V_{OV} 为 200mV。如果改变 V_{OV} 的值会对电路其他参数产生什么影响呢？这里以过驱动电压变小为 100mV 为例进行分析。

假设功耗不变，即电流不变，此时 MINN 和 MINP 的尺寸需要变大 4 倍。因此，带来的第一个变化是面积的变大，随之产生的是寄生电容变大。第一级的增益为 $2/\lambda(V_{GS} - V_{TH})$，因此增益变大 2 倍。由于 $g_{m,\text{MINN}} = 2I/(V_{GS} - V_{TH})$，所以跨导也变大 2 倍。而增益带宽积为 $g_{m,\text{MINN}}/2\pi C_1$，增益带宽积也变大 2 倍，当然，由于前面提到的寄生电容变大，管子偏离平方律等因素，增益带宽积提升并无预想的大。但需要注意的是，第二级的极点频率也需要增加，从而保证相位裕度满足要求。

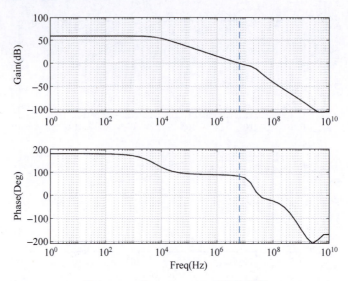

图 7.5.4 当 $C_C=0.2\text{pF}$ 时的波特图

在设计中,需要权衡考虑多个因素,包括带宽、增益带宽积、相位裕度以及对电流和芯片面积的限制。有时候,为了满足特定设计要求,可能需要采取更复杂的技术手段或调整整个电路结构。

7.6 工程优化

7.6.1 使能控制

为了利用使能信号来控制电路工作或休眠,需要在电路中加入控制开关。这些控制开关需要满足如下要求。

(1) 使能时不影响电路正常工作,即不改变电路 DC 工作点和 AC 参数。

(2) 无论使能与否,都不发生短路,包括永久和瞬时的短路。

(3) 不使能时尽可能减少静态电流。

开关的控制信号为使能信号 EN。不仅如此,还利用反相器来获得 ENB 信号。目的是在不同节点实现对电路的使能控制。图 7.6.1 中,S1~S7 为加入的开关,开关的功能见表 7.6.1。

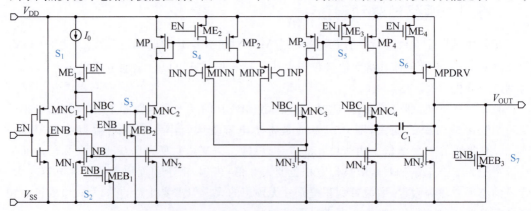

图 7.6.1 加入的开关器件

表 7.6.1　开关及其作用

开　关	关断时的作用
S1	阻断偏置电流
S2,S3	分别拉低 NB,NBC
S4,S5	关断对应的 PMOS
S6	关断 MPDRV
S7	拉低输出

开关加入后,需要利用仿真验证加入的开关是否符合上文中提出的要求。可以参考 7.4 节中的仿真方法自行对照检查。

7.6.2　匹配优化

在现实中,任何 IC 制造工艺都不可能是理想的,工艺偏差总会存在。而且 IC 制造工艺的有些步骤,如离子注入,并不能保证物质在芯片的各个区域和各个方向都分布均匀,特别是板块边缘部分。这就会导致即便两个器件的尺寸相同,它们的电特性仍会有偏差。这个偏差反映在芯片上,往往是参数偏差和结果失真。因此,提高电路中重要器件的匹配度就显得尤为重要。

为了能提高匹配的精度,版图的图案需要是对称的,包括中心对称和轴对称。因为只有这样,从任意方向观察,待匹配器件 A 和 B 所处的"环境"都是相同的。这样才能更好地缓解由制造工艺带来的偏差。不仅如此,由于板块边缘的不确定性更高,版图工程师经常会牺牲一点芯片面积,在待匹配器件外侧包围一圈相同的器件。这些器件被称为 dummy 器件,它们的连接状态有永久关断、短接或悬空等,其状态的选择以不影响电路正常工作为准。

> 小 Tips：中心对称指版图绕其中心点旋转 180° 后与原图重合；轴对称指版图沿某条直线对折后可完全重叠。

实际上,不仅局限于版图设计阶段,器件的匹配是一项贯穿整个设计过程的考虑因素。比如在设计电路时,一旦意识到某些器件,比如输入差分对,需要良好的匹配,那么就需要提醒自己,器件的尺寸不能太小,因为尺寸越小,匹配精度就越低。另外,还要尽可能把器件个数(multiplier)设置成偶数,这样会更利于匹配。

当然,实现所有器件的高度匹配既不经济也不必要,这还会增加额外的工作负担。需要在性能、面积以及寄生效应等多种因素之间做出权衡,以确定匹配的方案。简而言之,只有在失配会对电路性能产生负面影响的情况下,才考虑进行匹配。

回到这里的放大器电路上,如图 7.6.2 中所示,带序号的矩形框标出的器件是需要进行匹配的。其中,MOS 匹配要求①＞②和⑥＞④＞⑤＞③。

输入差分对①匹配要求最高,选用共质心匹配方式,将 MINP 和 MINN 摆放成两排,每排顺序分别为 ABBA 和 BAAB,且外围加 dummy 器件。除此以外,MINP 和 MINN 的栅端走线也要尽量保证对称,这样才能保证 MINP 和 MINN 在版图中所处的"环境"相同。差分对匹配示例如图 7.6.3 所示。

匹配重要性仅次于①的是②和⑥。其中,②属于放大器核心器件,⑥为偏置。但由于 MN_1、MN_2、MN_3、MN_4 的栅端所接信号相同,将它们放在一起进行匹配。共栅器件栅端所接信号相同,也在一起进行匹配。由于 MN_1、MN_2、MN_3、MN_4 漏端和共栅器件的源端都

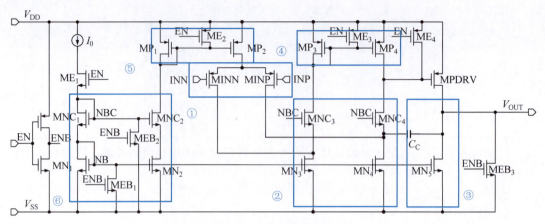

图 7.6.2 放大器匹配方案

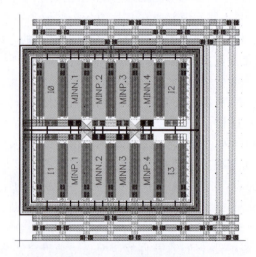

图 7.6.3 输入差分对匹配

各自接在一起,在 layout 上可将它们的 drain/source 合并,这样既能节省面积,又能减少寄生。由于②中的共栅器件个数比 MN_1、MN_2、MN_3、MN_4 的器件个数少,缺少的器件就用 dummy 补足。接下来,需对这些各自接在一起的器件对进行匹配。把②中的两支路器件称之为 A 和 B,把⑥中栅端和漏端连接支路的器件称之为 C,另一支路称之为 D。由于器件数量较少(multiplier 都不大于 2),采取两排摆放方式,两排顺序分别为 DCAB 和 BACD,外侧加 dummy 器件。摆放示意图见图 7.6.4。

Dummy_cas	D_cas	C_cas	A_cas	B_cas	Dummy_cas
Dummy	D	C	A	B	Dummy
Dummy	B	A	C	D	Dummy
Dummy_cas	Dummy_cas	Dummy_cas	C_cas	D_cas	Dummy_cas

图 7.6.4 ②和⑥器件摆放示意图

④和⑤为电流镜,也需要共质心匹配,可以参照前面 MOS 器件的匹配自行决定匹配方式,这里不做赘述。

7.6.3 面积优化

前面已经完成了重要器件的匹配,接下来就可以把其他器件都加进来一起规划摆放。一般来说,对于整个模块的形状而言,需尽可能做成长方形,甚至正方形。这样不仅能优化本模块的面积,也能在顶层摆放模块时带来便利。同类型同衬底电位的器件通常会摆放在一起,如衬底接地的 NMOS,衬底接电源的 PMOS 等。这样做可以尽量减少由阱间距规则带来的面积浪费。在器件摆放时,经常会将有信号连接关系的器件靠近摆放,以降低绕线长度和绕线面积。比如同一支路上的 PMOS 和 NMOS,若两者距离较近,则可以避免用很长的金属线相连。

绕线设计也同样重要。工整有序的绕线不仅可以节省芯片面积,还能减小不必要的寄生电阻和寄生电容。但面积最小化并不是绕线设计的唯一要求,这里列出一些常见的绕线设计注意点。由于金属线通过器件上方会对器件产生干扰,所以底层金属线(M_1、M_2 甚至 M_3)是禁止从 MOS、电阻和三极管上方穿过的。底层金属线需要在不影响电路的前提下在器件之间穿过。若某条线有大电流通过,如电源线、地线和放大器输出线,就必须根据金属线的电流承载能力来确定最小线宽。计算公式如下:

> 小 Tips:规定每层金属的主要走向可减少绕线难度和复杂程度,如 M_1 横向,M_2 纵向,M_3 横向……以此类推。

$$最小线宽 = 最大电流值 / 金属线最大电流密度$$

对于一般估算,可大致认为 $1\mu m$ 宽的金属线最大可通过的电流为 1mA。

针对敏感信号线,如放大器的差分对管输入,要尽量远离经常摆动的信号线,如数字信号线。走线时,也可以在其四周用地线包围,以减少其他信号对它的耦合影响。

7.7 本章总结

- 在设计目标的指引下,制订仿真计划是必要的步骤。在各类工程项目中,通常会在设计开始前,详细拟定一份验证计划书。该计划书中会清晰列出需要验证的项目、验证方法、验证环境、资源需求,以及预期的进度等重要内容。
- 如表 7.7.1 所示,需要对电路进行不同类型的仿真,确保电路设计无误。

表 7.7.1 仿真类型及其作用

仿 真 类 型	仿真的作用
DC 仿真	检查 DC 工作点,观察静态电流
STB 仿真	得到环路增益和相位裕度,观测补偿效果
TRAN 仿真	观测随时间变化的波形,例如上电、负载跳变及电源变化对波形的影响

- 放大器的设计步骤:①从摆率出发求电流;②从增益带宽积,分析电流;③从相位裕度要求分析电流;④利用饱和区电流公式、版图匹配和摆放方便确定管的尺寸。
- 在设计中,需要权衡考虑多个因素,包括带宽、增益带宽积、相位裕度以及对电流和芯片面积的限制。有时候,为了满足特定设计要求,可能需要采取更复杂的技术手段或调整整个电路结构。
- 使能控制设计,在使能时不影响电路正常工作,即不改变电路 DC 工作点和 AC 参数。无论使能与否,都不发生短路,包括永久和瞬时的短路。不使能时尽可能减少静态电流。
- 为了能提高匹配的精度,版图的图案需要是对称的,包括中心对称和轴对称。
- 对于整个模块的形状而言,尽可能做成长方形,甚至正方形。

7.8 本章习题

1. 简述贯穿项目放大器中的每个 MOS 管的作用。

2. 推导贯穿项目放大器的增益带宽积表达式。并分析表达式与仿真结果有差异的原因。

3. 研究贯穿项目放大器的稳定性。改变什么参数会使放大器的稳定性变好?但同时牺牲了什么性能?

4. 分析贯穿项目放大器的输出电压幅度对增益的影响。

5. 假设输出电压通过负反馈通路返回至输入端,请说明理论上当放大器的电压增益趋近于无穷大时,差分输入将呈现为虚短接状态。如果增益并非无穷大,反馈系数为 β 的情况下,输入两端的电压差异将是多少?

6. 分析贯穿项目的结构。如果在保证电流不发生变化的条件下,将第二级放大器的 MOS 管的宽度提高两倍,这对带宽的影响会是什么?另一种情况是,如果将第二级电流提高到两倍,同时也将第二级放大器的 MOS 管的宽度加倍,那么这种变化会如何影响带宽?

7. 请描述一个典型的放大器版图设计过程。

8. 为何放大器版图设计中存在设计规则,这些规则的主要作用是什么?

9. 解释在放大器版图设计中,为什么布局及其对称性是至关重要的?

10. 请解释为什么选择在放大器版图设计中添加 dummy 器件,并以实例说明其作用。

11. 根据如图 7.8.1 所示的电路结构设计一个两级放大器。要求 $V_{DD}=1.8V$,功耗小于 3.6mW,输出摆幅 1.4V,所有器件的 $L=0.2\mu m$。

(1) 如果两级平均分配电流,输出级的 NMOS 和 PMOS 的过驱动电压相同。求 M_5 和 M_6 的 W。

(2) 为了使 M_3 和 M_5 的栅极电压相同,求 M_3 和 M_4 的 W。

(3) 分析当 M_1 和 M_2 的 W 改变时,放大器的增益如何变化。

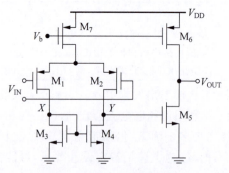

图 7.8.1 设计两级放大器

12. 如图 7.8.2 所示的电路结构,要求 I_{D7} 为 $200\mu A$,I_{D6} 为 $2.4mA$,输出摆幅 $1.4V$,输出级的 NMOS 和 PMOS 的过驱动电压相同,$C_C = 1pF$,$C_L = 10pF$,所有器件的 $L = 0.2\mu m$,求解:

(1) 输出的摆率。

(2) 分析 M_1 和 M_2 的 W 改变时,电路的增益带宽积如何变化。

(3) 为了消除右半平面的零点,求 M_8 的尺寸。

(4) 如果将 M_8 换成一个 NMOS 与 PMOS 并联的传输门,其中,PMOS 的栅极接地,请设计传输门尺寸。

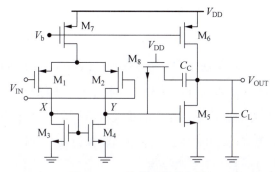

图 7.8.2 补偿两级放大器

13. 根据设计规格表 7.8.1 设计并仿真电路。

表 7.8.1 放大器设计规格(spec)

符 号	描 述	测试条件	范 围			单 位
			最小	典型	最大	
V_{DD}	电路供电电压	—	—	1.8	—	V
T_j	芯片工作温度	—	−40	25	125	℃
$V_{IN,CM}$	输入共模电压范围	—	0.2	—	1.6	V
V_{OUT}	输出摆幅	—	0.2	—	1.6	V
GBW	增益带宽积	—	10	—	—	Mhz
A_{open_loop}	开环增益	$C_L = 50pF$	70	—	—	dB
PM	相位裕度	$C_L = 50pF$	60	—	—	°
SR	摆率	$C_L = 50pF$	15	—	—	V/μs
I_{TOTAL}	整体电流	—	—	—	4	mA

14. 将本章讨论放大器的 PMOS 输入结构改为 NMOS 输入结构,完成满足表 7.3.1 的设计,并讨论两者的优劣。

第 8 章 低压差线性稳压器简介与设计
CHAPTER 8

学习目标

本章节将阐述低压差线性稳压器(Low Dropout Regulator,LDO)的基本工作原理,并向读者介绍其关键性能指标及影响这些指标的因素。为了加深读者对线性稳压器设计过程与优化策略的理解,本章将利用前七章介绍的放大器结构,展示如何构建一个基础的低压差线性稳压器。通过分析现有设计中的问题,本章还将探讨提升设计的改进思路与方法,以期帮助读者掌握更高级的设计技巧。

- 了解低压差线性稳压器的基本原理。
- 了解低压差线性稳压器相关的性能指标和影响因素。
- 掌握 g_m/I_D 法,并将之用于设计 LDO 的误差放大器。

任务驱动

完成基于本书贯穿项目放大器的低压差线性稳压器设计与仿真,通过对现有设计的问题分析,了解改进设计的思路和方法,LDO 设计如图 8.0.1 所示。

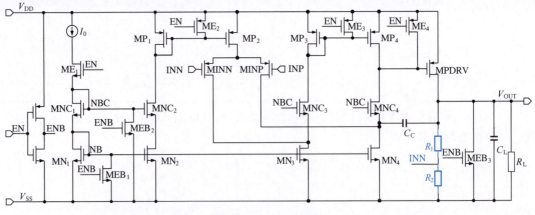

图 8.0.1 LDO 设计

知识图谱

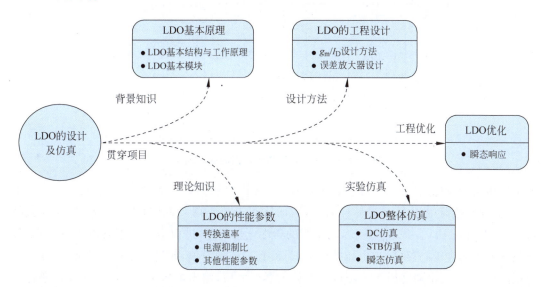

8.1 预备知识

电源管理芯片在消费类电子产品中起着重要作用,它们能够将电池的单一电压转换为多种电压以满足设备中不同模块的供电需求。同时,稳压芯片可以保持供电电压的稳定性,以应对电池电压的变化。在手机、平板和笔记本计算机等设备中,低压差线性稳压器(LDO)成为理想选择,因为它们能够提供低噪声、低压差、高效率和稳定的电压输出。现有的低压差线性稳压器主要分为传统 LDO 和无片外电容的 LDO 两种类型,它们采用不同的方式来实现电源的稳定输出。传统 LDO 通常需要一个或多个片外电容来保证稳定运行和调节瞬态响应。这些电容充当滤波器,降低输出噪声并提供负载瞬间变化时所需的即时能量。无片外电容 LDO 能够在没有任何片外电容的情况下稳定工作。通过内部补偿策略实现稳定性,减少了电路板上的组件数量和总体积。

8.1.1 LDO 基本结构与工作原理

如图 8.1.1 所示低压差线性稳压器的基本结构包括基准电路、误差放大器电路(Error Amplifier,EA)、功率管和负反馈网络。其中,基准电路将在第 9 章详细讨论。

传统的 LDO 具有三个基本的外部引脚,即电源电压输入引脚(V_{IN},通常接 V_{DD})、LDO 电压输出引脚(V_{OUT})和接地引脚(V_{SS})。在输入和输出之间的 MPDRV 是一个功率调整管,该管上的压差表示输入电压和输出电压之间的差值,也称为 dropout voltage。通常情况下,这个差值非常小,因此,称为低压差线性稳压器。

根据放大器虚短原理,输出电压为

$$V_{OUT} = V_{BG} \frac{R_1 + R_2}{R_2} \tag{8.1.1}$$

整个电路处于负反馈状态,环路增益为负。系统通过负反馈机制调节输出电压。假设

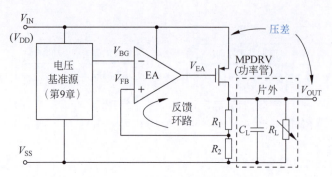

图 8.1.1 低压差线性稳压器的基本结构

输出电压已经按照式(8.1.1)保持稳定,如果负载电流突然增大,功率管的电流无法迅速跟上变化,导致负载电流大于功率管电流,从而输出电压下降。此时,电阻分压 V_{FB} 也会降低,使得 $V_{EA}=A(V_{FB}-V_{BG})<0$,功率管的栅端电压下降,进而增加功率管电流,以满足负载电流增大的需求,直到输出电压接近如式(8.1.1)的预设值,此过程停止。类似地,如果输出电压增大,V_{FB} 也随之增大。经过误差放大器放大后,输出电压 V_{EA} 增高,导致功率管的栅源电压减小,从而减小流过功率管的电流。因此,LDO 的基本原理实质上是一个电压串联负反馈电路,利用反馈网络来调节输出电压,使其稳定在预设值。

8.1.2 LDO 基本模块简介

1. 误差放大器电路

误差放大器的基本结构是放大器,它在 LDO 系统中主要负责提供增益。其中误差放大器的正向输入端电压为

$$V_{FB}=V_{OUT}\frac{R_2}{R_1+R_2} \tag{8.1.2}$$

由于输出误差放大器输出电压为 $V_{EA}=A_{EA}(V_{FB}-V_{BG})$,LDO 的最终输出电压为

$$V_{OUT}=-\left(V_{OUT}\frac{R_2}{R_1+R_2}-V_{BG}\right)A_{EA}A_{MPDRV} \tag{8.1.3}$$

其中,A_{EA} 是误差放大器的增益,而 A_{MPDRV} 是功率管这一级的增益。转换成 V_{OUT} 的表达式:

$$V_{OUT}=V_{BG}\frac{1}{\frac{1}{A_{EA}A_{MPDRV}}+\frac{R_2}{R_1+R_2}} \tag{8.1.4}$$

从上述分析可见,误差放大器的开环增益对于提高 LDO 输出电压的精度非常关键,使得实际输出更加贴近式(8.1.1)定义的理想状态。一方面,开环增益越高,与之相关的直流性能参数,如负载调整率和线性调整率,也会相应地得到提升。但是,增益过高可能会引入 LDO 系统的稳定性风险。另一方面,误差放大器的带宽决定了其瞬态响应的性能——带宽越宽,瞬态响应越快。设计时,必须在系统的稳定性和精度之间做出平衡。

此外,由于在功率管级别上还会产生一个输出极点,所以通常会将误差放大器中产生的极点数控制在两个左右,以降低频率补偿方案的需求。

2. 功率管

功率管也称为调整管或导通管,与反馈分压电阻以及误差放大器共同构成一个闭环负反馈回路系统。它的主要功能是根据误差放大器的输出信号来调控自身的工作状态,改变其输出电流的大小,从而实现对输出电压的调节。这使得功率管成为调整 LDO 输出电压的重要组件。LDO 的性能表现与功率管类型的选择和尺寸设计紧密相关。如果选择 NMOS 类型的功率管,那么它将与反馈电阻形成源跟随器配置,这种配置具有较低的输出阻抗,能更有效地抑制电源纹波。因此,在稳定性、电源噪声抑制和负载瞬态响应等方面,这种配置都具有优势。然而,相比 PMOS 功率管,NMOS 功率管需要较高的压差,至少为一个阈值电压,这会降低 LDO 的效率。因此,在需要高电源效率的应用中,PMOS 类型的线性稳压器更常被采用。

工程问题 8.1.1

假设希望 LDO 的最低压差能达到 200mV,且 PMOS 功率管需要能提供高达 500mA 的最大电流以满足负载需求。若功率管一直工作在饱和区会存在什么问题?

讨论:

功率管的漏源电压差的最小值需要达到 200mV。这就意味着,根据饱和区电流公式,功率管的宽长比(W/L)需要满足以下特定条件:

$$\left(\frac{W}{L}\right)_{\text{MIN}} = \frac{2I_{\text{MAX}}}{\mu_p C_{\text{OX}}(|V_{\text{GS}}|-|V_{\text{TH}}|)^2_{\text{MAX}}} = \frac{1000 \times 10^{-3}}{80 \times 10^{-6} \times (200 \times 10^{-3})^2} \approx 313\text{K} \quad (8.1.5)$$

然而,值得注意的是,过大的宽长比会使得功率管栅极的寄生电容增大。较大的寄生电容不仅会导致栅极极点频率降低,进而影响环路稳定性,同时也会降低驱动栅极的误差放大器或缓冲器的摆率。因此,在设计过程中需要权衡各种因素,以实现最优的系统性能。

假设允许功率管进入线性区,并且假设驱动功率管的误差放大器采用了贯穿项目中的折叠共源共栅放大结构。如果误差放大器的最低输出电压设定为 400mV,那么,功率管的宽长比需要符合下述特定要求:

$$\left(\frac{W}{L}\right)_{\text{MIN}} = \frac{2I_{\text{MAX}}}{\mu_p C_{\text{OX}}[(|V_{\text{GS}}|-|V_{\text{TH}}|)_{\text{MAX}}|V_{\text{DS}}|-0.5|V_{\text{DS}}|^2]}$$

$$= \frac{1000 \times 10^{-3}}{80 \times 10^{-6} \times [(1.8-0.4-0.35) \times 0.2 - 0.5 \times 0.2 \times 0.2]} \approx 66\text{K} \quad (8.1.6)$$

在设计功率管时,其比例可以设置在 66~313K。这样做既可以确保功率管具备提供高达 500mA 负载电流的能力。小尺寸可以让功率管的栅极寄生电容减小以提高系统稳定性。通过这样的设计,可以在满足负载需求、提升效率和保持稳定性之间找到一个平衡点,以实现更优的系统性能。

3. 负反馈网络

一般来说,LDO 的负反馈采样是通过电压串联的反馈电阻网络来实现的。采样电阻的大小会直接影响功率管的静态功耗。这是因为当输出到负载的电流最小时,也就是当负载电阻 R_L 无穷大时,此时流经功率管的电流值为

$$I_{\text{MIN}} = \frac{V_{\text{OUT}}}{R_1 + R_2} \quad (8.1.7)$$

选择高阻值的采样电阻能够减小流过采样电阻的电流,但同时也会占用更多的芯片面积。此外,采样电阻的精度直接影响到 LDO 的输出电压精度,因此这对版图匹配设计提出了一定的要求。

8.2 LDO 性能指标

在进行低压差线性稳压器电路的实际设计之前,深入理解评价其性能的各项关键指标是至关重要的。这些关键指标包括电压差、转换效率、线性调整率、负载调整率以及瞬态响应等。这些指标间存在相互影响和约束的关系,因此在设计过程中,必须进行适当的权衡和折中。

8.2.1 最低压差

如图 8.2.1 所示,LDO 的运行状态可以划分为三个工作区域:关断区、压差区和线性稳压区。在这其中,V_{OFF} 代表关断电压,而 $V_{\text{DD,MIN}}$ 则表示正常工作时的最低电源电压。当 V_{DD} 小于 V_{OFF} 时,LDO 进入关断区。在此阶段,功率管的栅源电压会低于阈值电压,输出电压 V_{OUT} 一直保持为零,此时电路不在工作状态。随着 V_{DD} 的增加,当达到一定电压后,LDO 的输出电压 V_{OUT} 会逐渐升高。然而,输出电压还未达到预设的稳压值,表明输出电压仍在形成中。最终,当 V_{DD} 大于 $V_{\text{DD,MIN}}$ 时,LDO 的输出电压 V_{OUT} 将不再随 V_{DD} 的增加而上升,此时电路已经进入正常工作状态。

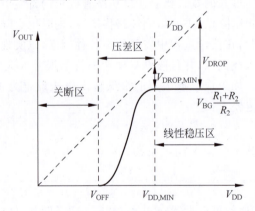

图 8.2.1 低压差线性稳压器的输入输出电压特性曲线

最低压差指的是 LDO 正常工作时所需最低输入电压和目标输出电压之差,其定义为

$$V_{\text{DROP,MIN}} = V_{\text{DD,MIN}} - V_{\text{BG}} \frac{R_1 + R_2}{R_2} \tag{8.2.1}$$

工程问题 8.2.1

假设采用 PMOS 功率管,且管子处于饱和区,分析 LDO 的最低压差。若功率管处于深线性区,LDO 的最低压差又等于多少?

讨论:

假设功率管处于饱和区,则功率管漏源电压要大于 $V_{\text{GS}} - V_{\text{TH}}$,根据饱和区电流公式,

LDO 的最低压差为

$$V_{\text{DROP,MIN}} = V_{\text{DS,MIN}} \geq V_{\text{GS}} - V_{\text{TH}} = \sqrt{\frac{2I_D}{\mu_p C_{\text{OX}}(W/L)}} \quad (8.2.2)$$

若功率管处于深线性区,根据 MOS 管电压电流关系可得：

$$V_{\text{DROP}} = \frac{I_D}{\mu_p C_{\text{OX}}(W/L)(V_{\text{GS}} - V_{\text{TH}})} \quad (8.2.3)$$

无论功率管处于何种工作状态,都希望能降低压差。实现这一目标的方法是提高功率管的宽长比,但这将导致功率管面积的大幅增加。功率管面积的增大会引发栅端寄生电容的增加,当负载瞬时变动时,栅极需要更大的充放电电流,因此,增大功率管面积会对瞬态响应特性产生不利影响。压差设计必须在各项指标和承载负载类型之间取得平衡。

8.2.2 静态电流与转换效率

静态电流可以理解为电源总电流减去负载电流之后,剩余流向地端的电流。换句话说,它等同于在无负载情况下流入地端的电流。如图 8.2.2 所示,LDO 的静态电流由以下公式给出：

$$I_Q = I_{\text{VDD}} - I_{\text{OUT}} \quad (8.2.4)$$

式中,I_Q 代表的是静态电流,而 I_{VDD} 则表示从电源流出的总电流,I_{OUT} 表示负载电流。

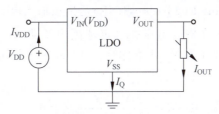

图 8.2.2 静态电流、输出电流与总电流的关系

LDO 的转换效率是指 LDO 电路将输入电源电压转换为输出电压时的效率。这通常由输出功率(负载电流乘以输出电压)与输入功率(输入电流乘以输入电压)的比值来表示：

$$\eta = \frac{P_{\text{OUT}}}{P_{\text{IN}}} = \frac{V_{\text{OUT}} I_{\text{OUT}}}{V_{\text{DD}} I_{\text{VDD}}} = \frac{V_{\text{OUT}} I_{\text{OUT}}}{V_{\text{DD}}(I_{\text{OUT}} + I_Q)} \times 100\% \quad (8.2.5)$$

工程问题 8.2.2

假设 LDO 的静态电流为 $50\mu A$,同时,它需要能提供高达 500mA 的最大电流,输入的电源电压为 3.3V,输出电压为 1.8V,分析不同负载条件下的转换效率：

讨论：

空载时,负载电阻可以看成无穷大,I_{OUT} 电流为 0,代入式(8.2.5)：

$$\eta = \frac{P_{\text{OUT}}}{P_{\text{IN}}} = \frac{V_{\text{OUT}} I_{\text{OUT}}}{V_{\text{DD}} I_{\text{VDD}}} = \frac{1.8 \times 0}{3.3 I_Q} = 0 \quad (8.2.6)$$

当 I_{OUT} 电流也为 $50\mu A$ 时,转换效率为

$$\eta = \frac{P_{\text{OUT}}}{P_{\text{IN}}} = \frac{V_{\text{OUT}} I_{\text{OUT}}}{V_{\text{DD}} I_{\text{VDD}}} = \frac{1.8 \times 50}{3.3 \times 100} = 27.3\% \quad (8.2.7)$$

对于大部分时间处于空闲或轻负载状态的设备而言,如果在这些时刻静态电流较大且压差相对较高,则其电流使用效率通常较低。在这种情况下,电池能量主要以热能形式耗散,这会显著缩短设备的待机时间。因此,为了提升设备的整体性能和待机时间,有必要优化 LDO 的设计,以减少静态电流并提高能量转换效率。

当 I_{OUT} 电流为 500mA 时,转换效率为

$$\eta = \frac{P_{OUT}}{P_{IN}} = \frac{V_{OUT} I_{OUT}}{V_{DD} I_{VDD}} = \frac{1.8 \times 500}{3.3 \times (500 + 0.05)} = 54.5\% \tag{8.2.8}$$

在满载状态下,稳压器的输出电流通常远大于静态电流,因此电流使用效率比较高。然而,即使在此情况下,效率也只略高于 50%,主要原因是输入和输出之间的压差较大。因此,为了保证 LDO 的转换效率,需要实现低压差、低静态电流,并尽可能提高输出负载电流。这样才能有效地提升 LDO 的总体性能和电源利用效率。

从另一个角度看,不同输出电流的变化反映了负载电阻在改变,而功率管这一级的极点是负载电阻的函数,随着负载电阻的增大而降低。在这个工程问题中,电流的变化范围可达到 10 000 倍,这意味着功率级的输出极点也有相同的变化幅度,给频率补偿设计带来了巨大的挑战。

8.2.3 线性调整率

LDO 的线性调整率(Line Regulation,LNR)是指在输入电源电压 V_{DD} 变化时,输出电压稳定性的指标。它表示了在输入电压在规定范围内变动 ΔV_{VDD} 时,输出电压变化的程度。这个参数通常以百分比来衡量,并能体现出 LDO 对于输入电压波动的抗干扰能力。具体表达式为

$$LNR = \frac{\Delta V_{OUT}}{V_{OUT} \Delta V_{VDD}} \times 100\% \tag{8.2.9}$$

大多数 LDO 通常被用于电池供电的系统。在电池使用过程中,随着电量的逐渐消耗,其输出电压会不可避免地下降。这种变化可能会影响到 LDO 的直流偏置状态,从而对输出电压产生影响。因此,在设计过程中,应尽力降低线性调整率,以确保输出电压的稳定性。理想情况下,线性调整率应该接近零,这意味着无论输入电压如何变动,输出电压都能保持稳定。

如图 8.2.3 所示,假设在电源电压 V_{DD} 引入直流电压增量 ΔV_{VDD},导致误差放大器输出电压发生改变量为

$$\Delta V_{EA} = A_{EA} \beta \Delta V_{OUT} = A_{EA} \frac{R_2}{R_1 + R_2} \Delta V_{OUT} \tag{8.2.10}$$

其中,A_{EA} 代表误差放大器的增益,β 代表电阻组成的反馈网络的反馈系数。相应的输出电压变化量和 LDO 线性调整率为

$$\Delta V_{OUT} = A_{MPDRV}(\Delta V_{VDD} - \Delta V_{EA}) = A_{MPDRV}(\Delta V_{VDD} - A_{EA}\beta \Delta V_{OUT})$$

$$LNR = \frac{\Delta V_{OUT}}{V_{OUT} \Delta V_{VDD}} = \frac{A_{MPDRV}}{V_{OUT}(1 + A_{EA}\beta A_{MPDRV})} \approx \frac{1}{V_{OUT} A_{EA} \beta} \tag{8.2.11}$$

其中,A_{MPDRV} 代表功率管这一级的增益。观察公式可以得出,低频环路增益越高,输出电

压受输入电压变化影响越小,线性调整率越小。

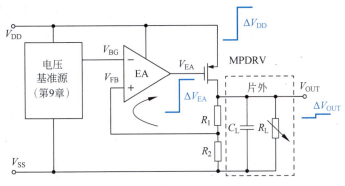

图 8.2.3 分析低压差线性稳压器的线性调整率

8.2.4 负载调整率

负载调整率(Load Regulation,LDR)是一个衡量电源或稳压器输出电压随着负载电流变化的能力的指标。换句话说,它描述了当负载电流变化 ΔI_{OUT} 时,输出电压改变的程度。这个参数通常以百分比或毫伏每毫安(mV/mA)来表示,并可以反映出 LDO 对于负载电流变化的抗干扰能力。在理想情况下,负载调整率应该接近零,这意味着即使负载电流发生波动,输出电压也能保持相对稳定。

负载调整率具体表达式为

$$\text{LDR} = \frac{\Delta V_{\text{OUT}}}{V_{\text{OUT}} \Delta I_{\text{OUT}}} \times 100\% \tag{8.2.12}$$

当负载电流发生变化 ΔI_{OUT} 时,LDO 的输出电压也会相应变化 ΔV_{OUT}。这将导致反馈采样电压的改变,并传递至误差放大器的输入端。误差放大器将其与参考基准电压的差值进行放大,然后输出到功率调整管的栅极。通过这种方式,可以调节功率管的工作状态,以便为负载提供所需的输出电流。

具体的公式推导过程与 8.2.3 节中线性调整率的推导类似。假设误差放大器输出电压发生改变量为

$$\Delta V_{\text{EA}} = A_{\text{EA}} \beta \Delta V_{\text{OUT}} = A_{\text{EA}} \frac{R_2}{R_1 + R_2} \Delta V_{\text{OUT}} \tag{8.2.13}$$

其中,A_{EA} 代表误差放大器的增益,相应地输出电流变化量和负载调整率为

$$\Delta I_{\text{OUT}} = g_{\text{m,MPDRV}} \Delta V_{\text{EA}} = g_{\text{m,MPDRV}} A_{\text{EA}} \beta \Delta V_{\text{OUT}}$$

$$\text{LDR} = \frac{\Delta V_{\text{OUT}}}{V_{\text{OUT}} \Delta I_{\text{OUT}}} = \frac{1}{V_{\text{OUT}} A_{\text{EA}} \beta g_{\text{m,MPDRV}}} \tag{8.2.14}$$

其中,$g_{\text{m,MPDRV}}$ 代表功率管这一级的跨导。从上述分析中可以看出,增大误差放大器的环路增益可以有效降低 LDO 的负载调整率。

8.2.5 瞬态响应

瞬态响应是描述 LDO 对于负载电流突变的反应能力。当负载电流快速变化时,瞬态响应的目标是尽快地使输出电压恢复到预设定值,以保持稳定的输出电压。如图 8.2.4 所

示,这是一个 LDO 输出电压瞬态响应的示意图。图中展示了当 LDO 电路的负载电流在短时间内发生增大或减小的突变时,其输出电压会出现俯冲或过冲的现象。经过一段时间的系统调整后,输出电压将变化到新的稳态值。

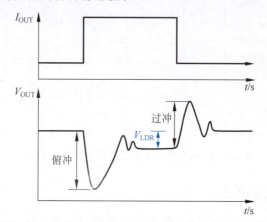

图 8.2.4　LDO 输出电压随负载电流变化的瞬态波形图

负载瞬态响应时间主要受环路带宽和差分放大器的转换速率约束。同时,瞬态响应和负载调整率都是评价 LDO 如何处理负载电流变化的关键指标。

(1) 瞬态响应注重在负载电流突变时 LDO 的动态性能,其目标是使输出电压在最短的时间内恢复到设定值。

(2) 而负载调整率则更加关注在负载电流变化情况下,LDO 的静态(即长期或平均)表现,如图 8.2.4 中间部分所示的电压下降情况。

8.3　LDO 的工程设计

8.3.1　g_m/I_D 设计法

表 2.8.1 在本书多次被用来作为初始设计的依据。设置不同的漏源电压、栅源和器件尺寸提取到的上述参数值会有差异,所以通常需要根据情况做多种不同条件的仿真和提取。而且其中 $\mu_n C_{OX}$ 参数的提取基于很强的前提条件——器件完全符合平方律公式。而且沟道长度调制系数在不同的沟道长度条件下会发生比较大的变化,每次计算都需要查找合适的数值代入。这些都会造成设计的不便和数值的偏差,为此本节介绍一种直观性强、灵活性高的设计方法。

这种设计法称为 g_m/I_D 设计法。首先来看一下何为 g_m/I_D?所谓的 g_m/I_D 方法,是将晶体管的跨导与漏极电流之比视作一个统一的指标,g_m/I_D 被视为反映能效的重要参数,这个比值揭示了晶体管在单位电流消耗下所达到的跨导。假设漏极电流服从平方律,可以得到:

$$\frac{g_m}{I_D} = \frac{2}{V_{GS} - V_{TH}} \tag{8.3.1}$$

此值和过驱动电压成反比例。过驱动电压越小,则电流利用效率越高。那是否 g_m/I_D 越大越好呢?在设计 CMOS 放大器时,通常希望获得最大的跨导以确保最佳的放大效果,同时也需要控制好漏极电流以降低功耗。然而,须时刻记住模拟集成电路设计是一个权衡的过程。一味提升一种指标必然牺牲了其他指标。这里同时考察截止频率这一指标。CMOS 管的跨导和截止频率(f_T)也是紧密关联的。所谓截止频率是 MOS 管小信号电流增益降低至 1 时的频率。这个频率是衡量 CMOS 管高频性能的关键参数。截止频率可以通过以下公式来计算:

$$f_T = \frac{g_m}{2\pi(C_{GS}+C_{GD})} = \frac{\mu C_{OX} \frac{W}{L}(V_{GS}-V_{TH})}{2\pi(C_{GS}+C_{GD})} \propto (V_{GS}-V_{TH}) \quad (8.3.2)$$

分母中($C_{GS}+C_{GD}$)和 W 相关,因此分子和分母可以同时忽略 W,可以得到截止频率和过驱动电压正相关。如果过驱动电压增大,那么截止频率也会相应地增大。图 8.3.1 给出了不同过驱动电压情况下性能的趋势曲线。可见,随着 g_m/I_D 的增大,截止频率将降低。

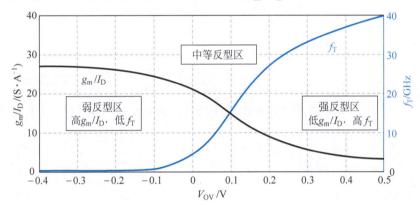

图 8.3.1　不同过驱动电压情况下性能的折中

为了方便讨论,将 g_m/I_D 这个比值设为 k:

$$\frac{g_m}{I_D} = k \approx \frac{2}{V_{GS}-V_{TH}} \quad (8.3.3)$$

比值 k 通常选择在 4~20 的范围内。较大的 k 值意味着更高的能效,并有助于降低放大器的等效输入噪声;而较小的 k 值则表现出优良的频率性能,并有利于作为电流源的晶体管降低噪声。当假设漏极电流遵循平方律时,可以观察到 k 值与过驱动电压成反比。然而,使用 g_m/I_D 这个比值的一个吸引人之处在于,并不需要精确地了解过驱动电压值。即使漏极电流不再符合平方律,也不会影响使用此比值。这展示了 g_m/I_D 比值的灵活性和实用性。

可以通过图 8.3.2 中展示的电路图来分析 NMOS 管的 g_m/I_D 与 I_D/W。可以把 I_D/W 理解为单位晶体管宽度上的电流密度。因此,W 的值在仿真中不重要,这里仿真设为 $W=4\mu m$,并联单元数目 m 根据绘制版图时此 MOS 的布局需要进行设置。

图 8.3.3 中的曲线是通过对参数进行扫描仿真得出的。一旦选定了特定的 g_m/I_D 值,就可以在这个条件下找到对应的横坐标值,即 V_{GS} 的值(华大九天扫描工具的横坐标是按扫描次数标注,图中每 0.01V 扫描一个点)。随后,在图 8.3.4 中找到相同横坐标值对应的 I_D/W 值(y 轴的数值)。最后,只需要利用公式 $W=I_D/y$,就可以计算出晶体管的宽度 W。这种方法能够直接从曲线上读取所需的晶体管尺寸,免去了传统的依赖 MOS 管电压电流关系式的计算步骤,同时也不必考虑平方律公式是否准确。

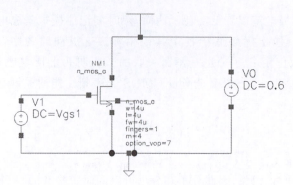

图 8.3.2　g_m/I_D 方法参数扫描电路

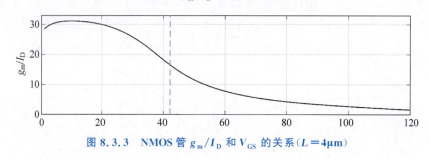

图 8.3.3　NMOS 管 g_m/I_D 和 V_{GS} 的关系（$L=4\mu m$）

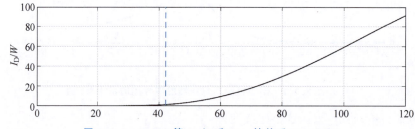

图 8.3.4　NMOS 管 I_D/W 和 V_{GS} 的关系（$L=4\mu m$）

然而,应该选择哪一个 L 进行扫描绘制曲线? 为了解决这个问题,可以再次参照图 8.3.2 中展示的电路图,扫描并分析不同 L 值下 g_m/I_D 与 $g_m r_O$ 之间的关系。在这个过程中,根据直流增益的具体需求来选取最佳的 L 值,更大的 L 通常意味着更高的增益。

工程问题 8.3.1

如何采用 g_m/I_D 方法设计图 8.3.5 所示的带电流源负载的共源放大器? 假设负载电容为 1pF。假设 $L=4\mu m$,设计放大器使它的增益带宽积超过 10MHz。仿真验证此时的增益为多少,如果要增加增益,需要如何修改设计参数?

讨论:

为了留有裕度,扩大 C_L 为 1.3pF,根据如下增益带宽积估计公式:

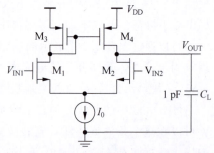

图 8.3.5　利用 g_m/I_D 法设计 5 管放大器

$$\begin{cases} 2\pi \text{GBW} = g_{m2}/C_L \\ 2\pi \times 10^7 = g_{m2}/(1.3\times 10^{-12}) \end{cases} \quad (8.3.4)$$

可以得到 $g_{m1}=81.6\mu S$。考虑到 M_1 和 M_2 作为放大器的输入管，g_{m1}/I_{D1} 取 16。因此 $I_{D1}=g_{m1}/16=5.1\mu A$，$I_0=10.2\mu A$。

NMOS 管 g_m/I_D 和 V_{GS} 的关系（$L=4\mu m$）如图 8.3.3 所示，在纵坐标上定位到 $g_{m1}/I_{D1}=16$，从选定的曲线上，找到相应的横坐标，$V_{GS}=0.4274$（图中坐标为 42.74，这是由于华大九天扫描工具的横坐标是按扫描次数标注）。在图 8.3.4 中找到相同的 V_{GS}，并找到相应的纵坐标，即所需的 $I_{D1}/W=1.339$ 值，因此，$W\approx 3.8$。由于扫描并绘制图 8.3.4 时 $m=4$，因此，M_1 和 M_2 的 m 也为 4。

M_3 和 M_4 作为放大器的负载管，$|g_{m3}/I_{D3}|$ 取 8。在图 8.3.6 的纵坐标上定位到 -8，然后从选定的曲线中找到相应的横坐标 $V_{GS}=0.5854$（图中坐标为 58.54，这是由于华大九天扫描工具的横坐标是按扫描次数标注）。在图 8.3.7 找到相同的 V_{GS}，并找到相应的纵坐标，即所需的 $|I_{D1}/W|=2.542$ 值，因此，$W\approx 2.0$。

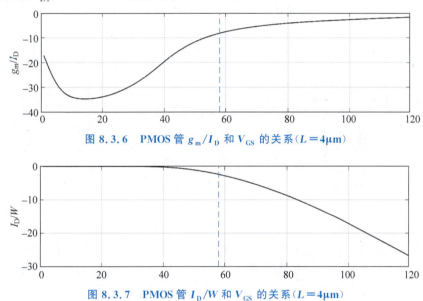

图 8.3.6　PMOS 管 g_m/I_D 和 V_{GS} 的关系（$L=4\mu m$）

图 8.3.7　PMOS 管 I_D/W 和 V_{GS} 的关系（$L=4\mu m$）

通过搭建电路图并进行仿真实验，得到 $g_{m1}=82.66\mu S$，获得了 31.5dB 的增益与 10.5MHz 的增益带宽积。可见，g_m/I_D 设计法可以一次就得到比较准确的跨导值。然而，由于增益带宽积公式(8.3.4)仅是一个近似，不能得到非常准确的增益带宽积。在设计初期，建议将增益带宽积的目标值设定得比实际要求更高，以留出足够的裕度。这种做法可以帮助确保最终设计能够满足所有性能要求。

在进入下一个设计之前，先回顾并对比一下本节介绍的 g_m/I_D 方法与 7.3 节提到的设计策略的异同，并将其总结成表 8.3.1 的形式。回想 7.3 节的设计步骤，是基于经验选择 $100\sim 200mV$ 的过驱动电压（V_{OV}），并通过仿真获取平方律公式需要的参数，进而计算出晶体管的尺寸。但是，平方律公式并非特别精确，如果以此计算出的栅极电压为基础进行管子的电路仿真，那么电路的性能与设计规范之间可能会存在显著偏差。相比之下，g_m/I_D 方法无须预先确定栅压，只要根据设计时定下的漏源电流进行电路仿真，得到的电路性能与设计规范通常会更加吻合。

表 8.3.1 设计思路对比

设 计 策 略	7.3 节设计思路	g_m/I_D
开始需设定的值	过驱动电压	g_m/I_D
需仿真得到的数据	$\mu C_{OX}, \lambda$	g_m/I_D 与 I_D/W 之间的关系 g_m/I_D 与 $g_m r_O$ 之间的关系
参数获得	利用平方律公式	扫描仿真并查找图表
过驱动电压	作为中间变量求尺寸	无须求出

8.3.2 简单 LDO 设计

在本节中,将依据本书的贯穿项目案例,设计一个基于两级放大器架构的低压差线性稳压器。表 8.3.2 列出了本次设计的 LDO 技术规格要求。

表 8.3.2 LDO 设计规格(spec)

符号	描述	测试条件	范围			单位
			最小	典型	最大	
V_{DD}	电路供电电压	—	—	1.8	—	V
T_j	芯片工作温度	—	−40	25	125	℃
V_{OUT}	输出电压	$I_{OUT}=1\text{mA}$	—	1.2	—	V
I_{OUT}	输出电流	—	—	1	10	mA
I_Q	静态电流	—	—	—	50	μA
GBW	增益带宽积	$I_{OUT}=1\text{mA}$	—	1M	—	Hz
$A_{loopgain}$	环路增益	$C_{OUT}=1\text{nF}$	45	—	—	dB
PM	相位裕度	$C_{OUT}=1\text{nF}$	—	60	—	°
LNR	线性调整率	—	−1%	—	1%	

为了确保设计能够满足预定规格并通过后续的验证环节,同样制订了一份验证计划,如表 8.3.3 所示。这份验证计划包含一系列的测试项目,旨在全面评估 LDO 的性能指标,并确保其在不同操作条件下都能符合设计预期。接下来,将以表 8.3.2 和表 8.3.3 为基础,逐步推进 LDO 的详细设计工作。

表 8.3.3 LDO 验证计划

符 号	描 述	测试条件	单 位
DC	DC 工作点、静态电流	−40~125℃	TT,FF,SS
STB	低频增益、相位裕度	−40~125℃	TT,FF,SS
TRAN	电源上电 负载变化 电源电压变化 电源下电	−40~125℃	TT,FF,SS

图 8.3.8 所示的 LDO 电路与贯穿项目中的放大器相比,主要存在两处显著差异。首先是第二级放大器的负载由 MOS 管改换为电阻负载;其次,这两级放大器被配置成了一个闭环系统。反馈电压 V_{FB} 通过 iprobe 与 MINN 的栅极相连。iprobe 在电气连接上等同导线,这一连接形式便于在后续进行稳定性(STB)仿真时标定必需的测试点。

在图 8.3.8 中,R_L 和 C_L 代表电路的负载,这包括负载电容和负载电阻。在仿真过程

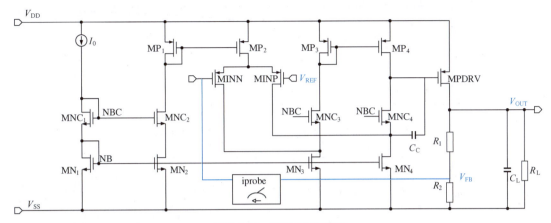

图 8.3.8　简单 LDO 结构

中,可以使用理想的元器件来模拟真实的负载情况。同时在本章的设计和仿真工作中,将采用理想的参考电压和偏置电流。关于这些参考电压和偏置电流的生成,将会在第 9 章进行详细探讨。整个项目中所采用的输入级是一个折叠共源共栅差分结构,它拥有较宽的输入共模范围,使反馈网络较为容易接入。

在确立了电路架构的基础上,首先在原理图编辑器中搭建电路图。在放置各个组件时,需要对这些器件的尺寸参数,如沟道宽度(W)、沟道长度(L)以及并联单元数目(m)进行初步设定。这里将通过采用 g_m/I_D 方法,调整 7.3 节介绍的设计策略,遵循以下具体步骤来完成这些尺寸参数的设定。

(1) 初定 C_C：从规格说明得到 C_L,为了留有裕量,在设计初期对其放大 1.3 倍。设 $C_L=1.3\text{nF}$。同时由于贯穿项目折叠放大器的补偿方式具有较好的极点分离效果,C_C 可以设为 $\sim 0.002 C_L$。这里暂时选取 $0.002 C_L \approx 2.6\text{pF}$。

(2) 初定 $g_{m,\text{MINN}}/I_{SS}$：从规格说明得到增益带宽积,根据第一步得到的 C_C,求出 $g_{m,\text{MINN}}=2\pi C_C \text{GBW}$。由于 MINN 管作为放大输入管,设置 $|g_m/I_D|=16$。

$$I_{\text{MINN}}=\frac{g_{m,\text{MINN}}}{16}=\frac{2\pi C_C \text{GBW}}{16}=\frac{2\pi \times 2.6 \times 10^{-12} \times 1 \times 10^6}{16}=1\mu\text{A} \quad (8.3.5)$$

采用 g_m/I_D 方法能够有效地获取精确的跨导值。然而,需注意的是,增益带宽积 $\text{GBW}=g_{m,\text{MINN}}/2\pi C_C$ 这一参数仅为估计值。若仿真结果显示增益带宽积未达到预定的规格要求,在相位裕度较高的时候,可以通过调整补偿电容的数值来进行两个性能的互换,以确保最终设计能同时满足所需的性能标准。

(3) 初定 MINN、MINP 的尺寸：考虑到 MINP 和 MINN 形成输入差分对,且在整个电路设计中对它们的匹配性有极高的要求,因此选用的栅长 L 不宜太小。此外,较大的 L 有助于获得更高的增益。基于这些考量,在此选择了 $L=1\mu\text{m}$ 对应的曲线进行分析。在此情境中,为了确定晶体管的宽度,首先需要在图 8.3.9 的纵坐标上定位到预先设定的 $|g_{m,\text{MINN}}/I_{\text{MINN}}|$ 值 16,然后从选定的曲线中找到相应的横坐标。在图 8.3.10 上定位相同的横坐标,此时纵标的值就是所需要的 I_{MINN}/W 值。I_{MINN}/W 可以解释为单位晶体管宽度下的电流密度。

利用公式 $W=I_{\text{MINN}}/y$,可以轻松计算出 W 的值为 $0.53\mu\text{m}$。这种方法通过直接从曲

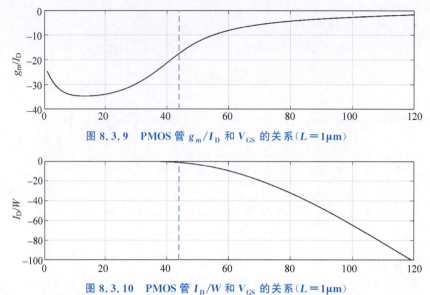

图 8.3.9　PMOS 管 g_m/I_D 和 V_{GS} 的关系（$L=1\mu m$）

图 8.3.10　PMOS 管 I_D/W 和 V_{GS} 的关系（$L=1\mu m$）

线中提取信息，能够便捷地确定晶体管的尺寸，避免了使用 MOS 晶体管的复杂电压电流关系公式，同时也不必担心平方律公式的准确性问题。基于上述分析，初步选定 $W=0.53\mu m$，$L=1\mu m$，$m=4$，这意味着 MINP 和 MINN 的等效宽长比 $(W\times m)/L \approx 2/1$。

（4）初定电流镜管 MN_1、MN_2、MN_3 和 MN_4 的尺寸：在电路设计中，通常比值 k 的选择范围 4～20。在本例中，选择 $k=8$。值得注意的是，电流镜的精度在很大程度上依赖于器件的匹配性，因此为了保证较高的匹配度，应该选择一个不太小的长度 L。在这种情况下，选择 $L=3\mu m$。同时，设置 $m=2$，可以参考图 8.3.11 和图 8.3.12 中的曲线来确定 MN_1、MN_2、MN_3 和 MN_4 晶体管的宽度。

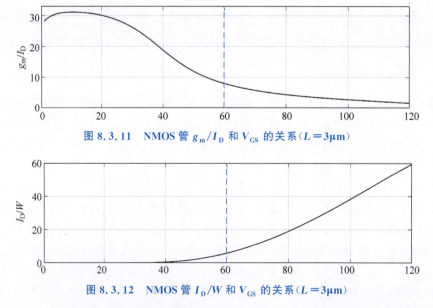

图 8.3.11　NMOS 管 g_m/I_D 和 V_{GS} 的关系（$L=3\mu m$）

图 8.3.12　NMOS 管 I_D/W 和 V_{GS} 的关系（$L=3\mu m$）

要注意，MN_1 和 MN_2 主要用于为差分放大器提供适当的偏置电压，并不直接参与放大过程。因此，这两个晶体管的电流可以设置得相对较小。然而，在这里，由于各个分支电路的电流需求并不大,将所有分支的电流统一设置为 $2\mu A$。通过图中的曲线,可以观察到 g_m/I_D 与 I_D/W 之间的关系。通过类似于步骤(3)的方法,可以得出各个晶体管的尺寸。最终,初定的参数为 $W=0.53\mu m, L=3\mu m, m=2$。

(5) 初定电流镜管 MP_1、MP_2、MP_3 和 MP_4 的尺寸:MP_1 和 MP_2 构成 PMOS 电流镜,而 MP_3 和 MP_4 则作为 PMOS 电流镜的负载。这些器件的精确度高度依赖于其匹配性,因此长度不应过小,在这里选择 $L=4\mu m$。选择 k 等于 8,同样从对应曲线中找出纵坐标的值 y,即 I_{MP_1}/W 的值。由于 MP_1 和 MP_2 的电流为 $2\mu A$,可以得到 W 的值为 $0.39\mu m, m=2$。而流过 MP_3 和 MP_4 的电流为 $1\mu A$,因此 W 的值为 $0.39\mu m, m=1$。

(6) 初定 MNC_1、MNC_2、MNC_3 和 MNC_4 的尺寸:这些管子为 cascode 管,出于节省芯片面积的考虑,沟道长度 L 不需要过大,设定 $L=300nm$。然而,为了方便版图匹配和摆放,将 W 设定为与 $MN_1 \sim MN_4$ 相同的尺寸。

(7) 初定 MPDRV 尺寸:一方面由于贯穿项目放大器的补偿方式使得次极点的公式较为复杂,另一方面,本章设计的 LDO 需要满足很宽范围负载电阻的情况,因此,对 MPDRV 的设计,将采用参数扫描的办法。以增强驱动能力和面积最小化为设计考虑重点。当负载为 10mA,即 $R_L=120\Omega$ 时,对 MPDRV 的要求最高,如果仿真发现 V_{OUT} 明显偏低,说明 MPDRV 的驱动能力不足,需要增加尺寸。根据扫描结果取 $W=4\mu m, L=0.3\mu m, m=60$。

(8) R_1 和 R_2 共同组成反馈电路。其阻值计算如下:

$$\frac{V_{FB}}{V_{OUT}} = \frac{R_2}{R_1+R_2}, \quad \text{且 } V_{FB}=V_{REF}=0.8V, V_{OUT}=1.2V \quad (8.3.6)$$

所以,对于成比例的电阻,推荐使用串联不同个数的单位电阻来实现这两个电阻取值,而不是直接设置 $L_1=40\mu m, L_2=80\mu m$。因此,这里选取 $W=2\mu m, L_1=40\mu m, L_2=40\mu m$。同时,电阻 R_1、R_2 的 segment 设为 1 和 2。

8.4 LDO 的仿真与优化

8.4.1 DC 仿真及参数调整

为了准确模拟工作负荷,在输出端 V_{OUT} 引入了 1nF 的负载电容 C_L,同时添加了负载电阻 R_L。阻值的选择基于预期的负载电流 I_{OUT} 进行计算。以 1mA 的仿真负载电流和 1.2V 的输出电压为例,相应的 R_L 值将设置为 $1.2k\Omega$。

DC 仿真的主要目的是为了确认所有器件的工作点是否正常,同时也能监测电路的静态电流。为了执行 DC 仿真,单击 Analysis→Add/Modify Analysis,将分析类型设置成 DC。单击 Simulations→Netlist And Run 开始仿真。

完成直流(DC)仿真之后,用户可以在 Results 框中单击右键调出图 8.4.1 中的菜单,选择 Annotate 选项对电路图(schematic)进行标注,这包括节点电压、工作电流以及其他相关参数。

仿真结果显示,当负载条件设定为 10mA 时,即 R_L 为 120Ω,输出电压 V_{OUT} 存在显著偏低的现象。这是由于主驱动晶体管 MPDRV 的驱动能力不足所致。为了提升 MPDRV 的驱动力,将其 m 值从 10 增加到 60,并重新执行 DC 仿真,此次结果表明问题得到了解决。

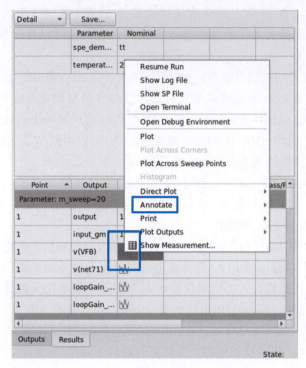

图 8.4.1　DC 结果反标电路图

除此之外,从 DC 仿真数据中还可以获取到电路的静态电流信息。

接下来,需要进行 corner 仿真。此环节的目标在于验证电路是否可以在所有工艺角(corner)、完整的温度范围和电源电压变化下正常运作。仅当通过全部 corner 仿真,才能断言该电路设计具有必要的稳健性。表 8.4.1 展示了 corner 仿真的计划安排,总计涵盖了 3 种工艺角、3 种温度以及 3 种负载条件下的 27 种不同仿真组合。在不同 corner 下,器件阈值电压变化如表 8.4.2 所示。

表 8.4.1　corner 仿真组合

工艺角	温度/℃	负载/mA
TT,FF,SS	−40,25,125	空载,1,10

表 8.4.2　不同 corner 下阈值电压变化情况

Corner	MOS$\|V_{TH}\|$
FF	降低
SS	升高
高温	降低
低温	升高

阈值电压通常随着温度的升高而降低。在 FF 角下,MOS 管的阈值电压通常较低,因为快速工艺意味着晶体管的导电速度更快,需要较低的电压就能打开晶体管。相反,在 SS 角下,由于晶体管的导电速度较慢,其阈值电压通常较高。

这些变化趋势对于 CMOS 集成电路设计非常关键，特别是在进行对温度和工艺角敏感的应用设计时。理解这些参数如何随环境和工艺条件变化，可以帮助设计师优化电路性能，确保电路在不同条件下的可靠性和稳定性。

在电路仿真中，特别是当考虑不同工艺角和环境条件时，正确设置模型库是至关重要的。以 Fast-Fast（FF）工艺角、−40℃环境温度和 1mA 负载电流为例，用户需要调整模型库设置以匹配这些特定条件。在 Norminal 栏中选择与 FF 工艺角相对应的模型选项。除此之外，还需要将仿真环境的温度参数设置为−40.0℃。同时，负载电阻 R_L 的值应调整为 1.2kΩ，以模拟 1mA 的负载电流条件。这些设置也可以通过使用 corner 工具来实现。在完成所有 corner 情况的检查后，对所有静态电流数据进行汇总分析。

电路的静态电流在不同 corner 条件下表现出一定的差异性。例如，静态电流的最大值达到了 30.8μA，而最小值则是 25.4μA。值得注意的是，第一级放大器和电流镜支路的电流由于是通过电流镜复制的，因此这部分电流变化较小。这一观察结果有助于更好地理解和优化电路设计。

8.4.2　STB 仿真及优化

通过 DC 仿真，已经获取了各个器件的 DC 参数。以此为基础，可以进行环路稳定性仿真。由前面章节的学习可知，环路稳定性主要是通过环路增益和相位裕度的波特图来进行判断的。

断点设置是在 STB 仿真开始前必要的准备工作。通常，会在分压电阻反馈端到负反馈输入端之间设置一个断点。设置断点的方式为断开导线，并在断开导线的两端用 iprobe 连接。

设置仿真为 STB。在 Probe Instance 中填入所使用的 iprobe 器件名字，也可通过 Select 按钮在 schematic 上选择 iprobe 自动填入。而在 Sweep Range 中填入 1～10G。

第 14 集
微课视频

设置完成后即可进行 STB 仿真。仿真结束后右击 Result 框选择 Direct Plot→Main Form…，在弹出的对话框中进行如图 8.4.2 设置，再单击 Plot 按钮。

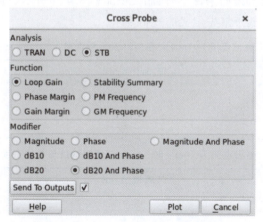

图 8.4.2　STB 仿真结果查看对话框

电容跨接的两端经过了两级的增益，cascode 器件提供的共栅极增益和输出驱动 PMOS 提供的共源极，前者无相移，后者相移 180°。这两级增益足够大，在米勒效应的作用下，使得补偿电容值不需要很大，就能达到很好的极点分离效果。读者可以自行尝试利用小信号

当 C_C 的取值（尺寸）为 $W=10\mu m, L=12.5\mu m$ 时，得到了频率响应曲线，如图 8.4.3 所呈现。观察该图可见，环路增益在低频区域达到了 55.8dB，而相位裕度则有 67.4°，这意味着系统稳定性良好。在接近单位增益频点的位置，可以发现一个明显的零点出现在曲线上。这个零点对于整个系统的频率特性有着不容忽视的影响，它可能会对系统的动态行为产生一定的影响。

> 小 Tips：这里用来进行补偿的电容为 moscap，它的结构与 MOS 类似，特点为当它处于饱和区时，单位电容较大，可以提高芯片面积利用率，但需要确保电容正极板接高电位，负极板接低电位。在这个电路中，$V_{OUT}=1.2V$，MN4 漏端电位较低。电容正极板应接 V_{OUT} 端。

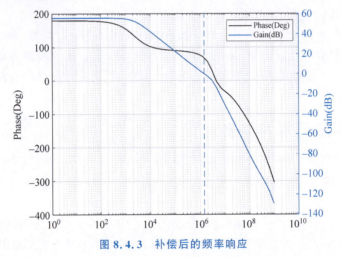

图 8.4.3 补偿后的频率响应

在确认了 TT 条件下，环境温度为 25℃时稳定性仿真的结果显示一切正常后，下一步便是对电路进行综合的 corner 仿真分析。该仿真所遵循的条件与表 8.4.1 中所列明的 corner 仿真设置一致。并将这些数据整理呈现在表 8.4.3 中。观察不同 corner 情形下的数据。此外，在负载为 120Ω 的条件下，性能表现如表 8.4.4 所示。仿真结果在输出电流为 10mA 时，在 FF，125°稍低于事先定义的规格要求。

表 8.4.3 输出电流为 1mA 时各 corner 低频增益与相位裕度数据统计

Corner	低频增益/dB	相位裕度/(°)
Min(FF,125°)	45.7	68.1
Typ	55.8	67.4
Max(SS,−40°)	59.5	68.0

表 8.4.4 输出电流为 10mA 时各 corner 低频增益与相位裕度数据统计

Corner	低频增益/dB	相位裕度/(°)
Min(FF,125°)	44.5	85.5
Typ	49.1	85.5
Max(SS,−40°)	51.8	85.8

低压差线性稳压器涉及多个极点，且主环路由多级放大器级联组成，若 LDO 负载电阻存在较大变化范围，则可能导致输出极点在宽广的频率范围内移动。此外，由于 LDO 的供电电压、工作温度以及制造工艺误差等因素，放大器的直流工作点也可能产生偏移。因此，

在这些不利条件下,保证 LDO 环路稳定性便成为一个重大挑战。在此背景下,频率补偿方案的研究与应用,成为 LDO 设计中一个至关重要的议题。本章节介绍的 LDO 设计较为简单,而且电流变化范围并不算大。但若在更宽的变化范围内工作,就必须考虑采取其他的补偿策略以确保整体性能的稳定性和可靠性。

8.4.3　TRAN 仿真及结果分析

对于 LDO 的 TRAN 仿真,通常会关注它在启动、负载变化、电源电压变化和关闭这些过程中的表现。

电路的启动是有顺序的,通常为电源上电→参考电压接入→偏置电流接入。根据这个启动顺序,用图 8.4.4 中的 vpwl(即 V_2)作为电源 V_{DD} 的电压激励。其中,V_2 的设置如图 8.4.5 所示。用 V_3 作为参考电压接入。电路上电过程中,输出电压过冲是要避免的。如果发生,后续电路中不耐压器件就有可能损坏。

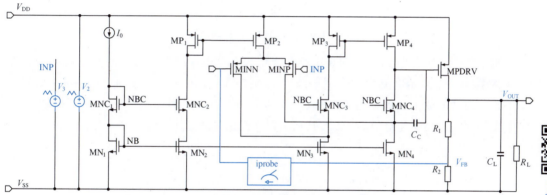

图 8.4.4　电路的启动仿真电路图,用 vpwl 代替原恒压源

第 15 集
微课视频

图 8.4.5　电源电压上电设置,蓝框中为上电时间

通过查看上电时间的仿真结果,如图 8.4.6 所示,整个启动过程都未发现有输出电压过冲,而且电压上升到稳定用时较为合理。

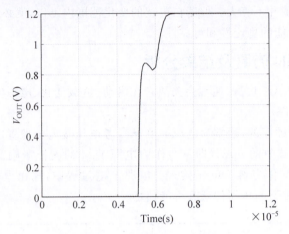

图 8.4.6　上电时 V_{OUT} 启动波形

启动波形检查完成后,再分别观察负载变化和电源电压变化造成的输出瞬态响应。在 V_{OUT} 端接上一个初始电流为 0 的 ipwl,如图 8.4.7 所示。在输出电压稳定后的某个时间点(如 $50\mu s$)使其下抽 10mA 的电流(电流从 0 到 10mA 变化时间为 $1\mu s$),并在之后的另一个时间点(如 $60\mu s$)关闭此电流(电流从 10mA 到 0 变化时间为 $1\mu s$)。

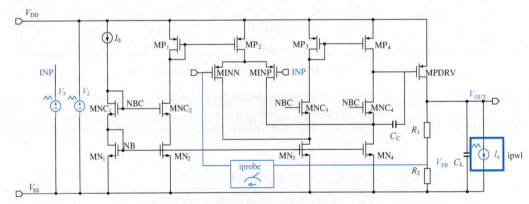

图 8.4.7　负载瞬态响应仿真电路图,用 ipwl 代替原固定负载,以实现负载瞬间跳变

设置完成后即可开始 TRAN 仿真,仿真结果如图 8.4.8 所示。从图 8.4.8 中可以清晰地看到,当负载电流从 0 跳变至 10mA 时,V_{OUT} 会发生凹陷,凹陷的最低值为 1.127V;且当负载电流从 10mA 跳回 0 时,V_{OUT} 有凸起,凸起的顶端为 1.273V。负载瞬态响应分别为 -6% 和 6%。

> 小 Tips:负载瞬态响应=(偏离值/稳定值)$\times 100\%$。

低压差线性稳压器主要作用是为负载电路提供稳定的电压源。在实现这一目标的过程中,对过冲和俯冲电压的控制是至关重要的,因为设计中的电容只有 nF 级别,而非传统的 μF 级别。如何在极短的时间内对输出做出快速响应并稳定电压,是 LDO 设计中的一个主要挑战。对于这个挑战,具体来说,有如下可能的优化方法:一个解决方案是通过使用高转换速率的误差放大器来快速充放功率管的寄生电容,以便能立即调整到基极节点电压预期

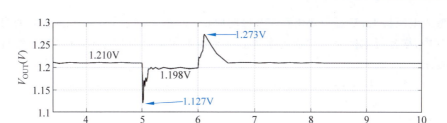

图 8.4.8 负载瞬态响应仿真结果

值,并做出相应的负载瞬态变化反应。然而,这种策略的一个明显问题是高转换速率的误差放大器会需要更高的静态电流,从而可能增大系统的能耗。另一个解决方案是采用动态偏置,以便感知负载电流或输出电压的变化,然后对 LDO 进行自适应偏置。这种策略的优点是可以在负载瞬态变化状态下增大 LDO 的偏置电流,从而提高系统的带宽。此外,还可以采用功率管基极的压摆率提升电路。这种电路设计的目的是迅速检测到负载的响应尖峰并独立地执行动作。

仔细观察图 8.4.8,会发现当电流变化 10mA 时,稳态电压输出从 1.210V 改变至 1.198V,产生了相对较大的 12mV 变化。这表明负载调整率相当大。这种现象的出现是由于此 LDO 的误差放大器增益较低。因此,这种 LDO 只适用于对性能要求不太高的场合。

接下来分析电源电压变化瞬态响应。与负载变化瞬态响应仿真类似,在某个时间点(如 $70\mu s$)使电源电压从 1.8V 跳变至 1.98V(上升时间为 $1\mu s$),并在之后的一个时间点(如 $80\mu s$)使电源电压从 1.98V 跳回 1.8V(下降时间为 $1\mu s$)。然后在下一个时间点(如 $90\mu s$)让电源电压从 1.8V 下跳至 1.62V(下降时间为 $1\mu s$),并在之后的一个时间点(如 $100\mu s$)将电源电压从 1.62V 跳回 1.8V(上升时间为 $1\mu s$)。

可以通过观察 $70\mu s$、$80\mu s$、$90\mu s$ 和 $100\mu s$ 这几个时间点的 TRAN 仿真结果来检验电路的电源电压的瞬态响应(参考图 8.4.9)。这些数据可以通过(偏离值/稳定值)×100% 计算得出电源电压的瞬态响应。观察结果显示,输入的变化仅导致微小的过冲和俯冲。在达到稳定后,输出只有一点微小的变化,约为 $418.5\mu V$。

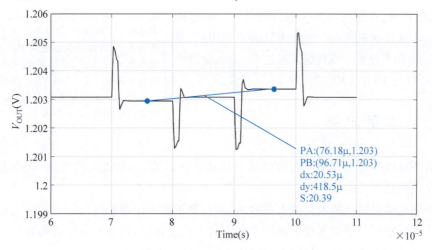

图 8.4.9 电源电压变化瞬态响应仿真结果

当输入电压从 1.5V 逐渐变化到 2V，每增加 0.1V 进行一次扫描，得到的结果如图 8.4.10 所示。其中，横坐标的值表示扫描的序号。结果显示变化范围非常小，并且符合线性调整率的规格要求。

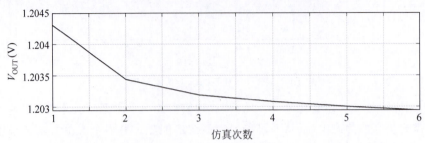

图 8.4.10　线性调整率仿真结果

电源下电时电路的响应也是需要关注的。和电源上电仿真设置类似，在 110μs 时将电源关闭。当负载为 1.2kΩ 时，电源下电后 V_{OUT} 的波形如图 8.4.11 所示。

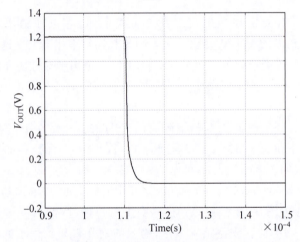

图 8.4.11　电源下电后 V_{OUT} 波形

可以观察到，在输入电源下降以后，V_{OUT} 也逐渐下降。V_{OUT} 没有立刻降为 0 的原因是电路关闭后，负载电容 C_L 上仍有电荷。这些电荷通过 R_L 以及反馈电阻网络进行放电，随着放电的进行，V_{OUT} 也随之下降。

> 小 Tips：有些 spec 会要求下电后 V_{OUT} 迅速拉低，这时候就需要使用电源检测电路来传递信号，当接收到此信号后，放电开关会开启，并将 V_{OUT} 迅速拉低。由于此 spec 对放电未作要求，本着不过度设计的原则，对此暂不作处理。

8.5　本章总结

- 低压差线性稳压器的主要构成部分包括基准电路、误差放大器电路、功率管以及负反馈网络。
- 静态电流是指电源电流减去负载电流后，剩下流入地端的电流。
- 线性调整率用于描述输入电压在规定范围内变化时，输出电压变化的程度。这个参数反映了低压差线性稳压器对输入电压波动的抑制能力。
- 负载调整率则是当负载电流发生变化时，输出电压变化的程度。

- 确定特定的 g_m/I_D 值后,可以在这个条件下找到 V_{GS} 的值。然后,利用图 8.3.4 中关于 I_D/W 和 V_{GS} 的关系找到对应相同 V_{GS} 的纵坐标值 y,即 I_D/W 的数值。这样,可以使用 $W=I_D/y$ 这个公式计算得出晶体管的宽度 W。

8.6 本章习题

1. 低压差线性稳压器中的基准电路有什么作用?误差放大器电路在低压差线性稳压器中的功能是什么?功率管在低压差线性稳压器中的作用是什么?低压差线性稳压器的负反馈网络有什么作用?
2. 低压差线性稳压器如何在输入电压变化时维持稳定的输出?请说明原理。
3. 在低压差线性稳压器中,什么因素会影响负载调整率的性能表现?
4. 解释静态电流对低压差线性稳压器性能的影响。
5. 低压差线性稳压器中的误差放大器电路是如何设计的?请给出你的设计思路。
6. LDO 输出电压的精度与环路增益的大小是否存在关联呢?若有,这两者之间的具体联系又如何?
7. 当 LDO 功率管采用 PMOS 时,它具有哪些显著优势和潜在的不足之处?
8. 请参照 LM1117 可调电压版本的英文数据手册,设计出当输出电压为 2.0V 时,图 8.6.1 中电阻 R_2 与 R_1 的对应比值。

英文数据手册节选:"The LM1117 adjustable version develops a 1.25V reference voltage, V_{REF}, between the output and the adjust terminal. this voltage is applied across resistor R_1 to generate a constant current I_1. The current I_{ADJ} from the adjust terminal could introduce error to the output. But since it is very small compared with the I_1 and very constant with line and load changes, the error can be ignored. The constant current I_1 then flows through the output set resistor R_2 and sets the output voltage to the desired level."

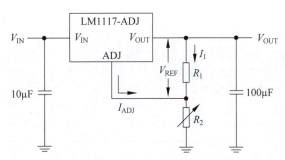

图 8.6.1 可调电压版本的 LM1117 常见使用方式电路图

9. 推导图 8.6.2 的环路增益。
10. 请根据图 8.3.2 为参考,绘制一个可以用于分析 PMOS 管的 g_m/I_D 与 I_D/W 关系的电路图。然后扫描并分析在不同 L 值下管子的特性表现。
11. 采用 g_m/I_D 方法设计图 8.3.5 所示的带电流源负载的共源放大器。假设负载电容为 1pF。设计放大器使它的增益带宽积超过 12MHz,增益达到 35dB。

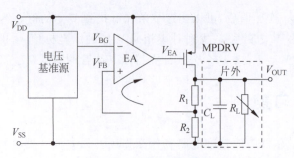

图 8.6.2　计算环路增益

12. 若 LDO 从 5V 电源取电,以便在 2.8V 下供给 100mA 的电流,且忽略静态电流的情况下,LDO 的转换效率是多少?在保持转换效率高于 50% 的情况下,静态电流能够达到的最大值又是多少?

13. 根据表 8.6.1,设计一个基于两级放大器架构的低压差线性稳压器。

(1) 确定 C_C;

(2) 确定 $g_{m,\text{MINN}}/I_{SS}$;

(3) 确定 MINN、MINP 的尺寸;

(4) 确定电流镜管 MN_1、MN_2、MN_3 和 MN_4 的尺寸;

(5) 确定电流镜管 MP_1、MP_2、MP_3 和 MP_4 的尺寸;

(6) 确定 MNC_1、MNC_2、MNC_3 和 MNC_4 的尺寸;

(7) 确定 MPDRV 尺寸;

(8) 确定 R_1 和 R_2。

表 8.6.1　LDO 设计规格(spec)

符号	描述	测试条件	范围			单位
			最小	典型	最大	
V_{DD}	电路供电电压	—	—	1.8		V
T_j	芯片工作温度	—	−40	25	125	℃
V_{OUT}	输出电压	$I_{OUT}=1\text{mA}$	—	1.2	—	V
I_{OUT}	输出电流	—	—	1	10	mA
I_Q	静态电流	—	—	—	60	μA
GBW	增益带宽积	$I_{OUT}=1\text{mA}$	—	1.2M	—	Hz
A_{loopgain}	环路增益	$C_{OUT}=1\text{nF}$	50	—	—	dB
PM	相位裕度	$C_{OUT}=1\text{nF}$	—	60	—	(°)
LNR	线性调整率	—	−1%	—	1%	

第 9 章 基于放大器的带隙基准电路

CHAPTER 9

学习目标

带隙基准电路是一种关键组件,用于生成一个高度稳定和精确的参考电压,该电压对温度变化具有非常小的敏感度,使之能在较宽的温度范围内保持准确性。在本章中,将主要以放大器为基础探讨带隙基准电路的设计。内容从带隙基准电路的基本工作原理入手,介绍其重要性能参数、电路架构及工程设计过程。

- 理解带隙基准的基本原理并掌握带隙基准电压的产生方法。
- 理解带隙基准电压电路的性能指标及测试方法。
- 掌握基于放大器的带隙基准电压电路结构。

任务驱动

完成带隙基准电压电路的工程设计,并进行仿真测试及优化。带隙基准电路设计如图 9.0.1 所示。

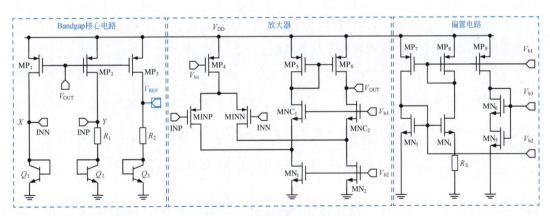

图 9.0.1 带隙基准电路设计

知识图谱

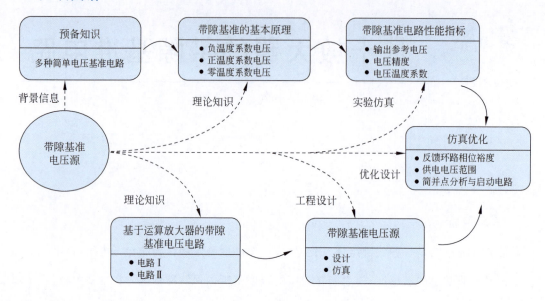

9.1 预备知识

第 3 章深入探讨了电流基准的核心理念,并介绍了如何按顺序设计电流基准电路,以及什么是与电源电压和温度无关的电流基准。在此基础上,本章将转向电压基准源(也称为基准电压源)的讨论。

电压基准源是电子产品中不可或缺的部件,在几乎所有的电子设备中都可以找到其身影,有时作为独立的组件存在,有时则集成于其他芯片之中。

在现代集成电路设计领域,基准电压源已经成为构筑高性能集成系统的关键要素。它们不仅为低压差线性稳压器、模数转换器(ADC)、数模转换器(DAC)等提供了必要的参考电压,而且常常作为大多数传感器所需的稳定供电或激励源。以 ADC 为例,基准电压源提供一个用以与输入信号相比较的"标尺",用来确定 ADC 的满量程输入范围和量化步长,进而使得输入信号能够被精确地转换为数字输出。

比较简单的一种电压基准是对电源电压进行分压得到的,如图 9.1.1(a)所示,该电路得到的基准电压可表示为 $V_{REF}=V_{DD}\dfrac{R_2}{R_1+R_2}$。图 9.1.1(b)所示为采用两个二极管连接形式的 MOS 器件构成的分压电路,其参考电压 $V_{REF}=V_{GS2}=V_{DD}-|V_{GS1}|$,并且由于 $V_{GS2}=\sqrt{\dfrac{2I_D}{\mu_n C_{OX}(W/L)_2}}$,而 M_1 器件和 M_2 器件的电流相等,因此可得 $I_D=\dfrac{1}{2}\mu_p C_{OX}(W/L)_1 (V_{DD}-V_{GS2}-|V_{TH1}|)^2$,代入前式中,设 $k=\sqrt{\dfrac{\mu_p (W/L)_1}{\mu_n (W/L)_2}}$,可得 $V_{REF}=\dfrac{k}{k+1}(V_{DD}-|V_{TH1}|)$。可见图 9.1.1(a)和图 9.1.1(b)所示分压方法得到的基准电压 V_{REF} 都直接正比于 V_{DD}。

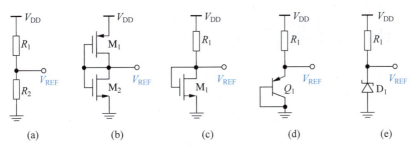

图 9.1.1　一些比较简单的电压基准电路

图 9.1.1(c)为采用工作在饱和区的 MOS 管输出电压基准的电路。流经 MOS 管的电流 I_D 由电阻 R_1 确定且与 V_{DD} 直接相关,即 $I_D=(V_{DD}-V_{GS1})/R_1$,代入处于饱和区的 M_1 的栅源电压 $V_{GS1}=\sqrt{\dfrac{2I_D}{\mu_n C_{OX}(W/L)_1}}$,可见该电路输出电压 V_{REF} 与电源电压 V_{DD} 呈现平方根的关系,电源电压对基准 V_{REF} 的影响有所降低,但仍然影响较大。

图 9.1.1(d)为采用双极性晶体管(三极管)的 PN 结电压作为电压基准的示例,该电路输出的电压基准 V_{REF} 等于晶体管 Q_1 发射极和基极的电压 V_{EB},也就是该晶体管的 PN 结压差。晶体管的 $V_{EB}=\dfrac{kT}{q}\ln\left(\dfrac{I}{I_S}\right)$,其中,$I_S$ 为晶体管 Q_1 的饱和电流,k 为玻尔兹曼常数,T 为热力学温度,q 为电子电荷。式中的电流 I 与电源电压 V_{DD} 成正比关系,因此基准电压 V_{REF} 与电源电压 V_{DD} 呈现对数关系,可见其对电源的敏感性更低。

在电路设计中,还有一种电压基准来源是利用齐纳二极管 PN 结的反向击穿效应,齐纳二极管也被称为稳压二极管。如图 9.1.1(e)所示,齐纳二极管在其临界反向击穿电压之前表现出高电阻特性,而一旦达到该临界点,其电阻急剧下降,允许电流显著增加而电压保持稳定。在电路中,齐纳二极管主要扮演着稳压器的角色,提供的稳定输出电压即为其特有的反向击穿电压,此电压通常较高。

通过分析可以看出,上述电路生成的输出电压虽然与电源电压的直接关联性逐渐减弱,但它仍然某种程度上受到电源电压波动的影响。此外,半导体器件固有地会受到温度 T 变化的影响,这意味着电路的输出电压是温度依赖的,即随着环境温度的变动而产生波动。然而,就基准电压源而言,正如其名称所示,"基准"意味着稳定可靠,"电压源"指的是持续供电,因此理想状态下,基准电压源应当提供极高精度的电压,并且在面临电源电压、负载电流、环境温度或时间的变化时,都能够维持一个恒定的输出。设计电压基准电路的宗旨,是为了创造一个既独立于电源波动和制造工艺,又具备明确温度特性的稳定直流电压来源。"明确温度特性"通常是指输出电压要么与温度成正比,要么完全独立于温度变化。

在第 3 章中,已经引入了带隙基准的概念。带隙基准源是 20 世纪 70 年代初出现的一种模块,它的问世使基准器件的性能指标得到了飞跃。由于带隙基准源具有高精度、低噪声等优点,因而目前被广泛应用于基准电路的设计中。本章将重点分析与温度无关的带隙基准电压源的原理和工程设计方法。

9.2 带隙基准基本原理及产生方法

带隙基准电压源电路的设计目的是获得一种与温度无关的电压基准源,其基本思想是将一个具有正温度系数的输出电压和具有负温度系数的电压进行加权相加,从而得到一个零温度系数的基准。双极性晶体管的 PN 结电压 V_{BE} 一般具有负温度系数,若能找到一个与温度成正比的电压 V_T,然后与 V_{BE} 进行适当的加权相加,就可以得到零温度系数的电压基准,如图 9.2.1 所示。

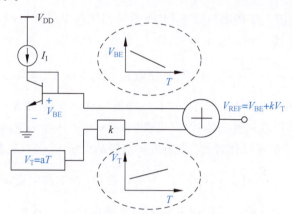

图 9.2.1 与温度无关的基准电压源的设计思路

接下来,将分析半导体工艺中正温度系数电压、负温度系数电压,以及通过带隙参考电路实现零温度系数电压的方法。

9.2.1 负温度系数电压

双极结型晶体管 BJT 的基极(B)-发射极(E)电压 V_{BE},也就是 PN 结的正向电压,具有负温度系数。通常 BJT 的集电极电流 I_C 可以写为

$$I_C = I_S e^{V_{BE}/V_T} \tag{9.2.1}$$

其中, I_S 为 BJT 的饱和电流, $V_T = \dfrac{kT}{q}$, k 为玻尔兹曼常数, T 为势力学温度, q 为电子电荷。由式(9.2.1)可以得到 V_{BE} 的表达式:

$$V_{BE} = V_T \ln(I_C/I_S) \tag{9.2.2}$$

接下来分析计算 V_{BE} 的温度系数 $\dfrac{\partial V_{BE}}{\partial T}$。为了简化分析,假设 I_C 保持不变,则有

$$\frac{\partial V_{BE}}{\partial T} = \frac{\partial V_T}{\partial T} \ln(I_C/I_S) - \frac{V_T}{I_S} \cdot \frac{\partial I_S}{\partial T} \tag{9.2.3}$$

式中,饱和电流 I_S 可以表达为 $I_S = B n_i^2 T \mu$,其中 B 是与温度无关的常数, μ 是载流子的迁移率,其与温度的关系为 $\mu = \mu_0 T^m$, $m \approx -3/2$, n_i 是本征载流子浓度,并且有 $n_i^2 = DT^3 \exp\left(-\dfrac{E_g}{kT}\right)$,其中, D 是与温度无关的常数, $E_g \approx 1.12 \text{eV}$ 为硅的带隙能量。因此饱和电流 I_S

与温度关系的表达式可以写为

$$I_S = BD\mu_0 T^{4+m} \exp\left(-\frac{E_g}{kT}\right) \tag{9.2.4}$$

式中，$BD\mu_0$ 为与温度无关的系数，记为 b，则饱和电流 I_S 与温度关系可进一步改写为

$$\frac{\partial I_S}{\partial T} = b(4+m)T^{3+m}\exp\left(-\frac{E_g}{kT}\right) + bT^{4+m}\frac{E_g}{kT^2}\exp\left(-\frac{E_g}{kT}\right) \tag{9.2.5}$$

两端同时乘以 $\dfrac{V_T}{I_S}$，将式(9.2.4)代入式(9.2.5)中，则式(9.2.3)的第二项可表示为

$$\frac{V_T}{I_S}\frac{\partial I_S}{\partial T} = (4+m)\frac{V_T}{T} + \frac{E_g}{kT^2}V_T \tag{9.2.6}$$

进一步推导式(9.2.3)，可以得到：

$$\begin{aligned}\frac{\partial V_{BE}}{\partial T} &= \frac{\partial V_T}{\partial T}\ln(I_C/I_S) - (4+m)\frac{V_T}{T} - \frac{E_g}{kT^2}V_T \\ &= \frac{V_{BE} - (4+m)V_T - E_g/q}{T}\end{aligned} \tag{9.2.7}$$

此即为在给定温度下基极-发射极电压 V_{BE} 的温度系数。可以看出，该值与 V_{BE} 本身的大小有关。当 $V_{BE}=750\text{mV}$，$T=300\text{K}$ 时，该温度系数 $\dfrac{\partial V_{BE}}{\partial T} \approx -1.5\text{mV/K}$，表现为负温度系数特性。

9.2.2 正温度系数电压

在如图 9.2.2 所示的电路中，晶体管 Q_1 和 Q_2 相同，因此其饱和电流相等，$I_{S1}=I_{S2}$，若两个晶体管偏置的集电极电流分别为 nI_0 和 I_0，忽略基极电流，则有

$$\begin{aligned}\Delta V_{BE} &= V_{BE1} - V_{BE2} = V_T\ln(nI_0/I_{S1}) - V_T\ln(I_0/I_{S2}) \\ &= V_T\ln(n)\end{aligned} \tag{9.2.8}$$

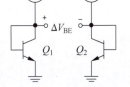

图 9.2.2　PTAT 电压产生电路

其温度系数 $\dfrac{\partial \Delta V_{BE}}{\partial T} = \dfrac{k}{q}\ln(n)$，表现为正温度系数。换而言之，两个相同的双极型晶体管工作在不相等的电流密度下，它们的基极-发射极电压的差值与势力学温度成正比(Proportional to Absolute Temperature，PTAT)。

工程问题 9.2.1

在如图 9.2.2 所示的电路中，为了在 $T=300\text{K}$ 时产生 1.5mV/K 的温度系数，以抵消基极-发射极电压 V_{BE} 的温度系数，n 需要如何选择？

讨论：

由于 $\dfrac{\partial \Delta V_{BE}}{\partial T} = \dfrac{k}{q}\ln(n)$，可知 $\dfrac{k}{q}\ln(n) = 1.5\text{mV/K}$，而 $k/q \approx 0.087\text{mV/K}$，因此可以得到 $\ln(n) \approx 17.2$，所以 $n = 2.95\times 10^7$，这是无法实现的。

工程问题 9.2.2

计算如图 9.2.3 所示电路中的 ΔV_{BE} 和 $\dfrac{\partial \Delta V_{BE}}{\partial T}$,其中,$Q_2$ 由 n 个与 Q_1 相同的单元器件组成。

讨论:

忽略基极电流,可以得到 $\Delta V_{BE} = V_{BE1} - V_{BE2} = V_T \ln(I_0/I_{S1}) - V_T \ln(I_0/(nI_{S2})) = V_T \ln(n)$,所以其温度系数 $\dfrac{\partial \Delta V_{BE}}{\partial T} = \dfrac{k}{q} \ln(n)$。

该工程问题给出了产生 ΔV_{BE} 的另一种电路。同学们还可以扩展讨论,组合图 9.2.2 和图 9.2.3 两种电路,看看会有什么效果。

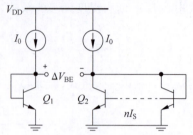

图 9.2.3　Q_2 由 n 个与 Q_1 相同的单元器件组成 PTAT 电路

9.2.3　零温度系数电压

上面讨论的正、负温度系数基准存在一个困难就是系数 n 太大。那么,如何能规避系数 n 过大的问题,设计出一个合理零温度系数的基准?引入一个额外的系数 α,将电压基准表示为

$$V_{REF} = V_{BE} + \alpha \Delta V_{BE} = V_{BE} + \alpha V_T \ln(n) \tag{9.2.9}$$

其中,α 为常数,则基准电压的温度系数为

$$\dfrac{\partial V_{REF}}{\partial T} = \dfrac{\partial V_{BE}}{\partial T} + \alpha \dfrac{k}{q} \ln(n) \tag{9.2.10}$$

当温度 $T = 300\text{K}$ 时,V_{BE} 的温度系数约为 -1.5mV/K,而 $\partial V_T / \partial T = k/q \approx 0.087\text{mV/K}$,为达到零温度系数,可得 $\alpha \ln(n) \approx 17.2$。值得注意的是,$V_{BE}$ 的温度系数与温度有关,而 ΔV_{BE} 的温度系数为常数,因此,带隙基准源的温度系数只有在某一温度时为 0。

为了在某温度 T 时获得零温度系数,也就是令 $\dfrac{\partial V_{REF}}{\partial T} = 0$,将式(9.2.7)代入,可以得到温度 T 时,

$$\alpha \dfrac{k}{q} \ln(n) = -\dfrac{V_{BE} - (4+m)V_T - E_g/q}{T} \tag{9.2.11}$$

上式两边同时乘以 T,则有

$$\alpha \dfrac{kT}{q} \ln(n) = \alpha V_T \ln(n) = -(V_{BE} - (4+m)V_T - E_g/q)$$

所以 $V_{BE} = (4+m)V_T + E_g/q - \alpha V_T \ln(n)$,代回式(9.2.9),可以得到:

$$V_{REF} = (4+m)V_T + E_g/q \tag{9.2.12}$$

可见,该基准电压与带隙电压相关。这也是带隙基准电压源的由来。

9.2.4　带隙基准的一种电路实现方法

图 9.2.4 所示为一种可以实现带隙基准电压的电路,实现了负温度系数电压和正温度系数电压相加。采用放大器构成负反馈电路,如果放大器的增益 A_1 足够大,则 X 点和 Y

点电压相等，采用 PNP 晶体管，则电阻 R_3 上的电压降为 $\Delta V_{EB} = V_T \ln(n)$，因此输出电压为

$$V_{OUT} = V_{EB2} + \frac{V_T \ln(n)}{R_3}(R_2 + R_3) \tag{9.2.13}$$

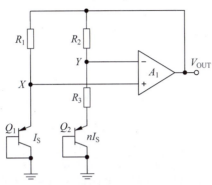

图 9.2.4　带隙基准的一种电路实现

根据前述分析，当温度 $T = 300\text{K}$ 时，V_{EB} 的温度系数约为 -1.5mV/K，而 $\partial V_T / \partial T = k/q \approx 0.087\text{mV/K}$，为达到零温度系数，可得 $\alpha \ln(n) \approx 17.2$。选择 R_2 和 R_3 的比值，可以获得零温度系数。

工程问题 9.2.3

对于如图 9.2.4 所示的电路，若采用某工艺得到的器件，$V_{EB} = 670\text{mV}$，在室温 $T = 300\text{K}$ 时，V_{EB} 的温度系数约为 -1.72mV/K，请设计此带隙基准电路，此时输出电压基准为多少？

讨论：

电阻 R_3 上的压差为 $\Delta V_{EB} = V_T \ln(n)$，上述电路输出电压 $V_{OUT} = V_{EB2} + \dfrac{V_T \ln(n)}{R_3}(R_2 + R_3)$。

在室温 $T = 300\text{K}$ 时，V_{EB} 的温度系数约为 -1.72mV/K，而 $\partial V_T / \partial T = k/q \approx 0.087\text{mV/K}$，为了达到零温度系数，需有 $\dfrac{R_2 + R_3}{R_3} \ln(n) 0.087\text{mV/K} = 1.72\text{mV/K}$，所以 $\dfrac{R_2 + R_3}{R_3} \ln(n) \approx 19.77$，因此需要设计 R_2/R_3 的比值和 n 以使其符合条件。若取 $n = 8$（版图设计中利于匹配），则 $\ln(8) \approx 2.08$，$\dfrac{R_2}{R_3} \approx 19.77/2.08 - 1 \approx 8.5$，因此，若取电阻 $R_2 = 8.5\text{k}\Omega$，则 $R_3 = 1\text{k}\Omega$，此时输出电压 $V_{OUT} \approx 0.67 + 0.026 \times 19.77 = 1.184\text{V}$。

9.3　带隙基准电压电路的性能指标

(1) 输出电压值。

即带隙基准电压电路输出的 V_{REF} 值，例如 $V_{REF} = 1.2\text{V}$。

(2) 电压精度。

由于工艺偏差、温度变化、电源电压波动，造成基准源输出值偏离设计值。精度

(Accuracy)用于衡量基准源正常工作时,其实际输出电压值与设计值的偏差,通常用百分数表示:

$$\text{Accuracy} = \frac{\Delta V_{\text{REF}}}{V_{\text{REF}}} \times 100\% \quad (9.3.1)$$

例如,5V 基准电压源上的 ±5mV 容差相当于 ±0.1% 的绝对精度。精度值越小,说明基准电压变化越小,性能越好。

(3) 电压温度系数。

温度系数(Temperature Coefficient,TC)是衡量温度变化引起基准电压变化的典型参数,表示当温度变化 1℃,基准电压变化百万分比,单位为 ppm/℃,表达式如下:

$$\text{TC} = \frac{V_{\text{REF,MAX}} - V_{\text{REF,MIN}}}{V_{\text{REF}}(T_{\text{MAX}} - T_{\text{MIN}})} \times 10^6 \quad (9.3.2)$$

其中,T_{MAX} 和 T_{MIN} 是基准源正常工作时温度的最大值和最小值,V_{REF} 表示在特定电源电压下基准电压的输出值,$V_{\text{REF,MAX}}$ 和 $V_{\text{REF,MIN}}$ 是基准电压的最大值和最小值。TC 越小则温漂越小,基准源温度特性越好。

(4) 其他参数。

带隙基准源电路是一种典型的模拟集成电路,除上述性能参数外,集成电路中通常要考虑的性能参数,在带隙基准电压源电路设计中同样需要考虑。例如,前述章节中提到的电源电压抑制比、负载调整率、线性调整率、功耗、噪声以及长期稳定性等参数,在常见的基准源电路芯片中均要考量,设计具体电路时需要根据具体情况进行具体分析。

9.4 基于放大器的带隙基准电压电路

本节将介绍一种常用的基于放大器的带隙基准电压电路结构及其工作原理。在 9.2.4 节中,已经了解了一种基于放大器的带隙基准电压电路工作原理(见图 9.4.1(a)),本节将详细介绍另一种基于放大器的带隙基准电压电路。该电路先利用三极管和放大器产生 PTAT(正温度系数)电流,然后利用 PTAT 电流生成温度无关的基准电压。其电路结构如图 9.4.1(b)所示。

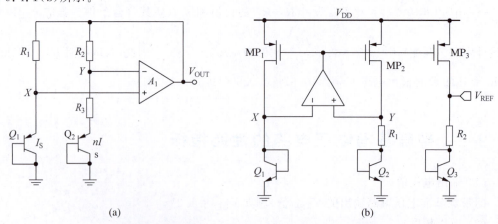

图 9.4.1 两种基于放大器的带隙基准电压电路原理图

9.4.1 PTAT 电流的产生

要想得到正温度系数电流,一种简单的思路是将正温度系数电压转换为电流。9.2.2 节已经介绍了,两个三极管的发射结偏压之差 $\Delta V_{BE} = V_{BE1} - V_{BE2}$ 即为 PTAT 电压,该电压的产生电路如图 9.2.2 或图 9.2.3 所示。在该电路基础上,可以得到 PTAT 电流的产生电路,如图 9.4.2 所示。

假设图中的放大器为理想放大器,根据其"虚短"性质,$V_X \approx V_Y$,则 R_1 上的电压即为 ΔV_{BE},流过 R_1 的电流即为 PTAT 电流,其值为 $\Delta V_{BE}/R_1$,该电流也是 MP_2 的漏电流。假设图中 MP_1、MP_2、MP_3 都工作在饱和区,那么 I_{PTAT} 的值可由式(9.4.1)表示。

$$I_{PTAT} = \frac{(W/L)_{MP3}}{(W/L)_{MP2}} \frac{\Delta V_{BE}}{R_1} \tag{9.4.1}$$

9.4.2 由 PTAT 电流产生与温度无关的基准电压

简单起见,令 MP_1、MP_2、MP_3 的宽长比都相等(这样可以使三条支路的电流都相等,简化分析与计算过程)。产生 PTAT 电流 $I_{PTAT} = \Delta V_{BE}/R_1$ 之后,接下来只需将该电流转换为 PTAT 电压,并将之与负温度系数电压相叠加即可。电路设计思路如图 9.4.3 所示。让 I_{PTAT} 流过电阻 R_2,产生正温度系数电压 $V_2 = I_{PTAT} R_2$,并与三极管 Q_3 的发射结串联,即可得到参考电压 V_{REF},其表达式如式(9.4.2)所示。

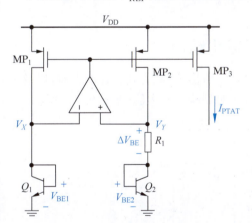

图 9.4.2 PTAT 电流产生电路

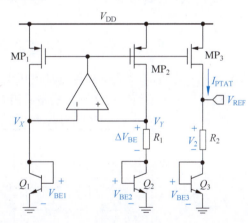

图 9.4.3 利用 PTAT 电流产生基准电压 V_{REF} 的电路原理图

$$V_{REF} = V_2 + V_{BE3} = \Delta V_{BE} \frac{R_2}{R_1} + V_{BE3} \tag{9.4.2}$$

令 Q_2 的发射极面积为 Q_1 的 n 倍,根据工程问题 9.2.2 中的结论,$\Delta V_{BE} = V_T \ln(n)$,将之代入式(9.4.2),得:

$$V_{REF} = \frac{R_2}{R_1} V_T \ln n + V_{BE3} \tag{9.4.3}$$

为了得到零温度系数的基准电压,需要使 $\partial V_{REF}/\partial T = 0$,即

$$\frac{R_2}{R_1} \ln n \frac{\partial V_T}{\partial T} + \frac{\partial V_{BE3}}{\partial T} = 0 \tag{9.4.4}$$

$$\frac{R_2}{R_1} = \left(-\frac{\partial V_{BE3}}{\partial T}\right) \bigg/ \left(\ln n \frac{\partial V_T}{\partial T}\right) \tag{9.4.5}$$

工程问题 9.4.1

根据图 9.4.3，假设在 Q_3 的发射结偏压 $V_{BE3}=750\mathrm{mV}$，$T=300\mathrm{K}$ 时，$\partial V_{BE3}/\partial T \approx -1.5\mathrm{mV/K}$，为了得到零温度系数的基准电压，$R_2$ 和 R_1 的比值为多少时，才能保证 V_{REF} 的温度系数为零？

讨论：

已知 $\partial V_T/\partial T = k/q \approx 0.087\mathrm{mV/K}$（参考工程问题 9.2.1），根据式（9.4.5），有

$$\frac{R_2}{R_1} = \left(-\frac{\partial V_{BE3}}{\partial T}\right) \bigg/ \left(\ln n \frac{\partial V_T}{\partial T}\right)$$

$$= \frac{1.5}{0.087 \times \ln(n)}$$

这里需要讨论 n 的取值。一共用到了三个三极管，其中 Q_2 的发射极面积是 Q_1 的 n 倍，可以通过 n 个 Q_1 大小的三极管并联实现。在版图布局时，为考虑三极管版图的对称性，一般将其设计为 $N \times N$ 的阵列以获得良好的匹配性，如用 9 个三极管组成 3×3 的阵列，或 16 个三极管组成 4×4 的阵列。由于 CMOS 工艺中三极管的面积通常较大，为节省芯片面积，通常将三极管设计成 3×3 的布局，将其中 7 个并联作为 Q_2（即 $n=7$），另外两个分别作为 Q_1 和 Q_3。这里取 $n=7$，计算可得 $R_2/R_1 \approx 8.86$。

9.4.3 基于放大器的带隙基准电压电路结构

由图 9.4.3 可知，若要得到带隙基准电压电路的具体结构，还需为其设计放大器，以及它的偏置电路。一种最简单的实现方式是采用 5 管 OTA 结构的放大器，如图 9.4.4 所示。

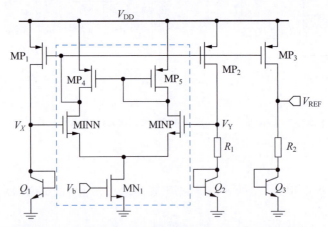

图 9.4.4 采用 5 管 OTA 的带隙基准电压电路结构原理图

然而在一般情况下，三极管 Q_1 的发射结偏压为 $700 \sim 750\mathrm{mV}$。假设图 9.4.4 中 NMOS 管在零衬偏条件下的阈值电压为 $700\mathrm{mV}$ 左右，那么图 9.4.4 中蓝框内的 MOS 管 MN_1 有可能会工作于线性区，或者 MINN 和 MINP 有可能工作于亚阈值区。

为了与本书的贯穿项目衔接，本章设计的带隙基准电压电路将采用贯穿项目中的放大

器结构,如图 9.4.5 所示。考虑到该带隙基准电压电路对放大器的增益要求不是特别高,并且不需要放大器具备较强的驱动能力,因此选择仅使用贯穿项目中的放大器输入级,即向上折叠的共源共栅结构(电流镜负载)作为该带隙基准电压电路的放大器。这可以在保证满足功能要求的同时简化电路的复杂性。折叠结构的一个优点是它拥有较大的共模输入范围,这使得放大器能够在较低的输入共模电压下工作,同时使所有 MOS 管都处于饱和状态。

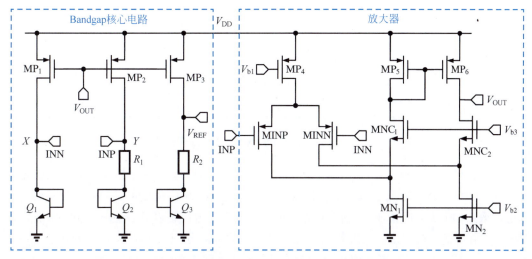

图 9.4.5　采用折叠共源共栅放大器作为放大器的带隙基准电压电路结构原理图

图 9.4.5 中的放大器需要三个偏置电压(V_{b1}, V_{b2}, V_{b3}),采用与电源电压无关的基准电流电路来提供,具体的电路结构如图 9.4.6 中右侧的"偏置电路"所示。基准电流电路的工作原理在 3.5.2 节中有详细讨论,这里不再复述。至此,一个相对完整的带隙基准电压电路结构就设计完成了,在 9.5 节,将在给定电路设计指标的前提下,讨论如何为电路设计器件参数,并结合电路仿真对其进行优化。

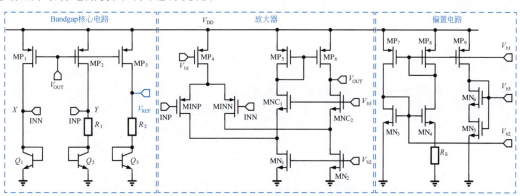

图 9.4.6　基于放大器的带隙基准电压电路的完整结构

9.5　带隙基准电压电路的工程设计、仿真与优化

本节将对 9.4 节介绍的带隙基准电压电路进行工程设计,包括器件参数设计、核心指标的仿真,以及电路优化。选取电压温度系数、静态电流、相位裕度作为核心设计指标。具体

设计规格如表 9.5.1 所示。

表 9.5.1 带隙基准电压电路计规格（spec）

符号	描述	测试条件	范围			单位
			最小	典型	最大	
V_{DD}	电路供电电压	以 $V_{DD}=1.8\text{V}$，$T=25℃$ 时的输出电压 V_{REF} 为标准输出电压，要求 V_{DD} 在 1.6～2V 波动，且温度在 $-40\sim125℃$ 变化时，V_{REF} 的变化小于 0.5%	1.6	1.8	2.0	V
T_j	芯片工作温度	—	−40	25	125	℃
TC	输出电压温度系数	—	—	—	20	ppm/℃
I_{TOTAL}	整体电流	—	—	—	100	μA
PM	相位裕度	—	60	—	—	°

9.5.1 带隙基准电压电路的参数设计与仿真

在设计电路的器件参数时，首先需要选取一个电路指标作为设计起点。由于该电路的输出电压温度系数可以通过调整 R_2/R_1 的值来进行优化，相位裕度可以通过增加补偿电容来进行改善，所以选择整体电流作为设计起点。因为总电流消耗不能超过 $100\mu\text{A}$，所以需要考虑 Bandgap 核心电路、放大器和偏置电路之间的电流分配。带隙基准电压电路是一个静态电路，对放大器的带宽和驱动能力要求不高，这里优先为 Bandgap 核心电路中的三条支路分配电流。

9.5.2 核心电路参数设计

1. 确定核心电路 $Q_1 \sim Q_3$ 三条支路的电流

$Q_1 \sim Q_3$ 都选用工艺库中的 npn 管，Emitter Size 参数（发射极尺寸）设置为 2×2（指发射极的长度和宽度都为 $2\mu\text{m}$）以减小三极管的面积。令三条支路电流相等，Q_1 和 Q_3 的尺寸相等，Q_2 采用 7 个 Q_1 大小的三极管并联而成（$Q_1 \sim Q_3$ 的尺寸的选择参考工程问题 9.4.1），即 $n=7$。接下来通过 DC 扫描仿真来测试三极管 Q_1 的电流 I_1 和发射结偏压 V_{BE1} 之间的关系，以选择一个合适的工作点。DC 扫描仿真所使用的测试电路、三极管参数和仿真设置如图 9.5.1 所示，仿真测试结果如图 9.5.2 所示。

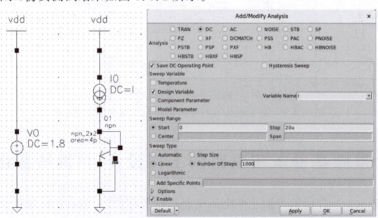

图 9.5.1 用于测试三极管 Q_1 的电路图、电路参数及仿真设置

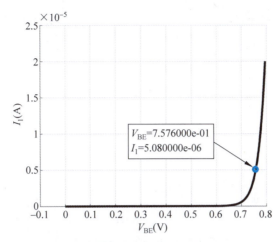

图 9.5.2 三极管 Q_1 的电流 I_1 和发射结偏压 V_{BE1} 之间的关系曲线

由测试结果可见，当 V_{BE1} 约为 0.76V 时，$I_1 \approx 5\mu A$。此时 Q_1 处于开启状态，且 I_1 不至于过大。从 I_1 和 V_{BE1} 之间的关系曲线可以看出，V_{BE1} 的略微增大可能使 I_1 显著增大。因此若 V_{BE1} 过高，则 I_1 有可能过大，从而导致电路功耗变大；若 V_{BE1} 过低，有可能使 Q_1 处于亚阈值状态。所以将核心电路中三条支路的电流都设为 $5\mu A$，此时核心电路中的节点 X 电压值即为 0.76V。

2. 确定电阻 R_1 和 R_2 的值

由于 Q_1 和 Q_2 支路的电流设定为 $5\mu A$，且根据核心电路的工作原理，X 节点和 Y 节点的电压相等（见图 9.4.5），这样就可以通过扫描 R_1 的值来确定其大小。用于测试的电路图和仿真设置如图 9.5.3 所示。R_1 的 DC 扫描结果如图 9.5.4 所示，当 $R_1 \approx 10k\Omega$ 时，$V_X \approx V_Y$，所以将 R_1 的取值定为 $10k\Omega$。

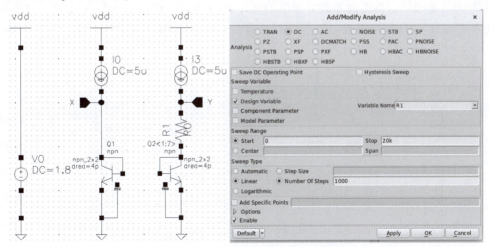

图 9.5.3 用于 R_1 的 DC 扫描的电路图和仿真设置

接下来确定 R_2 的值。要想计算 R_2，需要先得到 V_{BE} 和 ΔV_{BE} 的温度系数。在仿真测试时，通过 DC 扫描，得到 Q_1 的发射结偏压 V_{BE1} 和 Q_1、Q_2 的发射结偏压之差 $V_{BE1} - V_{BE2}$ 随温度变化的曲线，曲线斜率即为这两个电压的温度系数（这里取 V_{BE} 和 ΔV_{BE} 在 25℃时

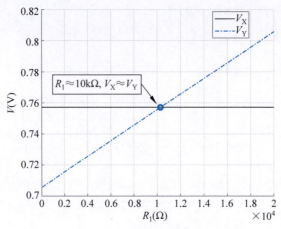

图 9.5.4 R_1 的 DC 扫描结果

的温度系数用于计算)。简单起见,可以用 V_{BE} 和 ΔV_{BE} 在 25℃附近的差商来近似其温度系数,计算方法如式(9.5.1)所示。

$$\begin{cases} \dfrac{\partial V_{BE}}{\partial T} \approx \dfrac{V_{BE}(T_2)-V_{BE}(T_1)}{T_2-T_1} \\ \dfrac{\partial \Delta V_{BE}}{\partial T} = \ln n \dfrac{\partial V_T}{\partial T} \approx \dfrac{\Delta V_{BE}(T_2)-\Delta V_{BE}(T_1)}{T_2-T_1} \end{cases} \quad (9.5.1)$$

图 9.5.5 给出了 V_{BE} 和 ΔV_{BE} 随温度变化而变化的曲线。可以使用 iWave 中自带的 Measure Tool Box 工具(蓝框中的图标)计算这两个电压和温度之间的差商。图中 X 坐标为温度,Y 坐标为 V_{BE} 和 ΔV_{BE} 的值。将 T_1 设置为 24.5℃,T_2 设置为 25.5℃,对应的 $V_{BE}(T_2)-V_{BE}(T_1) \approx -1.597\text{mV}$,$\Delta V_{BE}(T_2)-\Delta V_{BE}(T_1) \approx 0.17\text{mV}$。代入式(9.5.1)计算可得,$V_{BE}$ 和 ΔV_{BE} 的温度系数分别约为 -1.597 mV/℃ 和 0.17 mV/℃。将上述温度系数代入式(9.4.5)计算可得 $R_2/R_1 \approx 9.4$(注意:式(9.4.5)中 $\ln n(\partial V_T/\partial T)$ 可以直接替换为 $\partial \Delta V_{BE}/\partial T$),则 $R_2 = 94\text{k}\Omega$。

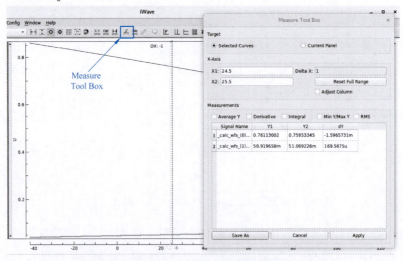

图 9.5.5 V_{BE} 和 ΔV_{BE} 随温度变化而变化的曲线

MOS 管 MP_1、MP_2 和 MP_3 的尺寸可以通过表 2.8.1 中的 PMOS 器件参数来计算。令 MOS 管的过驱动电压为 50mV，在其电流为 5μA 的条件下，其宽长比约为 10∶1。为尽量减小 MOS 器件沟道长度调制效应对其电流的影响，将这三个 MOS 器件的沟道长度都设为 4μm。三个 MOS 需要在版图设计时进行匹配，将其 multiplier 参数设置为 2。

至此，核心电路中所有器件的参数都设计完成，如表 9.5.2 所示。

表 9.5.2　Bandgap 核心电路的器件参数

器件名称	Cell Name	参数名称	参数值	匹配方式
Q_1、Q_3	npn_2×2	multiplier	1	—
Q_2	npn_2×2	multiplier	7	—
R_1	res	R(Ω)	10k	—
R_2	res	R(Ω)	94k	—
MP_1、MP_2、MP_3	p_mos_a	W(μm),L(μm),finger,multiplier	10,4,1,2	一维共质心

9.5.3　放大器及其偏置电路的参数设计

本项目所采用的放大器为带电流镜负载的折叠共源共栅放大器，该放大器结构的特性和设计方法在第 7 章中已有详细说明，此处不再赘述，只给出设计时需要注意的事项以及器件参数表。

1. 本项目中的放大器设计要点

由于带隙基准电压电路为静态电路，对放大器的速度要求并不高，放大器在此处的作用主要为通过负反馈来钳位核心电路中 X 节点和 Y 节点的电压（图 9.4.3），比起速度，放大器的失调电压对电路的影响会更大。所以在设计时将放大器的器件精度和匹配放在首位，选择尺寸时，尽量将 MOS 器件的沟道长度和沟道宽度放大，并将 multiplier 参数设置为偶数，以便于版图匹配。

设计指标要求电路在 1.6～2.0V 的电压范围内都能正常工作，参考图 9.4.5，此放大器消耗电压最多的支路为 MP_5、MNC_1、MN_1 构成的支路，其至少需要消耗的电压为 $V_{GS,P5}+V_{OV,NC1}+V_{OV,N1}$，即两个过驱动电压加一个栅源电压。$V_{DD}$ 到 GND 的最小电压为 1.6V，可以令 $|V_{GS,P5}|$ 不超过 0.5V，$V_{OV,NC1}$ 和 $V_{OV,N1}$ 不超过 0.1V，很容易满足最小电源电压要求。

2. 为放大器分配电流

由于不需要放大器具有较快的速度，所以不用为其分配太大的电流。核心电路已经消耗了 15μA 的电流，这里为放大器分配 40μA 静态电流，预留 45μA 的电流用于电路优化以及偏置电路。各支路的电流分配为 $I_{D,INP}=I_{D,INN}=10μA$、$I_{D,NC1}=I_{D,NC2}=10μA$（见图 9.5.6）。各 MOS 管的过驱动电压不超过 100mV。放大器及其偏置电路的器件参数如表 9.5.3 所示。

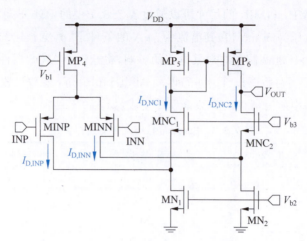

图 9.5.6　各支路的电流示意图

表 9.5.3　放大器及其偏置电路的器件参数

器件名称	Cell Name	参数名称	参数值	匹配方式
MP_4	p_mos_a	$W(\mu m),L(\mu m),finger,multiplier$	20,2,1,6	—
MINP、MINN	p_mos_a	$W(\mu m),L(\mu m),finger,multiplier$	8,1,1,4	二维共质心
MN_1、MN_2	n_mos_a	$W(\mu m),L(\mu m),finger,multiplier$	9,2,1,4	一维共质心
MNC_1、MNC_2	n_mos_a	$W(\mu m),L(\mu m),finger,multiplier$	9,2,1,4	一维共质心
MP_5、MP_6	p_mos_a	$W(\mu m),L(\mu m),finger,multiplier$	10,2,1,4	一维共质心
MN_3、MN_4	n_mos_a	$W(\mu m),L(\mu m),finger,multiplier$	7,4,1,2	一维共质心
MP_7、MP_8、MP_9	p_mos_a	$W(\mu m),L(\mu m),finger,multiplier$	28,4,1,2	一维共质心
MN_5、MN_6	n_mos_a	$W(\mu m),L(\mu m),finger,multiplier$	7,8,1,1	—
R_5	res	$R(\Omega)$	8k	—

$I_{D,INP} = I_{D,INN} \approx 12.6 \mu A$ 经静态工作点仿真,带隙基准电压电路各个模块的静态电流分布如下：核心电路三条支路的静态电流为 $I_{D,P1} = I_{D,P2} = I_{D,P3} \approx 5.2 \mu A$；放大器的静态电流为 $I_{D,NC1} = I_{D,NC2} \approx 14.4 \mu A$；偏置电路的静态电流为 $I_{D,P7} = I_{D,P8} = I_{D,P9} \approx 7.2 \mu A$。所有 MOS 管均工作在饱和区,整个电路的静态功耗约为 $91.2 \mu A$,满足设计指标中对静态电流的要求。

9.5.4　输出参考电压温度系数仿真与优化

先在标准电源电压条件下($V_{DD} = 1.8V$)使用直流扫描,测试该电路输出参考电压 V_{REF} 在 $-40 \sim 125$℃ 的电压值,观察一下该电压随温度变化而变化的情况。仿真设置以及结果如图 9.5.7 所示。从输出结果可见,V_{REF} 的值随温度升高呈现为一条"上凸"曲线,这是因为 ΔV_{BE} 随温度的变化率是常数(线性的),而 V_{BE} 随温度的变化率是非线性的,两者叠加后,最优情况下只能抵消 V_{REF} 随温度变化率中的一阶成分,所以图 9.4.1 中所示的两种电路结构都只能实现一阶温度补偿。当然,一阶温度补偿电路,其结构简单,且精度能够满足许多工程应用的需求,所以其应用较为广泛。

将仿真结果代入温度系数的计算公式(式(9.3.2))中,可得 V_{REF} 此时的温度系数为 18.6ppm/℃,满足设计指标中关于温度系数的要求。但是从图 9.5.7 的仿真结果来看,

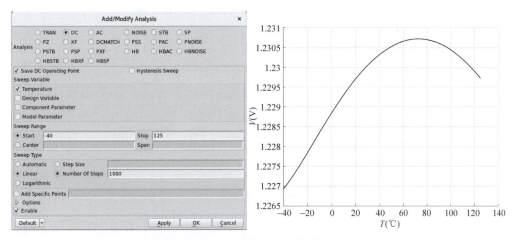

图 9.5.7　输出参考电压 V_{REF} 随温度变化的情况（仿真设置及结果图）

V_{REF} 总体上表现出正温度系数，这说明一阶温漂仍未被完全消除，根据式（9.4.2），需要减小 R_2 以完全消除一阶温漂。

使用参数扫描工具，让 R_2 从 94kΩ 降低到 93kΩ，变化十次，观察这十次仿真中 V_{REF} 随温度变化的结果，如图 9.5.8 所示。

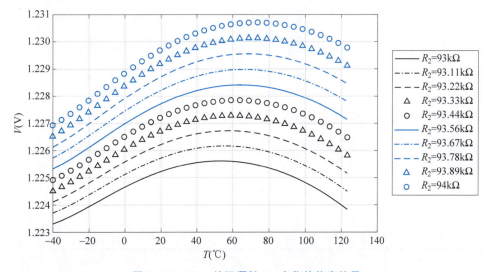

图 9.5.8　V_{REF} 的温漂随 R_2 变化的仿真结果

通过图 9.5.8 中的曲线变化，可以推断出 V_{REF} 的温漂在随 R_2 的减小而减小，当 $R_2=93$kΩ 时，V_{REF} 的温漂最小。当然，可以观察出 V_{REF} 的温漂仍有优化空间，继续减小 R_2，将不同 R_2 取值下的 V_{REF} 代入温度系数计算公式（9.3.2），并观察 V_{REF} 的温度系数在何时能取到最小值，如表 9.5.4 所示。

根据表 9.5.4 的值，R_2 的最优取值为 92.78kΩ，此时 V_{REF} 的温度系数为 10.4ppm/℃，满足设计指标中对温度系数的要求。对 R_2 的取值进行优化后，V_{REF} 随温度变化的仿真结果如图 9.5.9 所示。可见此时其在整个测试温度范围内的一阶温度系数已基本被消除。

表 9.5.4 V_{REF} 的温度系数与 R_2 取值之间的对照表

R_2/kΩ	TC(V_{REF})/(ppm·℃$^{-1}$)	R_2/kΩ	TC(V_{REF})/(ppm·℃$^{-1}$)
94	18.63	93.11	12.189
93.89	17.77	93	11.455
93.78	16.93	92.89	10.74
93.67	16.08	92.78	10.4
93.56	15.28	92.67	11.01
93.44	14.49	92.56	11.64
93.33	13.7	92.44	12.28
93.22	12.939		

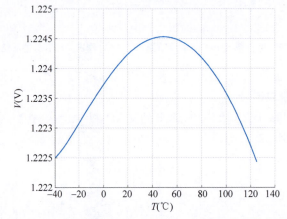

图 9.5.9 对 R_2 的取值进行优化后，V_{REF} 随温度变化的仿真结果

9.5.5 反馈环路相位裕度仿真与优化

本设计实例所采用的电路结构存在一个主要的反馈环路，如图 9.5.10 所示。放大器的差模输入为 bandgap 核心电路中的 X 和 Y 节点，而放大器的输出又通过控制 MP_1 和 MP_2 的栅电压改变其支路电流，进而改变 X 和 Y 节点的值。所以需要对这个反馈环路进行稳定性仿真。

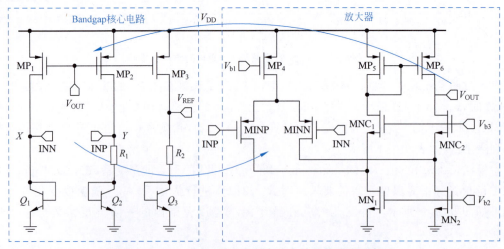

图 9.5.10 bandgap 基准电压电路中的反馈环路示意图

这里采用 STB 仿真来进行反馈环路稳定性分析。由于反馈信号为差模信号,所以在环路中插入 diffstbprobe 器件(该器件在 amsLib 库中),电路连接方式及仿真设置如图 9.5.11 所示。

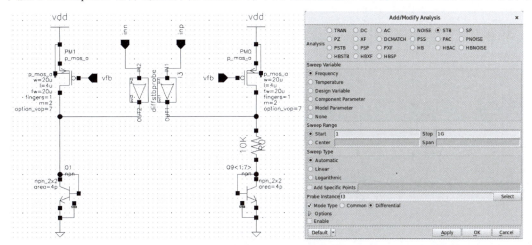

图 9.5.11　对 bandgap 基准电压电路进行 STB 仿真的电路连接方式及仿真设置

STB 仿真结果如图 9.5.12 所示,当环路增益下降至 0dB 时,相位冗余约为 55.18°,并不满足设计指标中的相位裕度要求,需要对其进行补偿。

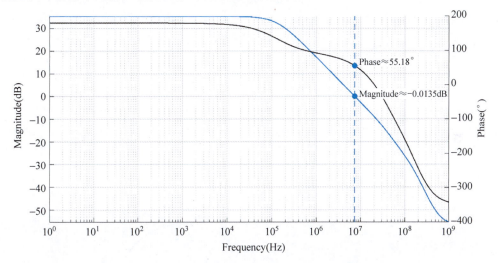

图 9.5.12　bandgap 电压基准电路的反馈环路 STB 仿真结果

进行频率补偿之前,首先确定主极点的位置。根据图 9.5.10 的结构分析,V_{OUT} 所处的节点为高阻抗节点($R_{\text{OUT}} \approx r_{\text{O,P6}} \parallel g_{\text{m,NC2}} r_{\text{O,NC2}} (r_{\text{O,N2}} \parallel r_{\text{O,MINN}})$),其余节点均为低阻抗节点,所以可以判断主极点是由 V_{OUT} 节点所提供的。补偿思路是将主极点推向低频位置,可以在 V_{OUT} 和 V_{SS} 之间,或者在 V_{OUT} 和 V_{DD} 之间连接补偿电容来实现。补偿后的 bandgap 电路如图 9.5.13 所示。

接下来通过参数扫描来确定补偿电容 C_{C} 的值。让 C_{C} 从 0 增加到 1.8pF,并观察相位裕度的变化,其结果如表 9.5.5 所示。相位裕度并不是越大越好,可让其保持在 60°左右,可以留一些冗余。这里取 $C_{\text{C}}=1\text{pF}$,可以使相位裕度为 62.9°,满足设计指标。图 9.5.14 给出 bandgap 电压基准电路补偿后的反馈环路 STB 仿真结果。

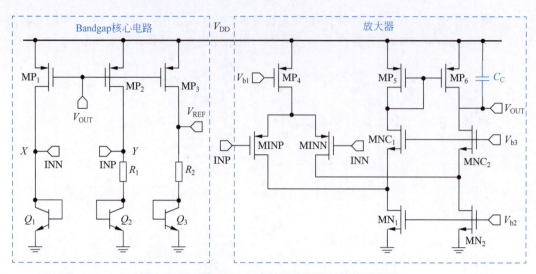

图 9.5.13 对 bandgap 电路进行频率补偿的示意图

表 9.5.5 补偿电容 C_C 的值与相位裕度的对照表

C_C/pF	Phase Margin/(°)
0	55.2
0.2	57.1
0.4	58.7
0.6	60.3
0.8	61.6
1	62.9
1.2	64
1.4	65.1
1.6	66.1
1.8	67

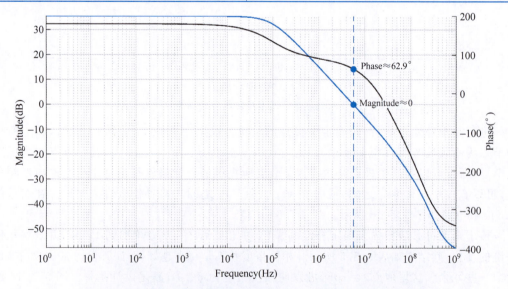

图 9.5.14 经过补偿的带隙基准电压电路的反馈环路 STB 仿真结果

9.5.6 供电电压范围仿真与优化

根据设计指标,将电路在供电电压 $V_{DD}=1.8V$、温度为 25℃ 时的 V_{REF} 作为标准输出,并观察在供电电压 V_{DD} 从 1.6V 变化至 2.0V 且温度从 −40℃ 变化至 125℃ 时,V_{REF} 的最大波动范围为多少。使用参数扫描,令 V_{DD} 从 1.6V 增大至 2.0V,步长为 0.1V,并观察每个 V_{DD} 条件下,温度从 −40℃ 变化至 125℃ 时的 V_{REF} 值,如图 9.5.15 所示。

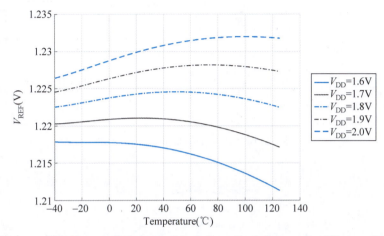

图 9.5.15　V_{DD} 从 1.6V 增大至 2.0V,温度从 −40℃ 变化至 125℃ 时的 V_{REF} 曲线图

根据图 9.5.15 中的结果,将 V_{REF} 的标准值、最大值和最小值列入表 9.5.6,并计算最大值和最小值与标准值之间的误差,发现 V_{REF} 的最大值与标准值之间产生了 1.1% 的误差,不符合设计指标中小于 0.5% 的要求。分析误差来源可知,当 V_{DD} 变化时,MP_1、MP_2、MP_3 都会受到沟道长度调制效应的影响,使其电流发生变化,且 MP_1 和 MP_3 的漏极相差一个 R_2 上的压差,导致 MP_1 和 MP_3 之间的电流不匹配。

表 9.5.6　V_{REF} 的标准值、最大值和最小值以及误差对照表

参 考 值	V_{REF}/V	与标准值之间的误差
标准值	1.2174	0
最大值	1.2319	1.1%
最小值	1.2113	0.5%

为消除 MP_1 和 MP_3 之间的电流不匹配,主要考虑消除 MP_1 和 MP_3 的 V_{DS} 之间的误差。可以为 MP_1 和 MP_2 的漏极串联上与 R_2 相等的电阻,这样就消除了 MP_1 和 MP_3 的 V_{DS} 间的误差,可以使 bandgap 的工作更加精确。改进后的 bandgap 核心电路如图 9.5.16 所示。

改进电路结构后,R_2 的值需要微调至 86.3kΩ,以消除一阶温度系数。继续测试优化后电路在供电电压 V_{DD} 从 1.6V 变化至 2.0V 时的输出,如图 9.5.17 所示。

如表 9.5.7 所示,优化后的电路,其输出电压 V_{REF} 受电源电压的影响减小了很多,与 V_{REF} 标准值之间的最大偏差仅为 0.25%,符合设计指标中的要求。

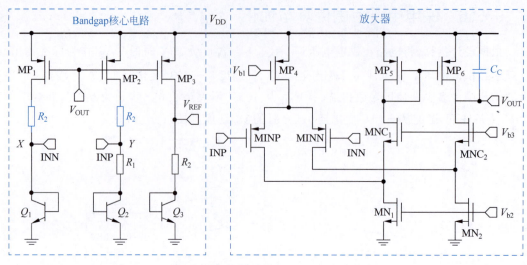

图 9.5.16 改进后的 bandgap 核心电路

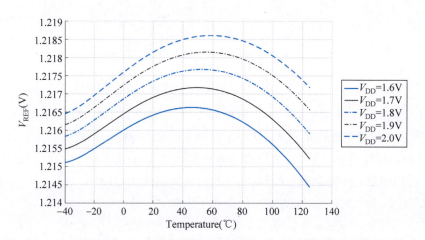

图 9.5.17 改进后的 bandgap 电路在供电电压 V_{DD} 从 1.6V 变化至 2.0V 时的输出

表 9.5.7 改进后的 bandgap 电路，其 V_{REF} 的标准值、最大值和最小值以及误差对照表

参 考 值	V_{REF}/V	与标准值之间的偏差
标准值	1.2174	0%
最大值	1.2186	0.099%
最小值	1.2144	0.25%

9.5.7 电路简并点分析与启动电路设计

在之前的仿真和分析中，总是假设该电路的电源是时刻准备好的，且电路总能稳定到所希望的静态工作点处。然而，在电路的实际运行中，存在一个启动阶段，节点电流从零开始逐渐增大，引发了一个问题：如果 bandgap 电路在启动过程中仅能稳定于一个静态工作点，而在理论上存在两个潜在的稳定静态工作点，那么电路将可能稳定在任一稳定点。将 bandgap 电路中所有理论上可能的静态工作点定义为简并点。尽管存在多个简并点，但目

标是确保电路仅稳定在一个预期的静态工作点上,因此必须存在机制来帮助电路避开其他非目标的静态工作点。

接下来分析本节所设计的 bandgap 电路的简并点。理论上图 9.5.18 所示的电路有两个简并点,其中一个为电路正常工作时的静态偏置点,这里不做过多讨论,仅分析影响电路正常工作的简并点。

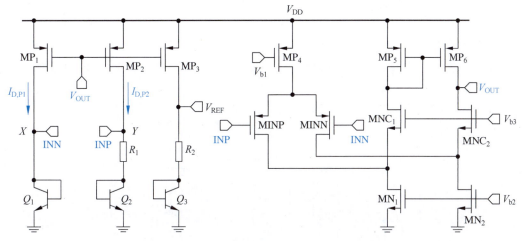

图 9.5.18 分析 bandgap 电路简并点的参考电路图

这个简并点为 $I_{D,P1}=I_{D,P2}=0$,此时 $V_{INN}=V_{INP}=0$,$V_{OUT}=V_{DD}$。理论上这一状态是存在的,然而结合放大器一起看的话,会发现这一状态并不会稳定存在。在放大器正常偏置的条件下,当 $V_{INN}=V_{INP}=0$ 时,$V_{OUT}=V_{DD}-|V_{GS,P5}|\neq V_{DD}$,所以不需要为 bandgap 电路设计启动电路。

除了 bandgap 电路之外,本设计中还存在偏置电路,由基准电流电路构成。该电路存在一个需要避免的简并点。如图 9.5.19 所示,该简并点的状态为 $I_{P7}=I_{P8}=0$,节点电压 $V_{P1}=0$,$V_{P2}=V_{DD}$。

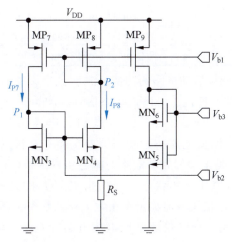

图 9.5.19 分析偏置电路简并点的参考电路图

为摆脱这一状态,可以在节点 P_1 和 P_2 之间连接一个二极管接法的 MOS 管,这一方法在 3.5.2 节中已经介绍,其结构如图 3.5.4 所示。这一结构的缺点是,当电路正常工作时,这一二极管接法器件会消耗额外的电流,且会一定程度改变偏置电路的预设静态电压和电流。本设计采用一个反相器与一个 MOS 管的组合作为启动电路,如图 9.5.20 所示。其工作原理为:当偏置电路处于 $V_{P1}=0$、$V_{P2}=V_{DD}$ 的状态时,由 MN_7 和 MP_{10} 构成的反相器输出高电平,使 MN_8 开启,将 V_{P2} 拉低,跳出该状态,进入正常工作状态。在这一过程中,V_{P1} 将会上升。V_{P1} 上升至一定值时,反相器输出变为低电平,使 MN_8 关闭,这样可以保证电路在正常工作时,MN_8 几乎不消耗电流。然而由于电路在正常工作时,$V_{P1} \neq 0$,反相器存在导通电流,MN_7 和 MP_{10} 构成的反相器尺寸需要合理设置以减少电流消耗。启动电路中的器件参数如表 9.5.8 所示。

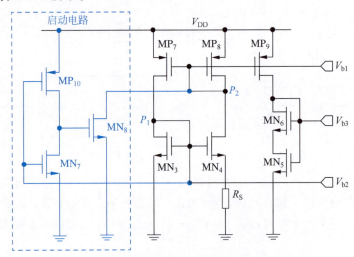

图 9.5.20 本设计所采用的启动电路方案原理图

表 9.5.8 启动电路中的器件参数

器件名称	Cell Name	参 数 名 称	参 数 值
MN_7	n_mos_a	W(μm),L(μm),finger,multiplier	10,1,1,4
MN_8	n_mos_a	W(μm),L(μm),finger,multiplier	10,1,1,4
MP_{10}	p_mos_a	W(μm),L(μm),finger,multiplier	2,20,1,1

接下来通过瞬态仿真测试启动电路的功能。先测试未添加启动电路时的瞬态特性,主要观察 V_{P1}、V_{P2}、V_{REF} 的瞬态特性。先设置瞬态仿真的初始条件,在 MDE L2 界面中单击 Simulation→Convergence Aid→IC,为节点设置初始电压值如下:$V_{P1}=0$、$V_{P2}=V_{DD}$、$V_{OUT}=V_{DD}$、$V_{INN}=V_{INP}=0$,使电路初始状态下处于简并点状态,瞬态仿真的时长设置为 $300\mu m$。图 9.5.21 给出的是未添加启动电路的瞬态仿真结果,可见 V_{P1}、V_{P2}、V_{REF} 在经历 $180\mu s$ 的时间后才稳定至正常工作的状态。图 9.5.22 给出的是添加启动电路后的瞬态仿真结果,可见 V_{P1}、V_{P2}、V_{REF} 很快就能稳定至正常工作的状态。两个结果对比非常明显,这也体现出了启动电路的作用。最终带隙基准电压电路计规格与实际性能对照如表 9.5.9 所示。

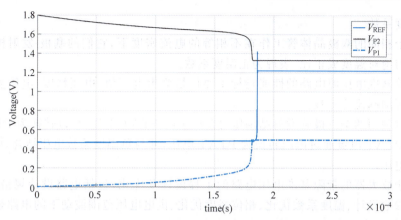

图 9.5.21　未添加启动电路的 bandgap 电路瞬态仿真结果

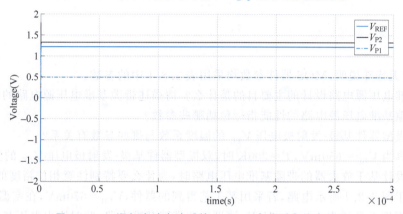

图 9.5.22　添加启动电路后的 bandgap 电路瞬态仿真结果

表 9.5.9　带隙基准电压电路计规格与实际性能对照表

符号	描述	测试条件	范围			单位	实际性能
			最小	典型	最大		
V_{DD}	电路供电电压	以 $V_{DD}=1.8V$,$T=25℃$时的输出电压 V_{REF} 为标准输出电压,要求 V_{DD} 在 1.6～1.8V 波动,且温度在 −40～125℃ 变化时,V_{REF} 的变化小于 0.5%	1.6	1.8	2.0	V	V_{REF} 最大偏差小于 0.25%
T_j	芯片工作温度	—	−40	25	125	℃	—
TC	输出电压温度系数	在 $V_{DD}=1.8V$ 条件下测试	—	—	20	ppm/℃	9.19
I_{TOTAL}	整体电流	—	—	—	100	μA	93.93
PM	相位裕度	—	60	—	—	degree	60.68

9.6　本章总结

本章围绕带隙基准电路的设计问题进行探讨,分别从带隙基准电路的基本原理、性能参数、电路结构、工程设计等方面进行介绍。带隙基准电路主要用于提供温度系数很小的高精度的基准电压,其适用于相当大的温度范围。

- 基准电压源电路设计的主要目的是获得一个与电源和工艺无关且具有确定温度特性的直流电压。
- 双极型器件 BJT 的基极(B)-发射极(E)电压 V_{BE},也就是 PN 结的正向电压,具有负温度系数。
- 两个相同的双极晶体管工作在不相等的电流密度下,它们的基极-发射极电压的差值与绝对温度成正比,表现为正温度系数。
- 带隙基准电压源电路的性能指标主要包括输出电压值、电压精度、电压温度系数和电源抑制比等参数。
- 通过利用两个三极管发射结偏压之差产生的 PTAT 电压,可以转换为 PTAT 电流。将 PTAT 电流通过电阻转换为 PTAT 电压,并与负温度系数电压结合,可以得到基准电压。
- 基于放大器的带隙基准电压电路的工程设计及优化,包括电路设计规格、电路的器件参数设计、温度系数优化、相位裕度优化、供电电压范围波动下的电路输出精度优化、添加启动电路。

9.7 本章习题

注:如无特殊说明,MOS 器件参数均采用表 2.8.1 中的参数。

1. 基准电压源电路设计的主要目的是什么?请描述带隙基准电压源电路的设计思想。
2. 带隙基准电压源电路的性能指标包括哪些参数?
3. 双极型器件基极-发射极电压 V_{BE} 的温度系数与哪些参数有关系?
4. 计算当 $V_{BE}=650\text{mV}$,$T=300\text{K}$ 时,双极型器件基极-发射极电压 V_{BE} 的温度系数。
5. 在设计基于放大器的带隙基准电压电路时,为什么要特别注意相位裕度的优化?
6. 对于图 9.2.4 所示电路,若采用某工艺得到的器件,$V_{EB}=670\text{mV}$,在室温 $T=300\text{K}$ 时,V_{EB} 的温度系数约为 -1.99mV/K,请设计此带隙基准电路,此时输出电压基准为多少?
7. 调研一种典型的基准电压源芯片的性能指标。
8. 启动电路在基准电压源电路中起什么作用?
9. 怎样仿真分析带隙基准源电路的温度系数?
10. 设有如图 9.7.1 所示的一种带隙基准电压电路,已知 MP_1、MP_2、MP_3 的宽长比都相等,且 $R_1=R_2$,请分析该电路的工作原理,并将之与图 9.4.3 中所示的电路作对比,分析它们之间的工作原理有何区别,并思考:该电路的输出参考电压值是否可调?

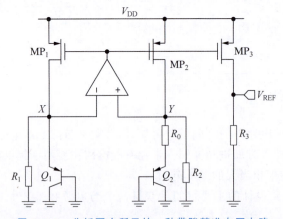

图 9.7.1 分析图中所示的一种带隙基准电压电路

第 10 章 张弛振荡器

CHAPTER 10

学习目标

本章的任务是分析和设计一款张弛振荡器,将综合运用目前所掌握的模拟集成电路设计知识,包括但不限于电流镜的原理和应用、开关的控制策略以及放大器的设计技巧。通过这一过程,不仅旨在加深读者对特定电路设计的理解,还意在培养读者通过触类旁通的方式自主分析和设计各种常见的模拟电路的能力。

- 掌握张弛振荡器的工作原理和设计方法。
- 理解制约张弛振荡器频率稳定性的各种因素,并了解相应的解决策略。

任务驱动

张弛振荡器设计如图 10.0.1 所示。完成张弛振荡器的设计与仿真。巩固所学知识,提升独立解决问题的能力。

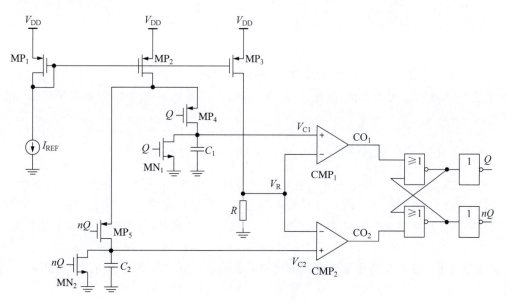

图 10.0.1 张弛振荡器设计

知识图谱

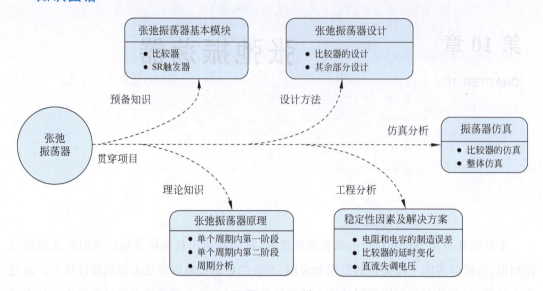

10.1 预备知识

在探讨本章的张弛振荡器内容之前,先来简单了解一下比较器和 SR 触发器这两个基础电路模块。简而言之,比较器就像一个裁判,判断两个输入信号哪个更强,并做出相应的输出决定。而 SR 触发器则像是一个记分板,记录并保持一种电路状态,直到接收到新的指令为止。

10.1.1 比较器

比较器使用与放大器相似的原理符号,如图 10.1.1 展示。当比较器的正输入端(V_P)电压超过负输入端(V_N)电压时,比较器的输出(V_O)将呈现高电平状态(逻辑值为 1)。相反,若正输入端(V_P)电压低于负输入端(V_N),则比较器的输出将转为低电平状态(逻辑值为 0)。

10.1.2 SR 触发器

SR 触发器是数字电路中的经典电路,本章中所采用的 SR 触发器的主要部分是由 2 个或非门组成的,如图 10.1.2 所示。反相器是为了隔离输出端的负载对 SR 触发器的影响,起到缓冲的作用。其真值表如表 10.1.1 所示。S 端为置数端,当 S 端为 1,R 端为 0 时,输出 Q 为 1。反之,当 S 端为 0,R 端为 1 时,输出 Q 为 0。S 和 R 均为 0 时,输出 Q 会保持上一次的输出值。在本章的张弛振荡器应用中不会出现 S 和 R 均为 0 的情况。S 和 R 均为 1 时,输出可能会出现不定的状况,应在电路上采取措施予以避免。

图 10.1.1　比较器

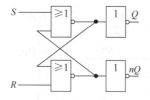

图 10.1.2　SR 触发器

表 10.1.1　SR 触发器真值表

SR	Q nQ
00	保持
01	01
10	10
11	不定态

10.2　张弛振荡器的分析和设计

在本节中，将探讨张弛振荡器的关键组成部分以及它们是如何相互作用来产生稳定时钟信号的。这种类型的振荡器被广泛应用于各种电子系统中，作为生成周期性波形的重要源头。接下来，将详细介绍张弛振荡器的基础结构和运行原理。

10.2.1　张弛振荡器的工作原理

本章所述的张弛振荡器的结构如图 10.2.1 所示。由 MP_1、MP_2 组成的电流镜主要用于给电容 C_1 和 C_2 提供充电电流。由 MP_1、MP_3 组成的电流镜主要用于给电阻 R 提供偏置电流，从而形成比较器的基准电压 V_R。MP_4、MN_1 与 C_1 组成了电容 C_1 的充放电电路。当开关 MP_4 导通时，电容 C_1 被充电，当 MN_1 导通时，电容 C_1 被放电。MP_5、MN_2 和 C_2 同样组成了电容 C_2 的充放电电路。比较器 CMP_1 和 CMP_2 分别用于比较 V_{C1} 与 V_R、V_{C2} 与 V_R 的电压，所产生的输出脉冲用于驱动 SR 触发器的翻转。SR 触发器在被脉冲触发翻转后，能够锁定输出波形，从而形成占空比 50% 的时钟信号。整个电路具体的工作原理如下。

(1) 如图 10.2.1(a)所示，假设初始状态 Q 为低电平，nQ 为高电平。在此状态下，开关 MN_2 导通，V_{C2} 维持低电平，比较器 CMP_2 的输出 CO_2 保持低电平。开关 MP_4 同样导通，电流源 MP_2 会对 C_1 进行充电，V_{C1} 以恒定的斜率逐渐升高。当 V_{C1} 超过基准电压 V_R 后，比较器 CMP_1 的输出 CO_1 变为高电平，进而驱动 SR 触发器，使 Q 端变为高电平，nQ 变为低电平。当 Q 端变为高电平后，MN_1 导通，MP_4 截止，C_1 放电致使 CO_1 迅速变为低电平，但由于 SR 触发器的保持效果，Q 维持高电平不变，nQ 也维持低电平不变。

(2) 根据第一阶段的描述，第二阶段的初始状态 Q 为高电平，nQ 为低电平。在此状态下，开关 MN_1 导通，V_{C1} 维持低电平，CO_1 保持低电平。开关 MP_5 导通，电流源 MP_2 会对 C_2 进行充电，使 V_{C2} 以恒定的斜率逐渐升高。当 V_{C2} 超过基准电压 V_R 后，CO_2 变为高电平，进而驱动 SR 触发器，使 Q 端变为低电平，nQ 变为高电平，如图 10.2.1(b)所示。当 nQ 端变为高电平后，MN_2 导通，MP_5 截止，C_2 放电致使 CO_2 迅速变为低电平。但同样由于 SR 触发器的保持效果，Q 维持低电平不变，nQ 也维持高电平不变。此时电路的状态恢复到与第一阶段的初始状态相同。

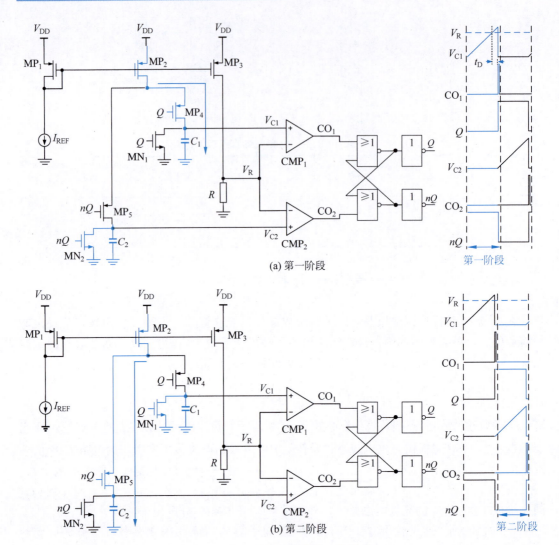

图 10.2.1 张弛振荡器的工作原理

上述的第一阶段和第二阶段不断循环往复,从 Q 端即可输出连续不断的方波时钟信号。

从上述的描述中还可以得知比较器 CMP_1 翻转的临界条件是 $V_{C1}=V_R$,如果 MP_1、MP_2、MP_3 的电流相等,则可以得到:

$$\frac{I_{REF}t}{C_1} = I_{REF}R \tag{10.2.1}$$

即

$$t = RC_1 \tag{10.2.2}$$

其中,t 为 C_1 的充电时间。又因为 C_1 和 C_2 的充电电流相等,所以如果 $C_1=C_2=C$,二者的充电时间也应该相同,则可得到输出时钟的周期为

$$T = 2t = 2RC \tag{10.2.3}$$

时钟频率为

$$f = \frac{1}{2RC} \tag{10.2.4}$$

10.2.2 张弛振荡器的设计

本节将要设计的张弛振荡器的主要设计规格如表10.2.1所示。

表 10.2.1　张弛振荡器的设计规格（spec）

符号	描述	范围 最小	范围 典型	范围 最大	单位
V_{DD}	电路供电电压	—	1.2	—	V
T_j	芯片工作温度	−40	25	125	℃
f_{OUT}	输出频率	0.85	1	1.15	MHz
I_{OSC}	整体电流	—	—	200	μA

1. 比较器的设计

回顾第3章中所述的模拟集成电路设计的三个阶段,我们首先应该给比较器选定合适的电路结构。在输入信号的频率较低且对比较器的传输延迟要求不高时,可以采用贯穿项目中的放大器结构。在本章的张弛振荡器中,比较器传输延迟被定义为从 $V_C = V_R$ 时刻开始到比较器的输出到达 $V_{DD}/2$ 时为止的时间差,如图10.2.2所示。从图10.2.1(a)中可以看出,因为受到比较器的传输延迟 t_D 的影响,比较器 CMP_1 并不在 $V_{C1} = V_R$ 时刻翻转,而是要延后一个 t_D 的时间。因此在考虑了比较器的传输延迟之后,张弛振荡器输出频率变为

$$f = \frac{1}{2(RC + t_D)} \quad (10.2.5)$$

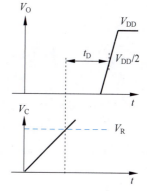

图 10.2.2　比较器的传输延迟

由于 t_D 受 PVT 的影响较大,为了保证输出频率的稳定,认为 t_D 不应该大于时钟周期的 1/20。

此外,与放大器不同的是,比较器通常在开环状态下工作,输出仅为逻辑0或者1,不需要通过反馈将输出固定在某个中间电位上,也无须进行频率补偿。因此,删除了贯穿项目中的放大器中的频率补偿电容,将其作为本章将要设计的比较器电路,如图10.2.3所示。其中,C_{L1} 和 C_{L2} 分别代表比较器的第一级和第二级的负载电容,包含了与该输出级相连的所有寄生电容以及负载电路的输入电容。

与放大器的设计方法相同,在设计比较器时首先应该合理地分配各支路的电流。可以从比较器对传输延迟的要求推导出所需的电流。推导过程如下。

根据图10.2.3,比较器在 V_{O1} 和 V_O 节点处分别存在一个极点,因此其传输函数可以表示为

$$H(s) = A_V \frac{1}{1 + \dfrac{s}{p_1}} \times \frac{1}{1 + \dfrac{s}{p_2}} \quad (10.2.6)$$

其中,A_V 为比较器的直流增益,p_1 和 p_2 为比较器极点的角频率,可以表示为

$$p_1 = \frac{1}{r_{L1} C_{L1}} \quad (10.2.7)$$

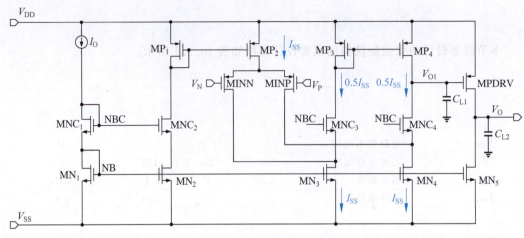

图 10.2.3 比较器的电路图

$$p_2 = \frac{1}{r_{L2}C_{L2}} \tag{10.2.8}$$

式中,r_{L1} 和 r_{L2} 分别为 V_{O1} 和 V_O 端的等效输出电阻。根据式(7.2.6)和式(7.2.2)可得:

$$r_{L1} \approx r_{O\_MP4} \approx \frac{2}{I_{SS}\lambda_{MP4}} \tag{10.2.9}$$

$$r_{L2} \approx r_{O\_MPDRV} \| r_{O\_MN5} \approx \frac{1}{I_{MN5}(\lambda_{MPDRV}+\lambda_{MN5})} \tag{10.2.10}$$

又根据图 10.2.1,比较器的输入信号为斜坡信号,在半个周期内上升到参考电压 V_R,可表示为

$$V_{IN}(t) = \frac{2V_R}{T}t \tag{10.2.11}$$

其拉普拉斯变换式为

$$V_{IN}(s) = \frac{2V_R}{T} \times \frac{1}{s^2} \tag{10.2.12}$$

因此,输出信号的拉普拉斯变换式可表示为

$$V_O(s) = V_{IN}(s)H(s) = A_V \times \frac{2V_R}{T} \times \frac{1}{s^2} \times \frac{1}{1+\frac{s}{p_1}} \times \frac{1}{1+\frac{s}{p_2}}$$

$$= A_V \times \frac{2V_R}{T}\left(\frac{1}{s^2} - \frac{\frac{1}{p_1}+\frac{1}{p_2}}{s} - \frac{1}{p_1-p_2} \times \frac{p_2}{p_1} \times \frac{1}{s+p_1} + \frac{1}{p_1-p_2} \times \frac{p_1}{p_2} \times \frac{1}{s+p_2}\right) \tag{10.2.13}$$

随后,将式(10.2.13)进行拉普拉斯反变换,可得到输出信号的时域表达式为

$$V_O(t) = A_V \times \frac{2V_R}{T}\left[t - \left(\frac{1}{p_1}+\frac{1}{p_2}\right) - \frac{1}{p_1-p_2} \times \frac{p_2}{p_1} \times e^{-tp_1} + \frac{1}{p_1-p_2} \times \frac{p_1}{p_2} \times e^{-tp_2}\right] \tag{10.2.14}$$

假设比较器所驱动的逻辑电路的翻转触发电平为 $V_{DD}/2$,比较器延迟时间应该满足:

$$\frac{V_{DD}}{2} = A_V \times \frac{2V_R}{T} \left[t_D - \left(\frac{1}{p_1} + \frac{1}{p_2} \right) - \frac{1}{p_1 - p_2} \times \frac{p_2}{p_1} \times e^{-t_D p_1} + \frac{1}{p_1 - p_2} \times \frac{p_1}{p_2} \times e^{-t_D p_2} \right]$$
(10.2.15)

因此,在设计比较器时,首先可以根据式(10.2.15)估计出满足 t_D 要求所需的 p_1 和 p_2 的值,然后再根据式(10.2.7)~式(10.2.10),在已知负载电容的情况下,计算出 I_{SS} 和 I_{MN5}。最后,对于 MN_1 和 MN_2 支路的电流,简单起见可以分配同样的电流 I_O。

在确定了各支路的电流需求后,还需要合理的过驱动电压才能够计算出各 MOS 管的 W/L。首先对于比较器的第二级而言,为了确保比较器能够有足够的增益,MN_5 和 MPDRV 需要在 V_{OH} 和 V_{OL} 之间均处于饱和状态,因此 MN_5 和 MPDRV 的过驱动电压分别需要满足:

$$V_{OV\_MN5} \leqslant V_{OL} \tag{10.2.16}$$

$$|V_{OV\_MPDRV}| \leqslant |V_{DD} - V_{OH}| \tag{10.2.17}$$

而 V_{OL} 和 V_{OH} 需要满足比较器所驱动的逻辑电路对高、低电平的要求。此要求可以根据经验值或对反相器等简单逻辑电路的仿真来确定,但注意要预留足够的电压余度。又由于 MN_1 至 MN_4 与 MN_5 共同组成一个 NMOS 电流镜,应该给 MN_1 至 MN_4 分配与 MN_5 相同的过驱动电压。而 MNC_1 到 MNC_4 属于共源共栅结构的共栅部分,应该分配较小的过驱动电压,以便共源共栅结构能够工作在更低的电压下。接下来,MP_1 和 MP_2、MP_3 和 MP_4 是两组基本电流镜结构。考虑到电源电压较低且尽可能应使比较器有较宽的输入共模电压范围,同样可以将 MP_1 和 MP_2 的过驱动电压设置的较低。而由于 MP_3 和 MP_4 下方电路所需的电压范围较小,则可将过驱动电压设置的较高。最后,需要从 V_N 和 V_P 的共模输入范围来确定 MINN 和 MINP 的驱动电压,假设共模输入电压的上限是 V_{IN_CMMAX},则有

$$|V_{OV\_MINN}| \leqslant V_{DD} - V_{IN\_CMMAX} - |V_{OV\_MP2}| - |V_{THp}| \tag{10.2.18}$$

在各 MOS 管的过驱动电压确定之后,即可根据 MOS 管的电流公式计算出 W/L。

对于 L 的选取,可以给 $MNC_1 \sim MNC_4$ 以及 MPDRV 选取最小的 L,把其余的 MOS 管的 L 都暂时设定为 $1\mu m$,然后通过计算来确定直流增益是否大致满足需求即可。

综上所述,比较器的设计方法可以总结如下。

(1) 合理设定比较器的设计目标,主要包括电流、增益、传输延迟、共模输入范围、输出范围。电流可根据张弛振荡器的总电流要求来合理设定。增益可设定为两级放大器通常能够达到的值,例如 60dB;传输延迟可根据"传输延迟不大于时钟周期的 1/20"的设计经验来设定;共模输入范围可以设定为既容易使 MP_2、MINN 和 MINP 满足饱和条件又尽量宽的范围,例如 $0.2 \sim (V_{DD} - 0.7)V$;输出范围 V_{OH} 和 V_{OL} 可根据驱动逻辑门所需的电压来确定。

(2) 根据式(10.2.15)确定合理的 p_1 和 p_2,其中 V_R 可以设定为比较器共模输入范围的中间值。

(3) 预估 C_{L1} 和 C_{L2} 的大小,根据式(10.2.7)~式(10.2.10),计算出 I_{SS} 和 I_{MN5},然后根据图 10.2.3 分配比较器第一级各支路的电流。

(4) 给 MN_1 和 MN_2 支路分配合理的电流,例如电流均为 I_O。

(5) 根据式(10.2.16)和式(10.2.17)设定 MN_5 和 MPDRV 的过驱动电压,并给 $MN_1 \sim MN_4$ 设定与 MN_5 相同的过驱动电压。

(6) 给 MNC_1 到 MNC_4 设置较低的过驱动电压,例如 0.05V。

(7) 给 MP_1 和 MP_2 设置较低的过驱动电压,例如 0.1V。

(8) 给 MP_3 和 MP_4 设置较高的过驱动电压,例如 0.2V。

(9) 根据共模输入电压的上限值,通过式(10.2.18)计算 MINN 和 MINP 的驱动电压。

(10) 根据 MOS 管的电流公式计算出各 MOS 管的 W/L。

(11) 给 MNC_1 到 MNC_4 以及 MPDRV 选取最小的 L,把其余的 MOS 管的 L 都暂时设定为 $1\mu m$,最后通过计算来确定直流增益是否大致满足需求。

(12) 计算出各 MOS 管的 W。

(13) 通过仿真验证所设计的比较器的性能指标是否符合要求,如不符合则需要进行优化。

工程问题 10.2.1

为表 10.2.1 中的张弛振荡器设计一款比较器,采用图 10.2.3 中的结构,已知 I_O 为 $2\mu A$。

设计:

张弛振荡器的输出频率为 1MHz,换算成周期为 1000ns,因此比较器的传输延迟最大不应该超过 50ns。比较器的最低增益可暂定为 1000 倍,即 60dB。比较器消耗的电流可以暂定为整体电流的 3/4,即每个比较器约 $75\mu A$。输出范围可暂定为 0.2~1.0V,此设定值足以驱动后续的逻辑电路。共模输入范围可以初步设定为较容易实现的 0.2~0.5V。综上,比较器设计目标如表 10.2.2 所示。

表 10.2.2 比较器的设计目标

符号	描述	范围			单位
		最小	典型	最大	
V_{DD}	电路供电电压	—	1.2	—	V
T_j	工作温度	−40	25	125	℃
t_D	传输延迟	—	—	50	ns
A_V	直流增益	60	—	—	dB
I_{CMP}	电流	—	—	75	μA
V_O	输出范围	0.2	—	1.0	V
V_{IN}	共模输入范围	0.2	—	0.5	V

将式(10.2.14)代入 Excel 表中进行计算(取 $V_R=0.35V$),可以得出当 p_1 和 p_2 分别为 6.28 Mrads 和 62.8 Mrads(第一极点频率 f_{p1} 和第二极点频率 f_{p2} 分别为 1MHz 和 10MHz)时,比较器的传输延迟约为 36ns,可以满足设计要求,并留有足够的设计余量,如图 10.2.4 所示。

比较器第二级的负载 C_{L2} 包括金属连线的寄生电容以及或非门的输入寄生电容,初步估计为 300fF。选取 $L=1\mu m$,根据式(10.2.8)和式(10.2.10)可得:

$$I_{MN5} = \frac{p_2 C_{L2}}{\lambda_{MPDRV} + \lambda_{MN5}} = \frac{62.8 \times 10^6 \times 300 \times 10^{-15}}{0.172 + 0.173} \approx 54.6\mu A \quad (10.2.19)$$

比较器第一级的金属连线一般相对较短,负载 C_{L1} 主要由 MPDRV 的栅极寄生电容决

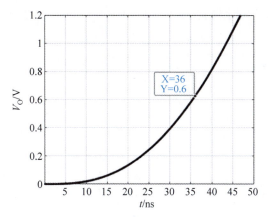

图 10.2.4　比较器传输延迟的计算结果

定,通常要小于 C_{L1},初步估计约 200fF。根据式(10.2.7)和式(10.2.9)可得:

$$I_{SS} = \frac{2p_3 C_{L1}}{\lambda_{MP4}} = \frac{2 \times 6.28 \times 10^6 \times 200 \times 10^{-15}}{0.172} \approx 14.6 \mu A \quad (10.2.20)$$

为了计算方便,将 I_{SS} 和 I_{MN5} 都设定为 2 的倍数,$I_{SS}=16\mu A$,$I_{MN5}=60\mu A$。然后,可根据图 10.2.3 分配比较器第一级各支路的电流,最后再将 MN_1 和 MN_2 支路的电流都设定为 $I_O=2\mu A$。此时,比较器的总电流为 $96\mu A$,超过了设计目标。但从图 10.2.1(a)的 CO_1 的波形图中可以看出,比较器的输出在绝大部分时间内均为低电平,而此时第二级的电流约为 0。因此,实际比较器的消耗电流应该除去第二级的电流,约为 $36\mu A$,能够满足设计目标。

根据式(10.2.16)和式(10.2.17)设定 $|V_{OV\_MPDRV}| = V_{OV\_MN5} = 0.2V$,并给 MN_1~MN_4 设定与 MN_5 相同的过驱动电压;将 MNC_1~MNC_4 的过驱动电压设置为 0.05V;将 MP_1 和 MP_2 的过驱动电压设置为 0.1V;将 MP_3 和 MP_4 的过驱动电压设置为 0.2V。根据式(10.2.18),可计算 MINN 和 MINP 的驱动电压要满足:

$$|V_{OV\_MINN}| \leq V_{DD} - V_{IN\_CMMAX} - |V_{OV\_MP2}| - |V_{THp}| = 1.2 - 0.5 - 0.1 - 0.45$$
$$= 0.15V \quad (10.2.21)$$

因此,可取 $|V_{OV\_MINN}| = 0.1V$。

至此,比较器中所有 MOS 管的电流以及过驱动电压都已经确定,如表 10.2.3 所示。

表 10.2.3　比较器中所有 MOS 管的电流以及过驱动电压

MOS 管编号	电流/μA	过驱动电压/V	MOS 管编号	电流/μA	过驱动电压/V
MP_1	2	0.1	MN_2	2	0.2
MP_2	10	0.1	MN_3	10	0.2
MP_3	5	0.2	MN_4	10	0.2
MP_4	5	0.2	MN_5	40	0.2
MPDRV	40	0.2	MNC_1	2	0.05
MINN	5	0.1	MNC_2	2	0.05
MINP	5	0.1	MNC_3	5	0.05
MN_1	2	0.2	MNC_4	5	0.05

MOS 管的 W/L 可以根据 MOS 管的电流公式计算得出。然后,给 MNC_1~MNC_4 以及 MPDRV 选取最小的 L,把其余的 MOS 管的 L 都暂时设定为 $1\mu m$,即可计算出各 MOS

管的 W。所有 MOS 管的尺寸如表 10.2.4 所示。

表 10.2.4 比较器中所有 MOS 管的尺寸

MOS 管编号	$W/\mu m$	$L/\mu m$	MOS 管编号	$W/\mu m$	$L/\mu m$
MP_1	5	1	MN_2	0.36	1
MP_2	40	1	MN_3	2.86	1
MP_3	5	1	MN_4	2.86	1
MP_4	5	1	MN_5	10.71	1
MPDRV	37.5	1	MNC_1	0.86	0.15
MINN	20	1	MNC_2	0.86	0.15
MINP	20	1	MNC_3	3.43	0.15
MN_1	0.36	1	MNC_4	3.43	0.15

从表 10.2.4 中可以看出，MPDRV 的尺寸相对较大，假设 MOS 管栅极寄生电容的密度为 $10fF/\mu m^2$，则其栅极电容约为 375fF，导致 C_{L1} 超过了最初预估的 200fF。因此可以将 MPDRV 的 W 和 L 同时缩小为原来的一半，以减小其寄生电容。然而，MN_1 和 MN_2 的尺寸较小，可能会影响电流源的匹配性，因此可以将二者的 W 和 L 同时扩大 3 倍。$MN_3 \sim MN_5$ 的 W 和 L 也应该相应地扩大 3 倍。MNC_3 和 MNC_4 的 W 是 MNC_1 和 MNC_2 的 4 倍。为了尺寸设置的便利性，将 $MNC_1 \sim MNC_4$ 的 W 同时扩大 2 倍，并设置为邻近的整数值。最后，将其他 MOS 管的 W 也同样都设置为与其邻近的整数值。优化后的 MOS 管尺寸见表 10.2.5。

表 10.2.5 优化后的 MOS 管的尺寸

MOS 管编号	$W/\mu m$	$L/\mu m$	MOS 管编号	$W/\mu m$	$L/\mu m$
MP_1	5	1	MN_2	1	3
MP_2	40	1	MN_3	8	3
MP_3	5	1	MN_4	8	3
MP_4	5	1	MN_5	30	3
MPDRV	20	0.5	MNC_1	2	0.15
MINN	20	1	MNC_2	2	0.15
MINP	20	1	MNC_3	8	0.15
MN_1	1	3	MNC_4	8	0.15

仿真及优化：

将表 10.2.5 中的 MOS 管尺寸值代入 EDA 工具中对电路进行验证仿真（具体仿真方法请参考 10.4.1 节）。比较器的首次 DC 和 STB 的仿真结果见表 10.2.6。

表 10.2.6 比较器的首次 DC 和 STB 的仿真结果

符号	描述	单位	设计目标			计算结果			tt 条件下的仿真结果		
			最小	典型	最大	最小	典型	最大	最小	典型	最大
V_{DD}	电路供电电压	V	—	1.2	—	—	1.2	—	—	1.2	—
T_j	工作温度	℃	−40	25	125	—	25	—	−40	25	125
A_{open_loop}	开环增益	dB	—	60	—	—	—	—	44.7	—	62.6
I_{CMP}	电流	μA	—	—	75	—	96	—	88.4	—	98.3
V_O	输出电压范围	V	0.2	—	1.0	0.2	—	1.0	0.2	—	1.0

续表

符号	描述	单位	设计目标			计算结果			tt 条件下的仿真结果		
			最小	典型	最大	最小	典型	最大	最小	典型	最大
V_{IN}	输入共模电压范围	V	0.2	—	0.5	—	—	0.5	0.2	—	0.5
V_{OV_MP1}	各 MOS 管的过驱动电压	V	0	—	—	—	0.1	—	0.04	—	0.07
V_{OV_MP2}			0	—	—	—	0.1	—	0.04	—	0.07
V_{OV_MP3}			0	—	—	—	0.2	—	0.13	—	0.19
V_{OV_MP4}			0	—	—	—	0.2	—	0.13	—	0.19
V_{OV_MPDRV}			0	—	—	—	0.2	—	0.11	—	0.21
V_{OV_MINN}			0	—	—	—	0.1	—	0.04	—	0.07
V_{OV_MINP}			0	—	—	—	0.1	—	0.04	—	0.07
V_{OV_MN1}			0	—	—	—	0.2	—	0.13	—	0.18
V_{OV_MN2}			0	—	—	—	0.2	—	0.13	—	0.18
V_{OV_MN3}			0	—	—	—	0.2	—	0.13	—	0.18
V_{OV_MN4}			0	—	—	—	0.2	—	0.13	—	0.18
V_{OV_MN5}			0	—	—	—	0.2	—	0.13	—	0.18
V_{OV_MNC1}			—	—	—	—	0.05	—	−0.13	—	−0.08
V_{OV_MNC2}			—	—	—	—	0.05	—	−0.13	—	−0.07
V_{OV_MNC3}			—	—	—	—	0.05	—	−0.13	—	−0.06
V_{OV_MNC4}			—	—	—	—	0.05	—	−0.13	—	−0.05
$V_{dsat\_mg\_MP1}$	各 MOS 管的饱和电压余度,$V_{DS}-V_{OV}$	V	0.05	—	—	—	—	—	0.26	—	0.41
$V_{dsat\_mg\_MP2}$			0.05	—	—	—	—	—	0.12	—	0.42
$V_{dsat\_mg\_MP3}$			0.05	—	—	—	—	—	0.30	—	0.44
$V_{dsat\_mg\_MP4}$			0.05	—	—	—	—	—	0.28	—	0.46
$V_{dsat\_mg\_MPDRV}$			0.05	—	—	—	—	—	−0.03	—	0.87
$V_{dsat\_mg\_MINN}$			0.05	—	—	—	—	—	0.01	—	0.38
$V_{dsat\_mg\_MINP}$			0.05	—	—	—	—	—	0.01	—	0.39
$V_{dsat\_mg\_MN1}$			0.05	—	—	—	—	—	0.30	—	0.43
$V_{dsat\_mg\_MN2}$			0.05	—	—	—	—	—	0.30	—	0.42
$V_{dsat\_mg\_MN3}$			0.05	—	—	—	—	—	0.29	—	0.41
$V_{dsat\_mg\_MN4}$			0.05	—	—	—	—	—	0.29	—	0.41
$V_{dsat\_mg\_MN5}$			0.05	—	—	—	—	—	−0.01	—	0.86
$V_{dsat\_mg\_MNC1}$			0.05	—	—	—	—	—	0.35	—	0.49
$V_{dsat\_mg\_MNC2}$			0.05	—	—	—	—	—	0.11	—	0.24
$V_{dsat\_mg\_MNC3}$			0.05	—	—	—	—	—	0.02	—	0.12
$V_{dsat\_mg\_MNC4}$			0.05	—	—	—	—	—	0.01	—	0.13
f_{p1}	第一极点频率	MHz	—	1	—	—	1	—	1.68	—	2.58
f_{p2}	第二极点频率	MHz	—	10	—	—	10	—	17.1	—	35.4

从表 10.2.6 中可以看出,$MNC_1 \sim MNC_4$ 的过驱动电压的最小值为负值,与计算值相差较大。MPDRV 和 MN_5 的饱和电压余度($V_{DS}-V_{OV}$)的最小值为负值,工作区域进入了线性区。MINN、MINP、MNC_3、MNC_4 的饱和电压余度也较小,容易因为制造误差等因素而偏离饱和区。由于部分 MOS 管偏离了饱和区,比较器的开环增益的最小值也仅有 44dB

左右。这种偏离是计算所用的表 2.8.1 中的参数与 MOS 管实际参数的偏差,以及 MOS 管电流电压特性偏离平方律关系的表现。为了保证比较器满足设计指标,需要对电路进行优化。

首先需要优化的是组成比较器第二级的 MPDRV 和 MN_5,这是由于它们对比较器整体特性的影响最大。由于 MPDRV 和 MN_5 的饱和电压余度不足,需要通过增加 MOS 管的 W/L 值来降低过驱动电压,从而使 MOS 管的工作状态恢复到饱和区。因此可以将 MPDRV 和 MN_5 的 W 分别扩大 2 倍和 3 倍。同时,为了保证 C_{L1} 不发生明显变化,将 MPDRV 的 L 值减小为原来的一半。另外,由于 $MN_1 \sim MN_4$ 与 MN_5 属于同一个电流镜,$MN_1 \sim MN_4$ 的 W 也要增大 3 倍。然后,再对 MNC_3 和 MNC_4 的饱和电压余度进行优化。从图 10.2.3 中可知,由于 MN_1 的 W/L 增加,其漏极电压将会下降,随之 MNC_3 至 MNC_4 的栅极电压也会下降。因此即使不对 MNC_3 和 MNC_4 的尺寸进行调整,其饱和电压余度也会增加。然后,由于 MN_1 漏极电压下降,MN_3 和 MN_4 漏极电压也会随之下降,从而使 MINN 和 MINP 的饱和电压余度也增加。因此,MINN 和 MINP 的尺寸也暂时无须调整。最后,由于 $MNC_1 \sim MNC_4$ 属于共源共栅结构的共栅极,其过驱动电压可以允许为负值,一般来说无须进行优化。优化后的 MOS 管尺寸见表 10.2.7。

表 10.2.7 优化后的 MOS 管的尺寸

MOS 管编号	W/μm	L/μm	MOS 管编号	W/μm	L/μm
MP_1	5	1	MN_2	3	3
MP_2	40	1	MN_3	24	3
MP_3	5	1	MN_4	24	3
MP_4	5	1	MN_5	90	3
MPDRV	40	0.25	MNC_1	2	0.15
MINN	20	1	MNC_2	2	0.15
MINP	20	1	MNC_3	8	0.15
MN_1	3	3	MNC_4	8	0.15

再次进行 DC 和 STB 仿真,两次仿真的对比结果如表 10.2.8 所示。

表 10.2.8 比较器的二次 DC 和 STB 的仿真结果

符号	描述	单位	设计目标			tt,首次仿真结果			tt,二次仿真结果		
			最小	典型	最大	最小	典型	最大	最小	典型	最大
V_{DD}	电路供电电压	V	—	1.2	—	—	1.2	—	—	1.2	—
T_j	工作温度	℃	−40	25	125	−40	25	125	−40	25	125
A_{open_loop}	开环增益	dB	—	60	—	44.7	—	62.6	58.1	—	67.9
I_{CMP}	电流	μA	—	—	75	88.4	—	98.3	89.0	—	101.2
V_O	输出电压范围	V	0.2	—	1.0	0.2	—	1.0	0.2	—	1.0
V_{IN}	输入共模电压范围	V	0.2	—	0.5	0.2	—	0.5	0.2	—	0.5

续表

符号	描述	单位	设计目标			tt,首次仿真结果			tt,二次仿真结果		
			最小	典型	最大	最小	典型	最大	最小	典型	最大
$V_{\text{OV\_MP1}}$	各 MOS 管的过驱动电压	V	0	—	—	0.04	—	0.07	0.04	—	0.07
$V_{\text{OV\_MP2}}$			0	—	—	0.04	—	0.07	0.04	—	0.07
$V_{\text{OV\_MP3}}$			0	—	—	0.13	—	0.19	0.13	—	0.20
$V_{\text{OV\_MP4}}$			0	—	—	0.13	—	0.19	0.13	—	0.20
$V_{\text{OV\_MPDRV}}$			0	—	—	0.11	—	0.21	0.02	—	0.07
$V_{\text{OV\_MINN}}$			0	—	—	0.04	—	0.07	0.03	—	0.07
$V_{\text{OV\_MINP}}$			0	—	—	0.04	—	0.07	0.04	—	0.07
$V_{\text{OV\_MN1}}$			0	—	—	0.13	—	0.18	0.05	—	0.07
$V_{\text{OV\_MN2}}$			0	—	—	0.13	—	0.18	0.05	—	0.07
$V_{\text{OV\_MN3}}$			0	—	—	0.13	—	0.18	0.05	—	0.07
$V_{\text{OV\_MN4}}$			0	—	—	0.13	—	0.18	0.05	—	0.07
$V_{\text{OV\_MN5}}$			0	—	—	0.13	—	0.18	0.05	—	0.07
$V_{\text{OV\_MNC1}}$			—	—	—	−0.13	—	−0.08	−0.13	—	−0.08
$V_{\text{OV\_MNC2}}$			—	—	—	−0.13	—	−0.07	−0.13	—	−0.07
$V_{\text{OV\_MNC3}}$			—	—	—	−0.13	—	−0.06	−0.13	—	−0.06
$V_{\text{OV\_MNC4}}$			—	—	—	−0.13	—	−0.05	−0.13	—	−0.07
$V_{\text{dsat\_mg\_MP1}}$	各 MOS 管的饱和电压余度	V	0.05	—	—	0.26	—	0.41	0.26	—	0.41
$V_{\text{dsat\_mg\_MP2}}$			0.05	—	—	0.12	—	0.42	0.12	—	0.42
$V_{\text{dsat\_mg\_MP3}}$			0.05	—	—	0.30	—	0.44	0.30	—	0.44
$V_{\text{dsat\_mg\_MP4}}$			0.05	—	—	0.28	—	0.46	0.18	—	0.39
$V_{\text{dsat\_mg\_MPDRV}}$			0.05	—	—	−0.03	—	0.87	0.07	—	0.93
$V_{\text{dsat\_mg\_MINN}}$			0.05	—	—	0.01	—	0.38	0.11	—	0.45
$V_{\text{dsat\_mg\_MINP}}$			0.05	—	—	0.01	—	0.39	0.11	—	0.44
$V_{\text{dsat\_mg\_MN1}}$			0.05	—	—	0.30	—	0.43	0.28	—	0.41
$V_{\text{dsat\_mg\_MN2}}$			0.05	—	—	0.30	—	0.42	0.28	—	0.40
$V_{\text{dsat\_mg\_MN3}}$			0.05	—	—	0.29	—	0.41	0.27	—	0.40
$V_{\text{dsat\_mg\_MN4}}$			0.05	—	—	0.29	—	0.41	0.28	—	0.40
$V_{\text{dsat\_mg\_MN5}}$			0.05	—	—	−0.01	—	0.86	0.07	—	0.92
$V_{\text{dsat\_mg\_MNC1}}$			0.05	—	—	0.35	—	0.49	0.34	—	0.48
$V_{\text{dsat\_mg\_MNC2}}$			0.05	—	—	0.11	—	0.24	0.18	—	0.34
$V_{\text{dsat\_mg\_MNC3}}$			0.05	—	—	0.02	—	0.12	0.09	—	0.22
$V_{\text{dsat\_mg\_MNC4}}$			0.05	—	—	0.01	—	0.13	0.14	—	0.32
f_{p1}	第一极点频率	MHz	—	1	—	1.68	—	2.58	1.02	—	1.48
f_{p2}	第二极点频率		—	10	—	17.1	—	35.4	17.4	—	35.2

可以看出,之前无法满足饱和区工作条件的 MOS 管均已经进入饱和区,且满足设计目标,与预计的结果一致。比较器的开环增益也恢复到与设计目标相差不大的值。接着,需要对比较器的传输延迟进行仿真,仿真结果如表 10.2.9 所示。

表 10.2.9　比较器的延迟仿真结果

符号	描述	单位	设计目标			计算结果			仿真结果		
			最小	典型	最大	最小	典型	最大	最小	典型	最大
t_D	传输延迟	ns			50		36		16.1	18.6	19

可以看出比较器的传输延迟满足设计要求,但与计算结果相差较大。这是由于 MPDRV 栅极的实际寄生电容约为 80fF,导致实际的 C_{L1} 比设计时使用的 200fF 要小。如果在比较器的 MPDRV 的栅极附加上 120fF 的电容后再次进行仿真,比较器的延迟将在 36.3~41.3ns,与设计结果较为吻合。至此,比较器的设计已经完成。

2. 张弛振荡器其他部分的设计

可以将 R 和 C 的设计作为除比较器设计之外的第一步。为了减少比较器的输入寄生电容对 C 的特性的影响,C 可以取比较器的输入寄生电容的 10 倍以上。然后根据式(10.2.4),可以计算出满足时钟频率要求的 R。

如图 10.2.1 所示,MP_1、MP_2、MP_3 组成了一个电流镜,可按照第 4 章设计电流镜的流程来设计。如果令 MP_1、MP_2、MP_3 的电流相等,可以得到:

$$I_{REF} = \frac{V_R}{R} \tag{10.2.22}$$

其中,V_R 可取比较器共模输入范围的中间值。然后,MP_1、MP_2、MP_3 过驱动电压可选取本书通常所选用的值。

接下来,由于开关 MP_4、MP_5 导通时的栅极电压为 0,其 $|V_{GS}|$ 通常会比 MP_1、MP_2、MP_3 的 $|V_{GS}|$ 要大得多。因此只要 MP_4、MP_5 的 W/L 取与 MP_1、MP_2、MP_3 同样或者略大的值,就可以保证 MP_4、MP_5 有能力流过大小为 I_{REF} 的电流。对于其 L 的取值,通常会取工艺允许的最小值,从而减小面积和电荷注入等不利因素的影响。开关 MN_1、MN_2 需要保证 C_1 和 C_2 中保存的电荷能够在较短的时间内释放完毕,因此 W/L 值会较大,可以取 MP_4、MP_5 的 W/L 的 5 倍左右,L 值通常也应取工艺允许的最小值。

最后,需要对 SR 触发器进行设计,SR 触发器中组成逻辑门的 MOS 管尺寸一般取工艺允许的最小尺寸即可,也可以直接采用标准单元工艺库中的逻辑门来实现。需要注意的是,如果触发器的输出端 Q 或者 nQ 需要驱动较大的电容负载,则可能需要在相应的端口接缓冲器(多个反相器的级联,通常后一级是前一级尺寸的 2~3 倍),从而减小负载对 Q 或 nQ 的传输延迟的影响。

综上所述,除比较器之外的其他部分的设计方法可以总结如下。

(1) 确定电容 C 的值。C 可以取比较器的输入寄生电容的 10 倍以上。

(2) 根据式(10.2.4),可以计算出满足时钟频率要求的 R。

(3) 令 MP_1、MP_2、MP_3 的电流相等,V_R 为比较器共模输入范围的中间值,通过式(10.2.22)计算出 I_{REF}。

(4) 根据第 4 章的内容,给 MP_1、MP_2、MP_3 合理设定过驱动电压,并计算出其 W 和 L。

(5) 设计合理的开关尺寸。MP_4、MP_5 的 W/L 可取与 MP_1、MP_2、MP_3 同样或者略大的值;MN_1、MN_2 的 W/L 可以取 MP_4、MP_5 的 5 倍左右;L 值通常取工艺允许的最小值。

(6) 设计 SR 触发器。逻辑门的 MOS 管尺寸一般可取工艺允许的最小尺寸,也可以直接采用标准单元工艺库中的逻辑门。如果需要驱动较大的电容负载,应该在相应的端口接缓冲器。

工程问题 10.2.2

设计一款张弛振荡器,要求满足表 10.2.1 中的性能指标。电路结构采用图 10.2.1 中的结构,比较器采用工程问题 10.2.1 中所设计的比较器。

设计:

假设 MOS 管栅极寄生电容的密度为 $10\text{fF}/\mu m^2$,比较器的输入寄生电容约为 200fF,因此可取 $C=2\text{pF}$。

然后,根据式(10.2.4)可得:

$$R = \frac{1}{2fC} = \frac{1}{2 \times 1 \times 10^6 \times 2 \times 10^{-12}} = 250\text{k}\Omega \quad (10.2.23)$$

V_R 为比较器共模输入范围的中间值 0.35V,根据式(10.2.22)可得:

$$I_{\text{REF}} = \frac{V_R}{R} = \frac{0.35}{250 \times 10^3} = 1.4\mu\text{A} \quad (10.2.24)$$

为了设计简便起见,将 I_{REF} 设定为 $2\mu\text{A}$,则 $R=175\text{k}\Omega$,$C \approx 2.86\text{pF}$。

令图 10.2.1 中 MP_1、MP_2、MP_3 的过驱动电压为 0.2V,根据 MOS 管电流公式,可计算出三者的 $W/L=1.25$。为了减小电流复制的误差,令 $L=2\mu m$,则 $W=2.5\mu m$。

如果 MP_4、MP_5 的 $L=0.15\mu m$ 且取与 MP_1 相同的 W/L,则 $W \approx 0.2\mu m$。然后,令 MN_1、MN_2 的 $L=0.15\mu m$,W 取 MP_4 的 5 倍,即 $1\mu m$。

最后,在设计 SR 触发器时,MOS 管的尺寸选取工艺允许的最小值。

仿真及优化:

对张弛振荡器的整体需要进行 DC 和 TRAN 两种仿真(具体仿真方法请参考 10.4.2 节)。DC 仿真主要是确定 MP_1 和 MP_3 是否工作在饱和区。MP_2 由于与电容相连接,无法在 DC 仿真中确定其具体的工作点。但由于其与 MP_3 的工作状态基本一致,因此其工作点可以通过 MP_3 来推断。从表 10.2.10 中可以看出,MP_1 和 MP_3 工作在饱和区,且电压余度足够,满足设计要求。

表 10.2.10 张弛振荡器的首次 DC 和 TRAN 仿真结果

符号	描述	单位	设计目标			计算结果			tt 条件下的仿真结果		
			最小	典型	最大	最小	典型	最大	最小	典型	最大
V_{DD}	电路供电电压	V	—	1.2	—		1.2		—	1.2	—
T_j	工作温度	℃	−40	25	125		25		−40	25	125
f_{OUT}	输出频率	MHz	0.85	1	1.15		1		1.0886	1.0911	1.0913
I_{OSC}	整体电流	μA	—	—	200				76.35	76.7	77.4
V_{OV_MP1}	各 MOS 管的过驱动电压	V	0	—	—		0.2		0.13	—	0.19
V_{OV_MP3}			0	—	—		0.2		0.13	—	0.19
$V_{dsat\_mg\_MP1}$	各 MOS 管的饱和电压余度	V	0.05						0.28		0.43
$V_{dsat\_mg\_MP3}$			0.05						0.62		0.70

当 V_{C1} 超过 V_R 时,Q 的上升沿被触发;当 V_{C2} 超过 V_R 时,Q 的下降沿被触发,与图 10.2.1 中的理论波形一致。整体消耗的电流约为 $76\mu\text{A}$,与比较器相比 DC 电流较小。

这是由于在张弛振荡器工作过程中，比较器的第二级大部分时间是处于无电流消耗的状态。时钟的频率约为1.09MHz，比计算值1MHz略大，可以通过将C增加10%来进行频率的优化。优化后的仿真结果如表10.2.11所示。

表 10.2.11　优化后的张弛振荡器的 DC 和 TRAN 仿真结果

符　号	描述	单位	设计目标			tt，首次仿真结果			tt，二次仿真结果		
			最小	典型	最大	最小	典型	最大	最小	典型	最大
V_{DD}	电路供电电压	V	—	1.2	—	—	1.2	—	—	1.2	—
T_j	工作温度	℃	−40	25	125	−40	25	125	−40	25	125
f_{OUT}	输出频率	MHz	0.85	1	1.15	1.0886	1.0911	1.0913	1.0042	1.0053	1.0058
I_{OSC}	整体电流	μA	—	—	150	76.35	76.7	77.4	76.3	76.7	77.3
V_{OV_MP1}	各 MOS 管的过驱动电压	V	0	—	—	0.13	—	0.19	0.13	—	0.19
V_{OV_MP3}			0	—	—	0.13	—	0.19	0.13	—	0.19
$V_{dsat\_mg\_MP1}$	各 MOS 管的饱和电压余度	V	0.05	—	—	0.28	—	0.43	0.28	—	0.43
$V_{dsat\_mg\_MP3}$			0.05	—	—	0.62	—	0.70	0.62	—	0.70

10.3　制约张弛振荡器频率稳定性的因素及解决方案

张弛振荡器的频率稳定性受到多种因素的制约，本节将对部分影响较大的因素进行介绍，并给出一些可参考的解决方案。

10.3.1　电阻和电容的制造误差

根据式(10.2.4)可知电阻和电容的制造误差会直接影响张弛振荡器的频率稳定性。对于一般的 CMOS 工艺而言，电阻和电容的制造误差分别在±15%左右，这意味着所设计的张弛振荡器的频率误差可能高达±22.5%。

为了减小这种频率误差，通常会在测试过程中对电阻进行修调(trim)，将频率调整到距目标频率最近的状态。因此在设计张弛振荡器时，应该将电阻部分设计为可修调的模式。图 10.3.1 是一种 8 段的可修调电阻的设计方案。如图所示，从 V_R 端看到的电阻最大的状态为 S_7、S_3 和 S_1 闭合的状态，电阻最小的状态为 S_{14}、S_6 和 S_2 闭合的状态，其阻值分别为 $14R$ 和 $7R$。如果将开关 S_{11}、S_5 和 S_2 闭合的状态作为默认状态，此时的电阻大小为 $10R$，则电阻的可调节范围为 −30%～+40%，可以覆盖电阻和电容所导致的±22.5%的制造误差。图示可修调电阻的调节分辨率为

$$\text{reso} = \frac{40\% - (-30\%)}{8} = 8.75\% \quad (10.3.1)$$

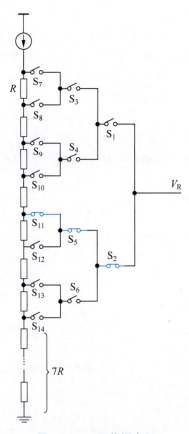

图 10.3.1　可修调电阻

这意味着如果采用此电阻作为张弛振荡器的可修调电阻,所获得的最大的频率误差为调节分辨率的一半,即±4.325%。因此,如果想要获得更小的频率误差,需要增加可修调电阻的调节位数。

10.3.2 比较器的延迟变化

比较器的延迟会受到 PVT 变化的影响,其中制造工艺所引起的延迟变化可以通过电阻修调的方式去补偿,电源电压和温度所造成的变化则会直接影响张弛振荡器的时钟频率,造成频率误差。以工程问题 10.2.2 中的张弛振荡器为例,电源电压和温度的变化造成的延迟的变化分别为 $-2.5\sim1\rm{ns}$,$-4\sim0.5\rm{ns}$,如图 10.3.2 所示。如果换算成时钟频率误差,则分别为 $-0.5\%\sim0.2\%$,$-0.8\%\sim0.1\%$。虽然此误差相对于表 10.2.1 中的设计规格来说微不足道,但在某些对频率误差要求严格的应用中,例如 LIN 通信总线(主机的时钟频率误差需要在±0.5%以内),是不可接受的。

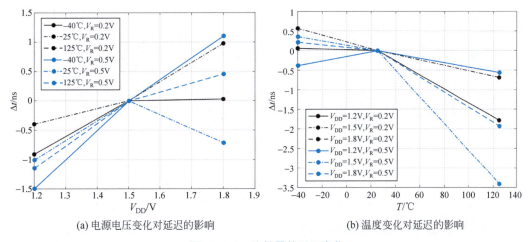

(a) 电源电压变化对延迟的影响　　　　　(b) 温度变化对延迟的影响

图 10.3.2　比较器的延迟变化

减小比较器的延迟变化的最直接方案是减小比较器的总延迟,根据式(10.2.15)中的描述,可以通过提高参考电压 V_R 或提高比较器的极点频率来实现。但第一种方式由于比较器输入电压范围的限制,允许 V_R 提高的程度有限;第二种方式则意味着要消耗更大的电流或者需要采用高速比较器的结构。目前已有一些比较器延迟消除的方案可以在相对较小的电流消耗下改善比较器延迟所引起的频率误差,在此不再详述。

10.3.3 比较器的直流失调电压

由于制造工艺的不确定性,比较器中本应完全对称的 MOS 管之间(例如:MINN 和 MINP、MP_3 和 MP_4 等)会出现掺杂、尺寸等随机的、细微的差异。这种现象会造成 MOS 管之间的 V_{TH} 和 μC_{OX} 的不匹配,进而造成比较器的输入端产生直流失调电压。比较器的直流失调电压对张弛振荡器的时钟频率的影响如图 10.3.3 所示。假设比较器本身的传输延迟为零,在比较器的输入端存在直流失调电压 V_{OS} 的情况下,本应在 t_A 点产生跳变的 V_O 的跳变时间被推迟到了 t_B,即 V_{OS} 被转换成了延迟 t_{D_OS}。一旦 V_{OS} 受温度和电源电压的影响产生变化，则延迟 t_{D_OS} 的变化就会造成时钟频率的误差。一般而言，V_{OS} 造成的时钟频率误差在几个百分比以内，在 LIN 通信等对频率误差要求较为严格的应用中需要予以改善。

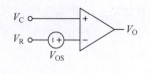

可以采用存储输入失调的方案来减小 V_{OS}。当比较器处于空闲的半个周期时（图 10.2.1 中 CMP_1 在 Q 为高电平的半个周期），可将比较器接成如图 10.3.4(a) 所示的单位增益放大器模式。根据放大器虚短原理，Y 点的电位约等于 V_{REF}，X 点的电位约等于 $V_{REF}-V_{OS}$，因此 XZ 两端的电压约等于 $-V_{OS}$。由于电容 C 的存在，此电压将会被保持到如图 10.3.4(b) 所示的下一次比较器工作的状态

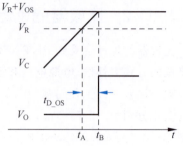

图 10.3.3　比较器直流失调电压的影响

（图 10.2.1 中 CMP_1 在 Q 为低电平的半个周期），从而使 Y 点的电压约等于 $V_R-V_{OS}+V_{OS}$，即可减小 V_{OS} 的所带来的影响。

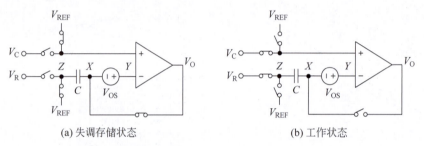

图 10.3.4　比较器的输入失调存储电路

10.4　张弛振荡器的仿真

在介绍张弛振荡器的仿真之前，首先需要对其核心组件比较器进行仿真验证其功能。这将为构建并仿真完整的张弛振荡器打下基础。

10.4.1　比较器的仿真

1. 比较器的 DC 和 STB 仿真

图 10.4.1 展示了 DC 和 STB 仿真所使用的电路框图。在这里，比较器配置成了类似于单位增益放大器的形式。然而，由于输入信号与输出信号的电压范围存在差异，在电路的环路中特别添加了一个电压源 V_3。电压源 V_3 的电压值被设置为 V_O-V_{INCM}，从而使 $V_N=V_{INCM}$。V_O 端的负载电容为 300fF。

比较器的 DC 和 STB 的工艺角设置如图 10.4.2 所示。仿真的输出设置如表 10.4.1 所示。最终设置完成的 MDE L2 界面如图 10.4.3 所示。图 10.4.4 给出了增益最低时，仿真所得的比较器环路增益的波特图，其余仿真结果见表 10.2.7。

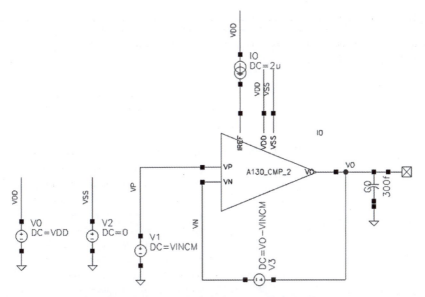

图 10.4.1　比较器的 DC 和 STB 仿真电路图

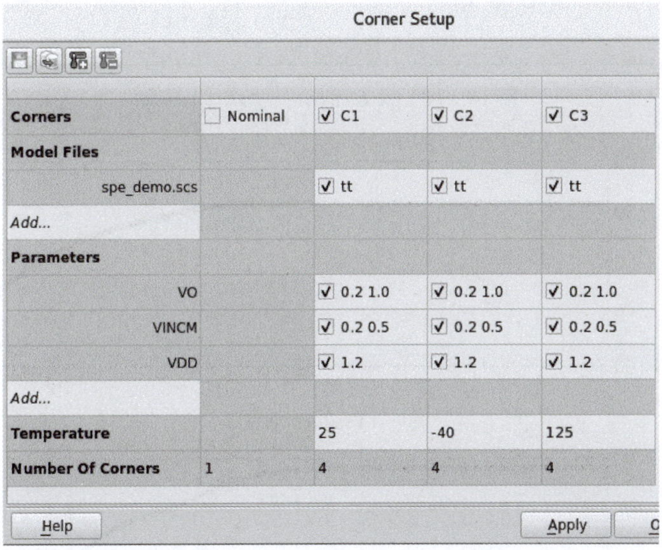

图 10.4.2　比较器的 DC 和 STB 的工艺角仿真条件设置

表 10.4.1　输出参数的名称以及计算公式

符　　号	描　　述	计　算　公　式
I_{CMP}	电流	IDC(I0/VDD)
V_{OV_Mx}	各 MOS 管的过驱动电压	abs(OP("I0/Mx","vgs"))－abs(OP("I0/Mx","vth"))
$V_{dsat\_mg\_Mx}$	各 MOS 管的饱和电压余度	abs(OP("I0/Mx","vds"))－abs(OP("I0/Mx","vdsat"))
loopGain_db20	环路增益幅度曲线	db20(mag(getData("loopGain",result="stb")))
Phase_deg	环路增益相位曲线	phase(getData("loopGain",result="stb"))
DC_GAIN	比较器开环直流增益	yvalue(loopGain_db20,10)
f_{p1}	第一极点频率	cross(phase_deg,yvalue(phase_deg,10)-45,1,1)
f_{p2}	第二极点频率	cross(phase_deg,yvalue(phase_deg,10)-135,1,1)

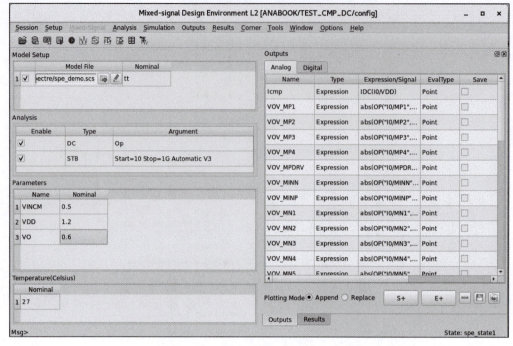

图 10.4.3 设置完成的 MDE L2 界面

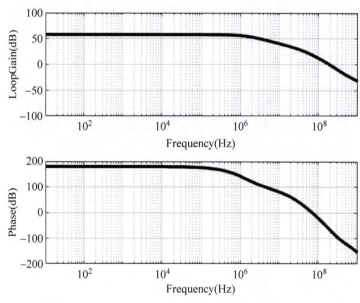

图 10.4.4 比较器的环路增益的波特图

2. 比较器的 TRAN 仿真

图 10.4.5 展示了 TRAN 仿真的电路结构。在此电路中，V_p 端接收斜坡型输入信号。输出参数的相关设定可以在表 10.4.2 中查阅。

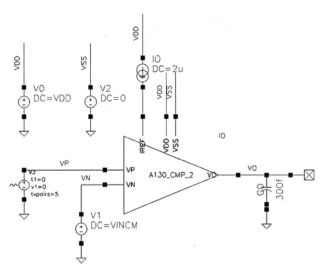

图 10.4.5 比较器的 TR 仿真电路图

表 10.4.2 TR 仿真输出参数的名称以及计算公式

符 号	描 述	计算公式
$T_{\text{dly\_rise}}$	比较器的延迟	cross(VT(VO),0.5*value(VT(VDD),1u),1,0)-Cross_time_r
$v(\text{VN})$	V_N 的电压波形	$v(\text{VN})$
$v(\text{VO})$	V_O 的电压波形	$v(\text{VO})$
$v(\text{VP})$	V_P 的电压波形	$v(\text{VP})$
Cross_time_r	V_N 与 V_P 的交叉时刻	cross(VT(VP),vtime(tran,"VN",1u),1,0)

在延迟达到最大值的条件下进行的 TRAN 仿真得出的波形结果如图 10.4.6 所示。在张弛振荡器的应用案例中,比较器的传输延迟定义为:从其差分输入电压变为零开始计算,直到输出电压上升至电源电压中点所需的时间间隔。该传输延迟的具体数值可在表 10.2.8 中找到。

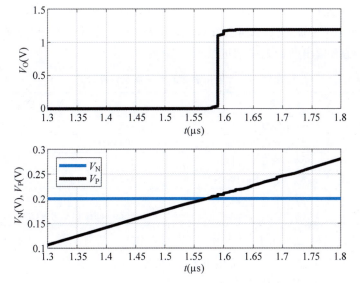

图 10.4.6 比较器的 TRAN 仿真波形图

10.4.2 张弛振荡器的整体仿真

1. 张弛振荡器的整体 DC 仿真

张弛振荡器的整体 DC 仿真的电路图如图 10.4.7 所示。此仿真的主要目的是确定振荡器中组成电流镜的 MP_1 和 MP_3 是否工作在饱和区,因此 DC 仿真的设置较为简单,不再重复说明。

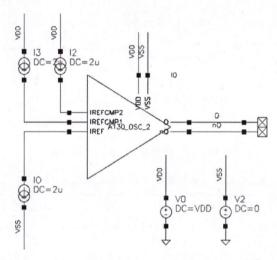

图 10.4.7 张弛振荡器的整体 DC 仿真电路图

2. 张弛振荡器的整体 TRAN 仿真

张弛振荡器的整体 TRAN 仿真的电路图与 DC 仿真相同。然而,在开始 TRAN 仿真前,有一项重要的步骤需要特别注意:必须对比较器的输出端 CO_1 和 CO_2 设定合适的初始值。这样做是为了避免触发器的 Q 和 nQ 输出错误地进入中间电压状态,这在实际电路设计中通常通过引入复位电路来避免。

设置初始值的操作可以在 MDE L2 软件的菜单路径 Simulation→Convergence Aid→IC 中进行。将 I0/CO1 设置为 0,而 I0/CO2 设置为 1.2。此外,TRAN 仿真使用的条件与 DC 仿真相同。仿真输出的设置详细记录于表 10.4.3。

表 10.4.3 输出参数的名称以及计算公式

符 号	描 述	计 算 公 式
$v(Q)$	Q 的电压波形	$v(Q)$
$v(I0/VC1)$	V_{C1} 的电压波形	$v(I0/VC1)$
$v(I0/VC2)$	V_{C2} 的电压波形	$v(I0/VC2)$
$v(I0/VR)$	V_R 的电压波形	$v(I0/VR)$
F_{req_avg}	时钟频率	$avgfreq(VT(Q),1u,98u)$
I_{OSC}	总电流	$average(clip(IT(I0/VDD),1u,98u))$

仿真得到的波形显示在图 10.4.8 中,可以观察到 V_R 信号出现了抖动现象。这一现象的原因是比较器的两个输入端存在寄生电容,当负输入端电压突然下降时,该信号会由于耦合效应影响到正输入端,从而引起 V_R 电压的下降。

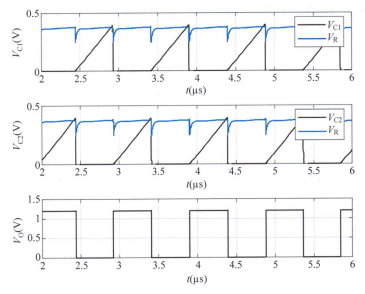

图 10.4.8　张弛振荡器的 TRAN 仿真波形

10.5　本章总结

- 张弛振荡器主要由充放电电路、比较器以及 SR 触发器组成,其振荡频率主要由充放电电路的 RC 决定。比较器用于比较两个输入信号的大小,并输出相应的逻辑状态。SR 触发器能够根据输入信号改变并保持其输出状态。
- 张弛振荡器中的比较器在对传输延迟要求不高时可采用贯穿项目中的放大器结构。其设计方法见 10.2.2 节的第 1 节。比较器的设计需要考虑传输延迟、直流增益、共模输入范围、输出幅度等因素。
- 张弛振荡器中其他部分的设计方法见 10.2.2 节的第 2 节。
- 电阻和电容的制造误差、比较器延迟的 PVT 变化、比较器的输入失调电压会制约张弛振荡器的频率稳定性。通过在测试过程中调整电阻值来减少频率误差。在比较器非工作周期,可以使用单位增益放大器模式存储失调电压,以减少其对频率的影响。
- 张弛振荡器的仿真包括直流增益(DC)、稳定性(STB)和瞬态分析(TRAN)仿真,确保其性能满足设计要求,仿真方法见 10.4 节。

10.6　本章习题

1. 张弛振荡器与其他类型振荡器(如正弦波振荡器)有何不同?
2. 张弛振荡器中的充放电电路是如何影响振荡频率的?如果增加充放电电路中的电阻值,振荡频率会如何变化?如果电容值减小,对振荡周期有什么影响?
3. 比较器在张弛振荡器中扮演什么角色?
4. SR 触发器在张弛振荡器中起什么作用?它是如何与充放电电路和比较器相结合

的？如果 SR 触发器的状态响应时间改变，将会怎样影响振荡器的输出？

5. 比较器的输入失调电压可能导致哪些问题，如何在设计中考虑这一因素？

6. 根据设计规格表 10.6.1 设计并仿真电路。

表 10.6.1　张弛振荡器的设计规格(spec)

符号	描述	范围			单位
		最小	典型	最大	
V_{DD}	电路供电电压	—	1.2	—	V
T_j	芯片工作温度	−40	25	125	℃
f_{OUT}	输出频率	0.45	0.5	0.55	MHz
I_{OSC}	整体电流	—	—	100	μA

参 考 文 献

[1] CARUSONE T C,JOHNS D A,MARTIN K W. Analog integrated circuit design[M]. 2nd ed. Hoboken:John Wiley & Sons,2011.
[2] GRAY P R,HURST P J,LEWIS S H,et al. Analysis and design of analog integrated circuits[M]. 5th ed. Hoboken:John Wiley & Sons,2009.
[3] SANSEN WILLY M C. Analog design essentials[M]. Dordrecht:Springer Nature,2006.
[4] ALLEN P E,HOLBERG D R. CMOS analog circuit design[M]. 3rd ed. Cambridge:Oxford University Press,2012.
[5] 拉扎维. 模拟 CMOS 集成电路设计[M]. 2 版. 陈贵灿,程军张,瑞智,等译. 西安:西安交通大学出版社,2018.
[6] 瑞萨集成电路设计(北京)有限公司. 振荡器及其工作方法:CN113258903A[P]. 2021-08-13[2024-7-25].
[7] CHOE K,BERNAL O D,NUTTMAN D,JE M. A precision relaxation oscillator with a self-clocked offset-cancellation scheme for implantable biomedical SoCs[C]//2009 IEEE International Solid-State Circuits Conference. Piscataway:IEEE Press,2009:402-403.